倒立振子で学ぶ
制御工学

川田 昌克 編著

東　俊一　　國松 禎明
市原 裕之　　澤田 賢治
浦久保孝光　　永原 正章
大塚 敏之　　南　裕樹 共著
甲斐 健也

森北出版株式会社

● 本書のサポート情報を当社Webサイトに掲載する場合があります．下記のURLにアクセスし，サポートの案内をご覧ください．

https://www.morikita.co.jp/support/

● 本書の内容に関するご質問は，森北出版 出版部「(書名を明記)」係宛に書面にて，もしくは下記のe-mailアドレスまでお願いします．なお，電話でのご質問には応じかねますので，あらかじめご了承ください．

editor@morikita.co.jp

● 本書により得られた情報の使用から生じるいかなる損害についても，当社および本書の著者は責任を負わないものとします．

■ 本書に記載している製品名，商標および登録商標は，各権利者に帰属します．

■ 本書を無断で複写複製（電子化を含む）することは，著作権法上での例外を除き，禁じられています．複写される場合は，そのつど事前に(一社)出版者著作権管理機構（電話03-5244-5088, FAX03-5244-5089, e-mail：info@jcopy.or.jp）の許諾を得てください．また本書を代行業者等の第三者に依頼してスキャンやデジタル化することは，たとえ個人や家庭内での利用であっても一切認められておりません．

まえがき

　本書は，倒立振子を共通の題材として書かれた制御工学の教科書である．

　倒立振子は「手のひらの上の棒を倒さないようにする遊び」を自動制御により実現する実験装置であり，大学や高専の学生実験でよく使われている．その理由は，倒立振子によって制御工学の重要な基礎概念がすべて学べるからである．たとえば本書では，伝達関数を使った古典制御 (PID 制御) から状態空間表現に基づく現代制御，そして大学院レベルの非線形制御までいろいろな技術を使って倒立振子を制御することを学ぶ．世の中に制御工学の教科書は数多く存在するが，このように多岐にわたる内容を倒立振子という共通の制御対象を想定して扱った教科書は，筆者の知るところ存在しない．その意味で本書はたいへんユニークな制御工学の教科書であるといえる．

　倒立振子の制御技術は，ロケットやロボットなどに応用されており，倒立振子の実験で学んだアイデアを実践に活かすことも可能である．また，制御の研究者が見つけた新しい理論を試すための実験装置としても倒立振子はよく使用される．要するに，倒立振子は初学者からベテランまで各レベルの実験に使用される標準的なツールなのである．本書を通読することにより，制御理論の基礎知識が得られるとともに，実際に倒立振子を動かすノウハウを学ぶこともできる．

　本書のもっとも効果的な学び方は，実際に倒立振子の実験装置を使いながら本書に掲載されている実験例を試してみることである．しかし，倒立振子がなくても心配は不要である．本書に掲載されている例を計算機シミュレーションとして実行するための MATLAB/Simulink 用プログラムがサポートページ

- https://www.morikita.co.jp/books/book/3110
- https://bit.ly/3qjWdU2

にすべて公開されている．これらのシミュレーションプログラムを動作させながら本書を学ぶことにより，制御工学の深い理解が可能になる．

　より安全に，より精密に，そしてより効率的にモノを動かしたい．そのような動機から生まれた制御理論は，いまや膨大な学問体系となった．最近話題の自動運転車やロボット，無人航空機 (ドローン) なども，うまく動かすためには制御理論が欠かせない．制御理論は，現在も日々，発展している．その学問分野の入門として，本書は最適である．

理論は，現在も日々，発展している．その学問分野の入門として，本書は最適である．

本書の分担は以下のとおりである．

- 第 I 部 (基礎編)　第 1 章：川田 昌克
  - 第 2 章：南　裕樹
  - 第 3 章：川田 昌克
  - 第 4 章：永原 正章
  - 第 5 章：浦久保 孝光
  - 第 6 章：澤田 賢治
  - 第 7 章：國松 禎明
  - 第 8 章：永原 正章
- 第 II 部 (発展編)　第 1 章：市原 裕之・澤田 賢治
  - 第 2 章：永原 正章・東　俊一
  - 第 3 章：甲斐 健也・大塚 敏之

本書は，システム制御情報学会の学会誌「システム/制御/情報」の特集号「初学者のための図解でわかる制御工学」（2012 年 4 月号および 6 月号）の各解説記事が土台となっている．本書の出版を許可していただいたシステム制御情報学会に感謝したい．また本書は，編著者である舞鶴工業高等専門学校の川田昌克教授の献身的な編集作業がなければ完成しなかった．本書の美しいレイアウトや美しい図はほとんどすべて川田教授のデザインである．厚く感謝の意を表する次第である．

2016 年 11 月

著者を代表して

永原 正章

注意書き

配布する MATLAB/Simulink ファイルと環境設定

本書で使用した MATLAB/Simulink 等のファイル群（"`mfiles.zip`"）

```
mfiles
├── p1c2          ……… 基礎編の第 2 章で使用したファイル群
│   ⋮
├── p1c8          ……… 基礎編の第 8 章で使用したファイル群
├── p2c1          ……… 発展編の第 1 章で使用したファイル群
├── p2c2          ……… 発展編の第 2 章で使用したファイル群
├── p2c3          ……… 発展編の第 3 章 (3.2 節) で使用したファイル群
└── AutoGenU_InvPend ……… 発展編の第 3 章 (3.3 節) で使用したファイル群
```

は，サポートページ

- https://bit.ly/3qjWdU2

で公開する (Windows 版の R2013a から R2016a までのバージョンで動作確認済み)．
　配布するファイルを利用するには，まず，サポートページから "`ip_toolbox_1.0.2.zip`" をダウンロードして解凍する．このとき，以下のフォルダが生成される．

```
ip_toolbox_1.0.2
├── iptools       ……… 台車型/アーム型倒立振子の物理定数の値を定義する M ファイルや
│                      シミュレーションを行うための Simulink モデルを含むファイル群
├── odqlab_2.1.3  ……… ODQ Toolbox/Lab (発展編の 2.3 節で必要)
├── cdip_sample   ……… 台車型倒立振子に対するサンプルファイル群
└── adip_sample   ……… アーム型倒立振子に対するサンプルファイル群
```

たとえば，C ドライブのフォルダ "`hoge`" 内にフォルダ "`ip_toolbox_1.0.2`" が生成されているのであれば，"`iptools`" および "`odqlab_2.1.3`" にパスを通すために，

```
>> addpath('C:¥hoge¥ip_toolbox_1.0.2¥iptools')    ↵
>> addpath('C:¥hoge¥ip_toolbox_1.0.2¥odqlab_2.1.3')    ↵
```

のように入力する．`iptools` に含まれるファイル群やその使用方法については，基礎編の 3.4 節 (p. 56) を参照されたい．また，ODQ Toolbox/Lab は動的量子化器を設計するために必要なツールボックスであり，発展編の 2.3 節 (p. 173) で利用する．詳細は

- https://github.com/rmorita-jp/odqlab

を参照されたい．
　つぎに，発展編の第 1 章 (p. 135) や 2.3 節 (p. 173) では最適化のためのソルバやパーサが必要なので，SeDuMi および YALMIP をインストールする．インストール方法の詳細は

- https://bit.ly/3WGfxad

を参照されたい．

iv　注意書き

本書で用いる記号

■ 変換
- $f(s) = \mathcal{L}\bigl[f(t)\bigr]$ 　連続時間信号 $f(t)$ の Laplace 変換
- $f(t) = \mathcal{L}^{-1}\bigl[f(s)\bigr]$ 　逆 Laplace 変換
- $f(z) = Z\bigl[f[k]\bigr]$ 　サンプリング周期を t_s とした離散時間信号 $f[k] := f(kt_\mathrm{s})$ $(k = 0, 1, \ldots)$ の Z 変換

■ 集合
- $\mathbb{R}$ 　実数からなる集合
- $\mathbb{R}^n$ 　n 次の実ベクトルからなる集合
- $\mathbb{R}^{m \times n}$ 　$m \times n$ の実行列からなる集合
- $\mathbb{C}$ 　複素数からなる集合
- $\mathbb{C}^n$ 　n 次の複素ベクトルからなる集合
- $\mathbb{C}^{m \times n}$ 　$m \times n$ の複素行列からなる集合

■ 行列
- $I\ (I_n)$ 　$(n \times n$ の$)$ 単位行列
- $0\ (0_{m \times n})$ 　$(m \times n$ の$)$ 零行列
- $M^\top$ 　行列 M の転置
- M^{-1} 　正方行列 M の逆行列
- M^+ 　$(m \times n$ の$)$ 行列 M の擬似逆行列
- $M^{\frac{1}{2}}$ 　正方行列 M に対して $M = (M^{\frac{1}{2}})^\top M^{\frac{1}{2}}$ を満足する正方行列
- $|M|$ 　正方行列 M の行列式
- $\mathrm{rank}(M)$ 　行列 M のランク (階数)
- $\mathrm{tr}(M)$ 　行列 M のトレース
- $\mathrm{diag}\{a_1, \ldots, a_n\}$ 　対角行列
- $M \succ 0$ 　正方行列 M が正定 (M が正定行列)
- $M \succeq 0$ 　正方行列 M が半正定 (M が半正定行列)
- $M \prec 0$ 　正方行列 M が負定 (M が負定行列)
- $M \preceq 0$ 　正方行列 M が半負定 (M が半負定行列)
- $M \otimes N$ 　行列 M と N の Kronecker 積

■ ベクトルと行列のノルム
- $\|x\|$ 　ベクトル x の Euclid ノルム
- $\|x\|_\infty$ 　ベクトル x の最大値ノルム
- $\|M\|_F$ 　行列 M の Frobenius ノルム
- $\|M\|_\infty$ 　行列 M の最大値ノルム

■ その他
- j 　虚数単位 $(j^2 = -1)$
- $\mathrm{Re}[\lambda]$ 　複素数 $\lambda = \alpha + j\beta$ の実部 α
- $\mathrm{Im}[\lambda]$ 　複素数 $\lambda = \alpha + j\beta$ の虚部 β
- $\min f$ 　f の最小値 (最小化)
- $\max f$ 　f の最大値 (最大化)
- $\inf f$ 　f の下限値 (infimum)，すなわち下界の最大値 (最大化)
- $\sup f$ 　f の上限値 (supremum)，すなわち上界の最小値 (最小化)
- subject to $\sim$ 　$\sim$ という条件のもとで

目次

第 I 部　基礎編 … 1

第 1 章　倒立振子の概要と制御系設計の流れ (川田) … 3
- 1.1　なぜ倒立振子により制御工学を学ぶのか … 3
- 1.2　倒立振子の種類 … 4
- 1.3　台車型倒立振子実験装置の概要 … 7
  - 1.3.1　実験装置のシステム構成 … 7
  - 1.3.2　入出力ボード … 8
  - 1.3.3　ロータリエンコーダとカウンタ … 10
  - 1.3.4　D/A 変換 … 11
  - 1.3.5　DC モータ … 12
  - 1.3.6　電力増幅と速度制御型モータドライバ … 12
- 1.4　アーム型倒立振子実験装置の概要 … 14
- 1.5　モデルに基づいた制御系設計の流れ … 15
- 第 1 章の参考文献 … 17

第 2 章　台車位置の PID 制御 (南) … 20
- 2.1　PID 制御の特徴 … 20
  - 2.1.1　P 制御 … 22
  - 2.1.2　PD 制御 … 23
  - 2.1.3　PI 制御および PID 制御 … 24
- 2.2　PID パラメータの設計法 … 26
  - 2.2.1　台車のモデリング … 27
  - 2.2.2　モデルマッチングによる設計 … 27
  - 2.2.3　P 制御 … 29
  - 2.2.4　P–D 制御および I–PD 制御 … 30
- 2.3　倒立振子の PID 制御 … 34
- 第 2 章の参考文献 … 36

第 3 章　物理法則に基づくモデリングとパラメータ同定 (川田) … 37
- 3.1　台車型倒立振子のモデリング … 37
  - 3.1.1　台車型倒立振子単体の数学モデル … 37

vi 目次

   3.1.2 駆動部を考慮した台車の数学モデル   41
   3.1.3 振子の数学モデルの線形化   43
 3.2 台車型倒立振子のパラメータ同定   44
   3.2.1 2次遅れ系の特性に注目したパラメータ同定   45
   3.2.2 最小二乗法によるパラメータ同定   49
 3.3 アーム型倒立振子のモデリングとパラメータ同定   53
   3.3.1 アーム型倒立振子のモデリング   53
   3.3.2 アーム型倒立振子のパラメータ同定   55
 3.4 MATLAB/Simulink 用シミュレータ   56
 第 3 章の参考文献   58

第 4 章 システムの状態空間表現と安定性 (永原)   60
 4.1 状態空間表現   60
 4.2 安定性   67
 4.3 安定判別法   69
 第 4 章の参考文献   75

第 5 章 可制御性と状態フィードバック (浦久保)   76
 5.1 可制御性   76
   5.1.1 可制御性の定義と判定法   76
   5.1.2 可制御正準形   81
 5.2 状態フィードバック制御   84
   5.2.1 フィードフォワード制御とフィードバック制御   84
   5.2.2 極配置法   85
   5.2.3 最適レギュレータ   88
 第 5 章の参考文献   92

第 6 章 内部モデル原理とサーボ系 (澤田)   93
 6.1 制御技術としてのサーボ系   93
 6.2 伝達関数表現からのアプローチ   94
 6.3 状態空間表現からのアプローチ   100
 第 6 章の参考文献   105

第 7 章 可観測性とオブザーバ (國松)   106
 7.1 可観測性   106
 7.2 オブザーバ   108
 7.3 状態フィードバック・オブザーバ併合系   110
 7.4 台車型倒立振子の例   113
 7.5 可検出性   117
 第 7 章の参考文献   118

第 8 章　コントローラの実装 — 離散化 (永原)　　119
- 8.1　コントローラ実装　119
- 8.2　Z 変換と離散時間システムの伝達関数　121
- 8.3　0 次ホールドによる離散化　122
- 8.4　双一次変換による離散化　126
- 8.5　サンプル値 H_∞ 制御理論による最適離散化　132
- 第 8 章の参考文献　132

第 II 部　発展編　　133

第 1 章　LMI と制御 (市原・澤田)　　135
- 1.1　多目的制御　135
  - 1.1.1　極と応答の関係　135
  - 1.1.2　極配置　137
- 1.2　LMI と最適制御　141
  - 1.2.1　LMI　141
  - 1.2.2　最適制御　143
- 1.3　ロバスト制御　148
- 1.4　拘束系の制御　153
- 1.5　ゲインスケジューリング制御　157
- 第 1 章の参考文献　167

第 2 章　ディジタル制御 (永原・東)　　169
- 2.1　ディジタル制御　169
- 2.2　離散時間系の制御　170
- 2.3　量子化入力制御　173
  - 2.3.1　動的量子化器を用いたコントローラ　174
  - 2.3.2　動的量子化器の設計問題　175
  - 2.3.3　動的量子化器の設計　178
  - 2.3.4　台車型倒立振子の量子化入力制御　182
- 2.4　サンプル値制御　186
  - 2.4.1　サンプル値制御系　187
  - 2.4.2　サンプル値制御系の安定性　187
  - 2.4.3　サンプル値最適レギュレータ　190
  - 2.4.4　台車型倒立振子のサンプル値最適レギュレータ　193
- 第 2 章の参考文献　196

第 3 章　非線形制御 (甲斐・大塚)　　197
- 3.1　非線形制御の必要性　197

3.2 エネルギー法とスライディングモード制御法 …… 198
3.2.1 エネルギー法 …… 198
3.2.2 スライディングモード制御法 …… 201
3.2.3 台車型倒立振子の振り上げ安定化制御 …… 206
3.3 モデル予測制御 …… 214
3.3.1 モデル予測制御 …… 214
3.3.2 実装における留意点 …… 216
3.3.3 アーム型倒立振子の振り上げ安定化制御 …… 217
第3章の参考文献 …… 221

索引 223

第 I 部

基礎編

　「制御工学」とは，ビークル，電気機器，ロボットなどといったさまざまな対象物を思いどおりに動かすための「実学」である．しかし，大学や高専で学習する「制御工学」の講義は抽象的な数値例による説明が中心になってしまい，「実学」であるという意識が希薄になってしまいがちである．そこで，第 I 部「基礎編」では，「棒を立てる遊び」を自動制御により実現する「倒立振子」という教材を利用した具体例をとおして，実用上，重要な以下のトピックスを学習する．

- 実験装置の構成：アクチュエータ，センサ，インタフェース ……………… 第 1 章
- モデリング：物理法則，パラメータ同定 ………………… 第 2 章，第 3 章
- システム表現：伝達関数，状態空間表現 ……………………………… 第 4 章
- システム解析：安定性 ……………………………………………………… 第 4 章
  - 可制御性 ……………………………………………… 第 5 章
  - 可観測性 ……………………………………………… 第 7 章
- コントローラ設計：PID 制御 ……………………………………………… 第 2 章
  - 極配置，最適レギュレータ ………………………… 第 5 章
  - サーボ系 ……………………………………………… 第 6 章
  - オブザーバ …………………………………………… 第 7 章
- コントローラ実装：離散化 ………………………………………………… 第 8 章

第1章
倒立振子の概要と制御系設計の流れ

川田 昌克

「倒立振子 (とうりつしんし)」とは「手のひらの上の棒を倒さないようにする遊び (図 1.1)」を自動制御により実現する実験装置である[1].「制御工学」の分野では古くからよく知られている実験装置であり[2], 大学・高専における学生実験で広く使用されている[3]. また, 新しい制御理論の有効性を検証するための実験装置として利用することも多い.

ここでは, 本書を読み進めていく前段として, さまざまな倒立振子について説明し, そのシステム構成や制御系設計の流れについて概観する.

図 1.1　棒を立てる遊び

1.1　なぜ倒立振子により制御工学を学ぶのか

次節で説明するように, 倒立振子にはさまざまな種類があるが, 代表的なものは図 1.2 に示す台車型倒立振子である. 倒立振子の応用例としては,

- ロケットの姿勢制御
- 電動立ち乗り二輪車 "セグウェイ (Segway)[4]" (図 1.3 (a)) や, これを発展させた電動車椅子 "iBOT[5]" の倒立姿勢制御
- 自転車型ロボット "ムラタセイサク君[6]" (図 1.3 (b)) の不倒停止制御

図 1.2　台車型倒立振子

(a) セグウェイ　　　　　　　　(b) ムラタセイサク君

図 1.3　倒立振子の応用 (右写真：村田製作所より提供)

などが挙げられる．

我々が「制御工学」を学ぶための題材として倒立振子を利用するのは，下記のような理由があるためである．

- 何も制御しなければ倒れてしまう不安定な制御対象であるため，制御の必然性が明確であり，自動制御の有用性を驚きをもって体感できる．
- 単純な構造であるため，卒業研究などで学生自身が倒立振子を製作することが可能である．たとえば，LEGO MINDSTORMS NXT/EV3 を利用して機械加工や電子工作をすることなしに製作することも可能である [7]–[11]．また，さまざまな種類の倒立振子を購入することもできる [12]–[17]．
- 基本的なセンサ，アクチュエータ，インタフェースで構成されており，これらの動作原理を学ぶことができる．また，アナログ信号やディジタル信号の処理についても学ぶことができる．
- Lagrange（ラグランジュ）の運動方程式などにより，その数学モデルを導出するのが容易である．また，線形化やパラメータ同定の方法について学ぶことができる．
- 振子を取り除いた台車の位置制御 (あるいはアームの角度制御) を通じて，古典制御理論で代表的な PID 制御を学習することが可能である．
- 高次システムであるため，最適レギュレータに代表される現代制御理論の有用性を学ぶことができる．

1.2　倒立振子の種類

ここでは，さまざまな種類の倒立振子を紹介する．

■ 台車型倒立振子

図 1.2 に示した台車型倒立振子は，左右に動く台車上に振子が取り付けられたもの

で，たとえば，12)–15) から購入することができる．四輪車のタイプ[13] 以外に，台車がラックピニオンを介して駆動するタイプ[12),13]，レール上の台車がタイミングベルトを介して駆動するタイプ[14),15]，ボールねじで台車が駆動するタイプ[13] などがある．ラックピニオンやレール，ボールねじを用いる場合，台車の可動範囲はその長さに制限される．

■ 回転型倒立振子[20]

図 1.4 に示す回転型倒立振子は，水平面を回転するアームの先端に振子が取り付けられたものである．回転型は，台車型と比べてコンパクトな構造であり，アームの可動範囲が広いという利点がある．発案者の古田勝久氏 (東京工業大学名誉教授，東京電機大学元学長) の名にちなんで Furuta Pendulum と呼ばれることもある．この実験装置は，たとえば，12)–14), 16) から購入することができる．また，図 1.5 に示すように，LEGO MINDSTORMS NXT/EV3 と LEGO PowerFunctions の XL モータ[18] およ び TechShare のロータリエンコーダ[19] を利用することにより，比較的安価に自分で製作することもできる[10),11]．

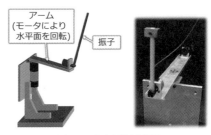

図 1.4 回転型倒立振子

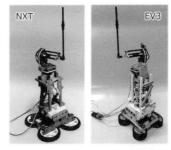

図 1.5 LEGO MINDSTORMS を利用して製作した回転型倒立振子

■ アーム型倒立振子[21]

図 1.6 に示すアーム型倒立振子は，鉛直面を回転するアームの先端に振子が取り付けられたものであり，Pendulum Robot (振子ロボット) を略した Pendubot とも呼ばれる．図 1.7 に示すように，アームが水平に近づくにつれ，振子に伝わる力の大きさが 0 に近づくという特徴があり，台車型や回転型よりも制御が困難である．実験装置は，12), 14) から購入することができる．

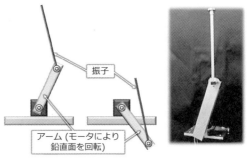

図 1.6 アーム型倒立振子

6　第 1 章　倒立振子の概要と制御系設計の流れ

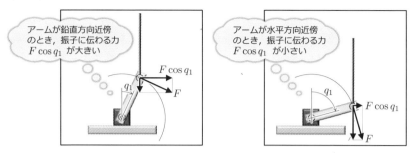

図 1.7　アーム型倒立振子の制御の困難さ

■ **車輪型倒立振子** [22]

図 1.3 (a) に示した電動立ち乗り二輪車"セグウェイ [4]"が発表されて以来, 図 1.8 に示す車輪型倒立振子が世間に広く知られるようになった. LEGO MINDSTORMS NXT により製作する"NXTway [7),8)]"や LEGO MINDSTORMS EV3 により製作する"EV3way-ET [9)]"が提案され, 初心者でも安価で容易に製作が可能である. そのため, 組み込み技術を競う ET ロボコンで利用されている [23]. また, 実験装置は, 14),17) から購入可能である.

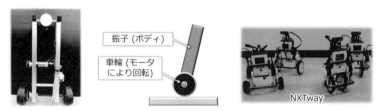

図 1.8　車輪型倒立振子

■ **慣性ロータによる倒立振子** [24]

図 1.3 (b) に示した自転車ロボット"ムラタセイサク君 [6)]"は, 腹部に内蔵されている円板 (慣性ロータ) を回転させたときに発生する反力を利用して, 倒立状態を保っている. これを簡略化した実験装置が, 図 1.9 に示す慣性ロータによる倒立振子であ

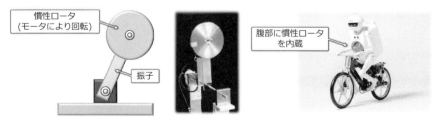

図 1.9　慣性ロータによる倒立振子

る．実験装置は，12) から購入することができる．

■ 二重倒立振子

通常，台車型などの倒立振子は振子が 1 本であるが，これを 2 本に増やすことで制御の難易度を上げたものを，二重倒立振子という．二重倒立振子は，図 1.10 に示す直列二重型 25) と，図 1.11 に示す並列二重型 26) に大別される．実験装置は，12)–15) から購入することができる．

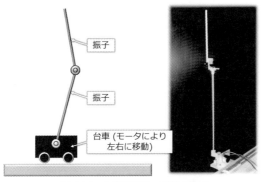
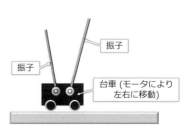

図 1.10　台車型直列二重倒立振子　　　図 1.11　台車型並列二重倒立振子

本書では，倒立振子の中でもっとも一般的な台車型倒立振子と，非線形性の影響が強いアーム型倒立振子の実験装置を取り上げる．1.3, 1.4 節では，筆者の研究室で製作したこれらの実験装置の概要について説明する．

1.3　台車型倒立振子実験装置の概要

1.3.1　実験装置のシステム構成

本書で使用する台車型倒立振子実験装置のシステム構成を図 1.12 に，使用した主要な部品を表 1.1 に示す．

台車はスライドパックのレール上に配置され，レールの両端にはそれぞれ，DC モータの台座，軸受が配置されている．これらの軸にはプーリが取り付けられており，XL 型のタイミングベルトを介して DC モータにより台車を左右に移動させることができる．また，レールの全長は 3 [m] であり，可動範囲が広いという特徴をもつ．台車上の台座にはロータリエンコーダ (ディジタル角度センサ) が取り付けられており，その軸には振子が直付されている．

つぎに，信号の流れの概要を説明する．台車位置と振子角は，ロータリエンコーダとカウンタによりパソコンに取り込まれる．パソコンでは，これらの情報を基に振子の倒立を維持するための速度指令電圧 (操作量) を決定する．この電圧は，D/A (digital to

8   第 1 章 倒立振子の概要と制御系設計の流れ

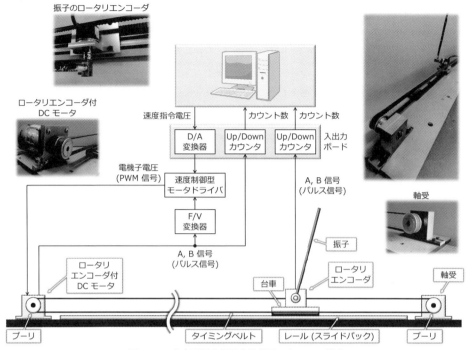

図 1.12 台車型倒立振子実験装置のシステム構成

表 1.1 台車型倒立振子実験装置の主要部品

部品名	製造会社名	型番	仕様等
ロータリエンコーダ付 DC モータ	澤村電気工業	SS40E2-E0	● 定格出力：20 [W] ● エンコーダ部：500 [パルス/回転]
モータドライバ	澤村電気工業	MS-100T10	● 主回路：MOS-FET PWM 制御 ● 速度帰還：DC タコジェネ
F/V 変換器	澤村電気工業	SFV-1000LD	● 500～1,000 [パルス/回転] のエンコーダ用
DC 電源 (モータドライバ用)	イーター電機工業	ERE24SA	● DC 24 [V], 7 [A]
ロータリエンコーダ	MTL	RG2-3600-05DR3	● 3,600 [パルス/回転]
レール (スライドパック)	THK	FBW3590R (1500L)	● 専用継手により 2 本を接合

analog) 変換器を介してモータドライバに加えられ，モータが駆動する．このような操作を，離散化の影響が無視できるくらい短いサンプリング周期 1 [ms] で繰り返し，倒立振子を安定化するフィードバック制御を実現している．

1.3.2 入出力ボード

近年，開発スピードを向上させるため，グラフィカル環境のソフトウェアによりコントローラの実装やセンサ信号の計測を行うことが多くなってきた．MATLAB/Simulink

から直接，これらの操作を行うことが可能な入出力ボードや専用ソフトウェアとしては，たとえば下記のものが販売されている．

■ Quanser Counsulting Inc.[12)]

- 入出力ボード：QPID, QPIDe, Q2-USB, Q8-USB
- 専用ソフトウェア：**QuaRC**

これらの入出力ボードには D/A 変換，A/D (analog to digital) 変換，カウンタなどの機能が含まれている．

本実験装置では，図 1.13 および表 1.2 に示す入出力ボード Q8-USB および専用ソフトウェア QuaRC を使用している．本実験装置では，

- D/A 変換：出力レンジを $-5 \sim 5$ [V]
- カウンタ：4 逓倍モード

に設定して使用する．たとえば，台車位置の P 制御は図 1.14 のように Simulink モデルを作成する．

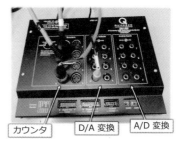

図 1.13　入出力ボード Q8-USB

表 1.2　入出力ボード Q8-USB とソフトウェア QuaRC の設定値

機能	チャンネル数	分解能	設定値
A/D 変換	8ch	16bit	入力レンジ：$-10 \sim 10$ [V] (デフォルト)，$-5 \sim 5$ [V]
D/A 変換	8ch	16bit	出力レンジ：$-10 \sim 10$ [V] (デフォルト)，$0 \sim 10$ [V]，$-5 \sim 5$ [V]，$0 \sim 5$ [V]，$-10.8 \sim 10.8$ [V]，$0 \sim 10.8$ [V]
カウンタ	8ch	24bit	4 逓倍 (デフォルト)，2 逓倍，1 逓倍

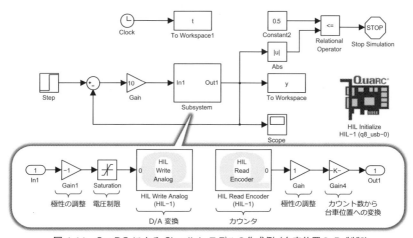

図 1.14　QuaRC による Simulink モデルの作成例 (台車位置の P 制御)

1.3.3 ロータリエンコーダとカウンタ

ロータリエンコーダ[27)-29)]は回転方向の機械的変位をディジタル量に変換する角度センサである．アナログ角度センサであるポテンショメータ[28),29)]と比べて利点が多く[(注1)]，高精度な制御を行うための角度センサとして広く利用されている．回転円板に刻むスリットの配置方法によりインクリメンタル型とアブソリュート型があるが，ここでは，一般に利用頻度が高いインクリメンタル型について説明する[(注2)]．

図 1.15 に示すように，2 相信号出力のインクリメンタル型のロータリエンコーダは，

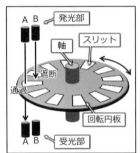
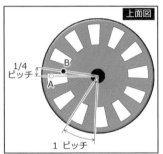

図 1.15 インクリメンタル型ロータリエンコーダの内部

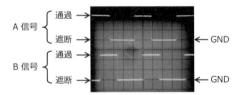

図 1.16 一定速度で回転しているときの A, B 信号 (A 信号が B 信号に比べて 1/4 周期進んでいる)

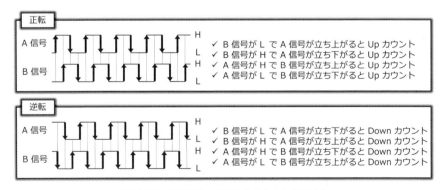

図 1.17 4 逓倍モードにおけるカウンタの動作

[(注1)] ポテンショメータは，ノイズの影響が大きい，検出可能な角度の範囲が制限される，という欠点がある．
[(注2)] インクリメンタル型ロータリエンコーダの動作原理は，30) に掲載されている動画「マウスの動作原理 ボール式マウス ロータリーエンコーダのしくみ」による説明がわかりやすい．

- 放射状に等間隔のスリットを刻んだ回転円板 (注3)
- 発光部である LED
- 受光部であるフォトトランジスタ

で構成される．軸が回転したとき，位相が 1/4 周期ずれた A, B 信号と呼ばれる二つのパルス波が出力されるように，2 対の発光部と受光部が 1/4 ピッチずれた位置に配置されている．このずれによって，回転方向 (正転，逆転) を判別することができる．たとえば，一定速度で回転しているとき，受光 (通過) と遮光 (遮断) を一定周期で繰り返すので，A, B 信号は図 1.16 に示すようになる．

このようにして発生した A, B 信号 (パルス信号) はカウンタ [28],[29] に入力される．カウンタは，パルスの数をカウントするための回路であり，A, B 信号の立ち上がり時や立ち下がり時にどのようにカウントするかどうかによって，1, 2, 4 逓倍という 3 種類のモードがある．通常は，もっとも精度のよい 4 逓倍モードが用いられ，本実験装置で使用している Q8-USB/QuaRC でも 4 逓倍モードがデフォルトの設定となっている．このモードでは，図 1.17 に示すように Up カウントもしくは Down カウントを行い，ロータリエンコーダの分解能 (パルス数) の 4 倍のカウント数を得ることができる．

図 1.12 に示した振子の角度検出用のロータリエンコーダは，分解能が 3,600 [パルス/回転] である．これを 4 逓倍モードでカウントすると，$360/(4 \times 3,600) = 0.025$ [deg/カウント] の精度で角度を検出できる．また，図 1.13 に示した入出力ボード Q8-USB のカウンタは 24 ビットであり，最大のカウント数は $2^{24} = 16,777,216$ である．したがって，振子については最大で $2^{24}/(4 \times 3,600) \approx 1,165$ [回転] の計測が可能である．

1.3.4　D/A 変換

パソコンに組み込まれた D/A 変換器 [28],[29] には，DC モータを駆動するための速度指令電圧 (モータの角速度の目標値)(注4) が入力されている．この入力信号は，図 1.18 に示すようなディジタル信号であり，離散的な電圧の値が一定のサンプリング周期 (サンプリング間隔) ごとに入力されている．D/A 変換器では，つぎのサンプリングまでの間，入力電圧を一定の値に保持する 0 次ホールドが行われ，図 1.18 に示すようなアナログ信号が出力される．本実験装置における D/A 変換器の出力レンジは $-5 \sim 5$ [V]，分解能は 16 ビットである．したがって，D/A 変換器からは $10/2^{16} \approx 0.15259$ [mV] の刻み幅 (量子化サイズ) で $-5 \sim 5$ [V] の範囲の電圧を出力することができる．

(注3) 1,000 [パルス/回転] のように，高分解能なロータリエンコーダの場合，回転円板のスリットは，物理的な穴が開いているわけではなく，互い違いに濃淡色が着色されている．
(注4) 速度指令電圧については 1.3.6 項 (p. 12) で説明する．

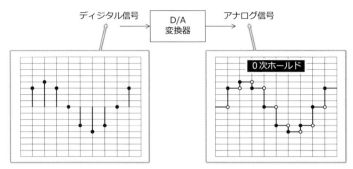

図 1.18　D/A 変換

1.3.5　DC モータ

　本実験装置のアクチュエータは，図 1.12 に示した DC モータであり，DC モータの軸の回転角を検出するためのセンサとして，DC モータの後部に分解能が 500 [パルス/回転] のロータリエンコーダが取り付けられている．台車を手動で 1 [m] 移動させる実験を行うと，4 逓倍モードで 20,655 [カウント] が得られたので，$1/20{,}655 \approx 4.8414 \times 10^{-5}$ [m/カウント] の精度で位置を検出することができる．

1.3.6　電力増幅と速度制御型モータドライバ

　パソコンから D/A 変換を介して出力される電圧を直接，DC モータに加えても，ゆっくりとしか回転しない．これは，パソコンから供給される電流が数 mA しかなく，定格電流が数百 mA ～ 数 A の DC モータを駆動するには電力が不十分なためである[注5]．本実験装置では，電力を増幅するのにパルス幅変調 (PWM: pulse width modulation) 電力増幅器が利用されている[28),31)]．

　PWM 電力増幅器では，図 1.19 に示すように，D/A 変換の出力電圧を三角波 (もしくはノコギリ波) と比較することで，PWM 信号を発生させる．そして，PWM 信号の ON, OFF に応じてトランジスタもしくは FET (field effect transistor) を ON, OFF

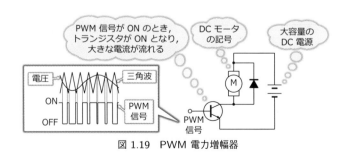

図 1.19　PWM 電力増幅器

[注5] DC モータのトルクの大きさは電機子電流に比例する．

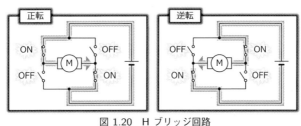

図 1.20　H ブリッジ回路

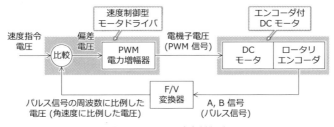

図 1.21　モータ速度制御系

させる．ON のとき，外部の大容量の DC 電源から電力が供給されて DC モータが回転し，OFF のとき，惰性で DC モータが回転する．このようなスイッチングは非常に高速であり，本実験装置の PWM 周波数は 25 [kHz] である．

図 1.19 の回路では，DC モータは一方向にしか回転しない．正転，逆転のために用いられるのが，図 1.20 に示す H ブリッジ回路[28),31)] である．この回路では，4 個のスイッチを図 1.20 のように ON, OFF することで，DC モータに流れる電流の方向を切り替え，正転と逆転を実現する．実際には，このスイッチングが前述のトランジスタもしくは FET により行われ，PWM 電力増幅器が構成されている．

これまでに説明した電力増幅だけでは，DC モータの速応性は十分ではなく，倒立した振子を「ぴったり」と静止させることは困難であり，一定周期でゆれてしまう．そこで，本実験装置では，図 1.21 の速度制御系[28),29),31)] を構成している．速度制御型モータドライバには

- パソコンから D/A 変換器を介して出力された速度指令電圧 (モータ角速度の目標値に相当)
- F/V (frequency to voltage) 変換器の出力電圧 (モータ角速度に相当[(注6)])

が入力されている．そして，これらの差 (偏差電圧) に応じたフィードバック制御により，DC モータの角速度を瞬時に速度指令電圧に追従させることができる．

[(注6)] F/V 変換器では，A, B 信号の周波数に比例した電圧 (つまり，モータ角速度に比例した電圧) を出力する．

1.4 アーム型倒立振子実験装置の概要

本書で使用するアーム型倒立振子実験装置のシステム構成を図 1.22 に，使用した主要部品を表 1.3 に示す．本実験装置は，システムの自由度よりもアクチュエータの数が少ない劣駆動マニピュレータの一種である．アームはモータ軸に取り付けられており，モータドライバに速度指令電圧を加えることで，アームを直接，回転させることができる．このように，アームは自らが駆動するため，能動リンクと呼ばれる．一方，振子はロータリエンコーダ (角度センサ) の軸に取り付けられており，自らが直接的に回転する

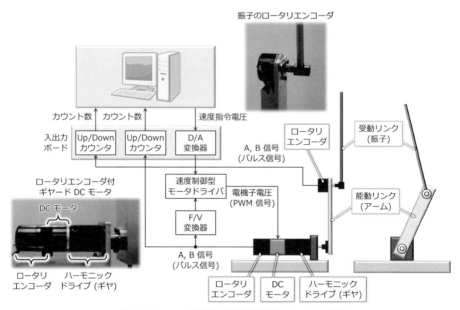

図 1.22　アーム型倒立振子実験装置のシステム構成

表 1.3　アーム型倒立振子実験装置の主要部品

部品名	製造会社名	型番	仕様等
ロータリエンコーダ付ギヤード DC モータ	ハーモニック・ドライブ・システムズ	RH-8D-6006-E100AL	● 定格出力：8.6 [W] ● ギヤ部：ハーモニックドライブ (減速比 50) ● エンコーダ部：1,000 [パルス/回転]
モータドライバ	澤村電気工業	MS-100T05	● 主回路：MOS-FET PWM 制御 ● 速度帰還：DC タコジェネ
F/V 変換器	澤村電気工業	SFV-1000LD	● 500～1,000 [パルス/回転] のエンコーダ用
DC 電源 (モータドライバ用)	イーター電機工業	ERE24SA	● DC 24 [V], 7 [A]
ロータリエンコーダ	MTL	RG2-3600-05DR3	● 3,600 パルス/回転

ことはない．そのため，振子を受動リンクと呼ぶ．

本実験装置のアクチュエータは，図 1.22 に示したエンコーダ付ギヤード DC モータ[注7]である．ギヤとしては，

- バックラッシュ (ギヤの遊び) が少ない
- 小型であるが減速比が高い

という特徴をもつハーモニックドライブ[27),28)]が取り付けられている．その動作原理については，32) に掲載されている動画が参考になる．

また，ギヤード DC モータの軸の回転角を検出するためのセンサとして，ロータリエンコーダが取り付けられている．その分解能は 1,000 [パルス/回転] であり，ギヤの減速比は 50 であるため，4 逓倍モードでカウントすると，$360/(4 \times 1{,}000 \times 50) = 0.0018$ [deg/カウント] の精度で角度を検出することができる．

1.5 モデルに基づいた制御系設計の流れ

図 1.23 にモデルに基づいた制御系設計を行う際の流れを示す．この流れは，以下のように大別できる[33)]．

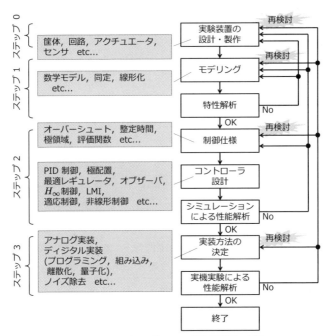

図 1.23　モデルに基づいた制御系設計の流れ

[注7] ギヤが取り付けられたモータをギヤードモータ (geared motor) という．

ステップ0：実験装置の製作

筐体，回路，アクチュエータ，センサといった要素を組み合わせ，実験装置を設計・製作する．

ステップ1：制御対象のモデリングと解析 [34]

製作された (与えられた) 制御対象の特性を把握するため，運動方程式，回路方程式，化学反応式といった第一原理を利用して制御対象の数学モデル (詳細モデル) を導出する．一般に，得られる数学モデルには非線形項が含まれるが，線形制御理論に基づいてコントローラを設計するために，線形化という作業を施す．さらに，数学モデルには測定器で計測することが困難なパラメータも含まれるため，実験的にこれらの値を定めるパラメータ同定という作業も行う．

このようにして得られた設計モデルが妥当かどうかは，ステップ応答や周波数応答などのシミュレーション結果と実際の実験結果がある程度，一致しているかどうかで判断する．妥当でなければ，モデリング (数学モデルの導出，線形化，パラメータ同定) の方法を再検討するか，ステップ0に戻る．

ステップ2：コントローラの設計

ステップ1で得られた制御対象の設計モデルが妥当であると判断された場合，コントローラ設計を行う．まず，設計モデルを標準的な伝達関数表現や状態空間表現で記述する．そのうえで，(i) オーバーシュートが 10 % 以内である，(ii) 整定時間が 5 秒以内である，(iii) 評価関数

$$J = \int_0^\infty \left(x(t)^\top Q x(t) + u(t)^\top R u(t) \right) dt$$

を最小化する ($x(t)$：状態変数，$u(t)$：操作量，$Q = Q^\top \succ 0$, $R = R^\top \succ 0$：重み)，などといった制御仕様 (設計仕様) を与える．そして，設計モデルに対して，これらの制御仕様を満足するようなコントローラを，古典制御理論で代表的な PID 制御 [35] における部分的モデルマッチング法，現代制御理論 [36] で代表的な極配置法や最適レギュレータ，あるいは，H_∞ 制御に代表されるロバスト制御 [37],[38] などのアドバンストな制御理論 [39] に基づいて設計する．

設計されたコントローラの妥当性 (性能解析) は，設計モデルもしくは詳細モデルに対するシミュレーションによって確認する．妥当でないと判断した場合，制御仕様やコントローラの設計方法 (制御方法) を再検討するか，ステップ0, 1のいずれかに戻る．

ステップ3：コントローラの実装 [40]

ステップ2で設計されたコントローラを実装する．オペアンプなどによりアナログ実装する場合もあるが，最近は，D/A, A/D 変換，カウンタおよびコンピュータによ

りディジタル実装することが多い．ディジタル実装では，コントローラが連続時間系で設計されている場合，双一次変換などによりそれを離散化する．また，信号処理においては，ローパスフィルタを用いたノイズ除去や高周波信号の平滑化 (チャタリング除去) を行う．

実装されたコントローラの妥当性は，実機実験により確認する．実験結果がシミュレーション結果と大きく異なるようであれば，コントローラの実装方法を再検討するか，ステップ 0～2 のいずれかに戻る．

本書では，倒立振子を題材として，

- 古典制御理論によるコントローラ設計 (PID 制御) ………… 基礎編：第 2 章

を学んだ後，以下のトピックスについて系統的に学習する．

- ステップ 1：実験装置のモデリングと解析 …………………… 基礎編：第 3, 4 章
- ステップ 2：現代制御理論によるコントローラの設計 …… 基礎編：第 5～7 章
- ステップ 3：コントローラの実装 …………………………… 基礎編：第 8 章

さらに，発展的内容として

- アドバンストな制御理論によるコントローラ設計 ………… 発展編：第 1～3 章

を用意しているので，ぜひ，チャレンジしてほしい．

第 1 章の参考文献

1) 川谷亮次, 外川一仁：現代制御理論を使った倒立振子の実験 [1]–[3], トランジスタ技術 (CQ 出版社), Vol. 30, No. 5, pp. 315–322, No. 6, pp. 367–373, No. 7, pp. 363–370 (1993)
2) 有本 卓, 伊藤正美, 木村英紀, 示村悦二郎, 砂原善文, 久村富持, 藤井省三, 古田勝久, 伊藤宏司, 大住 晃, 西村敏充, 早勢 実, 美多 勉, 宮崎文夫, 須田信英：制御理論家が実験をすれば …… —第 8 回制御理論シンポジウムから—, 計測と制御, Vol. 18, No. 12, pp. 1029–1040 (1979)
3) 中浦茂樹, 三平満司：学生のやる気を引き出す制御実験 —MATLAB と LabVIEW を併用した倒立振子実験—, 計測と制御, Vol. 46, No. 9, pp. 705–708 (2007)
4) Segway Inc.: http://www.segway.com/
5) iBOT - Wikipedia: https://en.wikipedia.org/wiki/IBOT
6) ムラタのロボット：https://corporate.murata.com/ja-jp/about/mboymgirl
7) 渡辺 亮：NXTway (LEGO Segway) の走行制御 —LEGO Mindstorms NXT を用いた制御実験—, 第 7 回 SICE 制御部門大会資料, 63-1-4 (2007)
8) NXTway-GS (2 輪型倒立振子ロボット) C API：http://lejos-osek.sourceforge.net/jp/nxtway_gs.htm

9) EV3way-ET 走行体組立図：https://sourceforge.net/projects/etroboev3/files/BuildingInstructions/EV3wayET03.pdf/download

10) 川田昌克：MATLAB/Simulink と実機で学ぶ制御工学 ― PID 制御から現代制御まで ―，TechShare (2013)

11) 川田昌克：LEGO MINDSTORMS を利用した回転型倒立振子の開発，計測と制御，Vol. 54, No. 3, pp. 192–195 (2015)

12) Quanser Consulting Inc.：https://www.quanser.com/
..... 倒立振子などの実験装置や入出力ボードは日本ナショナルインスツルメンツ (https://www.ni.com/ja-jp.html) やアルテックス (http://altexcorp.co.jp) から購入でき，ソフトウェア QuaRC はアルテックスから購入できる

13) リアルテック：http://www011.upp.so-net.ne.jp/realtec/

14) Solutions 4U：https://www.solutions4u-asia.com/
..... ピーアイディーコーポレーション (https://www.pid-control.com/) から購入できる

15) サーボテクノ：http://www.servotechno.co.jp/

16) アドウィン：https://www.adwin.com/

17) ヴイストン：http://www.vstone.co.jp/

18) Power Functions motors presentation ― Philo's Home Page：https://www.philohome.com/pf/pf.htm

19) 回転型倒立振子用モータ・エンコーダセット：https://www.mbd-shop.jp/product/217
..... 2020 年 10 月時点で販売は終了している

20) K. J. Aström and K. Furuta: Swinging up a Pendulum by Energy Control, Automatica, Vol. 36, No. 2, pp. 287–295 (2000)

21) H. Kajiwara, P. Apkarian and P. Gahinet: LPV Techniques for Control of an Inverted Pendulum, IEEE Control Systems Magazine, Vol. 19, No. 1, pp. 44–54 (1999)

22) 松本　治，梶田秀司，谷　和男：移動ロボットの内界センサのみによる姿勢検出とその制御，日本ロボット学会誌，Vol. 8, No. 5, pp. 541–550 (1990)

23) ET ロボコン公式サイト：https://www.etrobo.jp/

24) 藤木信彰，神崎一男，松田隆一：慣性ロータを用いた振子の振り上げ動作と倒立制御，日本機械学会論文集 C 編，Vol. 68, No. 667, pp. 810–816 (2002)

25) 逸見知弘，鄧　明聡，井上　昭，植木信幸，平嶋洋一：台車型直列二重倒立振子の振り上げ制御，日本機械学会論文集 C 編，Vol. 71, No. 704, pp. 1269–1275 (1993)

26) 川谷亮治，山口尊志：並列型 2 重倒立振子系の解析とその安定化，計測自動制御学会論文集，Vol. 29, No. 5, pp. 572–580 (1993)

27) 松日楽信人，大明準治：わかりやすいロボットシステム入門 (改訂 2 版)，オーム社 (2010)

28) 高森　年：メカトロニクス，オーム社 (1999)

29) 岡田養二，渡辺嘉二郎：メカトロニクスと制御工学，養賢堂 (2003)

30) 情報機器と情報社会のしくみ素材集 (1302 マウスの動作原理)：http://www.sugilab.net/jk/joho-kiki/1302/

31) 吉田幸作ほか：モータ制御 & メカトロニクス技術入門，トランジスタ技術 SPECIAL (CQ 出版社)，No. 61 (1998)
32) ハーモニックドライブの原理：http://www.hds.co.jp/products/hd_theory/
33) 大須賀公一，足立修一：システム制御へのアプローチ，コロナ社 (1999)
34) 足立修一：システム同定の基礎，東京電機大学出版局 (2009)
35) 須田信英ほか：PID 制御，朝倉書店 (1992)
36) 小郷　寛，美多　勉：システム制御理論入門，実教出版 (1979)
37) 藤森　篤：ロバスト制御，コロナ社 (2001)
38) 蛯原義雄：LMI によるシステム制御 —— ロバスト制御系設計のための体系的アプローチ，森北出版 (2012)
39) 「初学者のための図解でわかる制御工学 II —— 発展編」特集号，システム/制御/情報，Vol. 56, No. 6, pp. 275–312 (2012)
40) 岡田昌史：システム制御の基礎と応用 —— メカトロニクス系制御のために ——，数理工学社 (2007)

第2章
台車位置のPID制御

南　裕樹

　フィードバック制御を利用することで，制御対象の安定化，外乱の抑制，パラメータ変動による影響の低減化を達成することができる[1)-15)]．そのフィードバック制御の代表的な手法の一つにPID制御がある．これは，比例 (proportional)，積分 (integral)，微分 (derivative) という直感的に理解しやすい単純な計算から構成される．

　本章では，まず，台車型倒立振子の台車の位置制御を題材とし，P, I, Dの各制御の特徴を説明する．つぎに，PIDコントローラの系統的な設計法の一つであるモデルマッチングに基づく方法について述べる．最後に，PID制御 (古典制御理論) では，台車型倒立振子の台車位置と振子角度を同時に制御することが容易でないことを示し，現代制御理論を学ぶ動機付けをする．

2.1　PID制御の特徴

　PID制御は，比例 (proportional)，積分 (integral)，微分 (derivative) の三つの動作から構成されており，目標値と制御量の差に対する各動作の線形和で操作量を決める．例として，図2.1に示す台車の位置制御を考えてみよう．台車位置 $y(t)$ を目標位置 $r(t)$

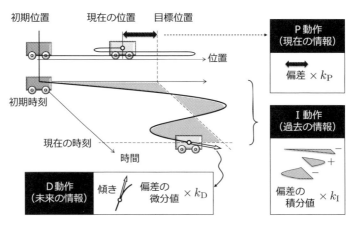

図 2.1　"P"，"I"，"D" 制御の概念図

に速やかに到達させることが目標であるが，これを実現するためのもっとも単純な動作が，現在の位置と目標位置の差 (偏差 $e(t) = r(t) - y(t)$) を k_P 倍した入力 $u(t)$ を与える**比例動作 (P 動作)** である．しかし，P 動作だけでは，台車位置 $y(t)$ が目標位置 $r(t)$ にたどりつかず，**定常偏差 (オフセット)**

$$e_\infty := \lim_{t \to \infty} e(t) \tag{2.1}$$

を生じる場合がある．この定常偏差を除去するために，時刻 t までの偏差の積分値 $\int_0^t e(\tau)d\tau$ を k_I 倍した量を入力 $u(t)$ に加える方法が**積分動作 (I 動作)** である．また，台車の動きを予見する，つまり，偏差の増減の動向を考慮することで，台車の位置制御系の動特性を改善できる．このような，偏差の微分値 $\dot{e}(t)$ を k_D 倍した量を入力 $u(t)$ に反映させるものが，**微分動作 (D 動作)** である．

上記の例からわかるように，PID 制御は，制御対象の出力 $y(t)$ と目標値 $r(t)$ の差 (偏差) $e(t) = r(t) - y(t)$ に関する"現在"の情報 (比例)，"過去"の情報 (積分)，"未来"の情報 (微分) を利用するものである．この PID 制御を式で表すと，

PID コントローラ

$$u(t) = \underbrace{k_P e(t)}_{\substack{\text{比例動作}\\\text{(P 動作)}}} + \underbrace{k_I \int_0^t e(\tau)d\tau}_{\substack{\text{積分動作 (I 動作)}}} + \underbrace{k_D \dot{e}(t)}_{\substack{\text{微分動作}\\\text{(D 動作)}}} \tag{2.2}$$

となる．PID 制御を用いる場合，**比例ゲイン** k_P，**積分ゲイン** k_I，**微分ゲイン** k_D と呼ばれる三つのパラメータをどう決めるかが重要な問題となる．実際，制御系設計者は，立ち上がり時間やオーバーシュートに代表される過渡特性や目標値追従性能や外乱除去性能といった定常特性などの要求を満たすパラメータ k_P, k_I, k_D を決定することになる．

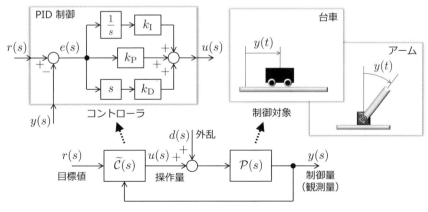

図 2.2 フィードバック制御系

本節では，図 2.2 に示すフィードバック制御系で台車の位置制御 (p. 14 のアームの角度制御でもよい) を行うことで，P, I, D 動作の特徴を説明する．図 2.2 において，$r(t)$ は目標値，$d(t)$ は外乱 (静止摩擦や動摩擦など)，$y(t)$ は台車の位置，$u(t)$ は台車 (モータ) を駆動させるための指令電圧，$e(t) := r(t) - y(t)$ は偏差である．また，$\mathcal{P}(s)$ は台車 (あるいはアーム) の伝達関数，$\widetilde{\mathcal{C}}(s)$ はコントローラの伝達関数であり，

$$u(s) = \underbrace{\begin{bmatrix} \mathcal{C}_r(s) & -\mathcal{C}_y(s) \end{bmatrix}}_{\widetilde{\mathcal{C}}(s)} \begin{bmatrix} r(s) \\ y(s) \end{bmatrix} = \mathcal{C}_r(s)r(s) - \mathcal{C}_y(s)y(s) \tag{2.3}$$

のように記述される[注1]．とくに $\mathcal{C}_r(s) = \mathcal{C}_y(s) := \mathcal{C}(s)$ のとき，(2.3) 式は

$$u(s) = \mathcal{C}(s)e(s) \tag{2.4}$$

となる．なお，PID コントローラは，(2.2) 式を Laplace 変換した次式となる．

PID コントローラ

$$u(s) = \mathcal{C}(s)e(s), \quad \mathcal{C}(s) = k_\mathrm{P} + \frac{k_\mathrm{I}}{s} + k_\mathrm{D}s = k_\mathrm{P}\left(1 + \frac{1}{T_\mathrm{I}s} + T_\mathrm{D}s\right) \tag{2.5}$$

ただし，$T_\mathrm{I} := k_\mathrm{P}/k_\mathrm{I}$ は**積分時間**，$T_\mathrm{D} := k_\mathrm{D}/k_\mathrm{P}$ は**微分時間**である．

2.1.1 P 制御

P 制御は，偏差に比例した入力を与えるものである．P コントローラは，図 2.2 や (2.5) 式において，$k_\mathrm{I} = k_\mathrm{D} = 0$ とした次式となる．

P コントローラ

$$u(s) = \mathcal{C}(s)e(s), \quad \mathcal{C}(s) = k_\mathrm{P} \tag{2.6}$$

P 制御の特徴を確認するために，比例ゲイン k_P を変更して，台車の位置制御を行ってみよう[注2]．比例ゲインを $k_\mathrm{P} = 5, 10, 20$ とした場合の台車位置の時間応答が図 2.3 である (M ファイル "`p1c211_pcont.m`")．ただし，目標値は，$r(t) = 0.1$ [m]，外乱は $d(t) = 0$ としている．図 2.3 より，k_P が大きくなるほど立ち上がりが速くなるが，その一方で，オーバーシュートが大きくなる (振動的になる) ことが確認できる．つまり，P 制御では，速応性と減衰性を同時に改善する (過渡特性を改善する) ことが困難である．

現実の制御系においては，静止摩擦や動摩擦などに起因する一定値の外乱が加わる場合がある．そこで，一定値の外乱 ($d(t) = -0.1$) が加わる状況で台車の位置制御を行ってみる．その結果が図 2.4 であるが，これより，定常偏差が生じることがわかる．また，

[注1] 信号の Laplace 変換を $e(s) := \mathcal{L}[e(t)]$，$u(s) := \mathcal{L}[u(t)]$，$y(s) := \mathcal{L}[y(t)]$ などと表記する．
[注2] 配布する MATLAB/Simulink ファイルについては 3.4 節 (p. 56) を参照．

2.1 PID 制御の特徴　23

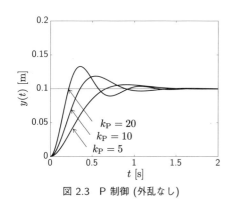

図 2.3　P 制御 (外乱なし)

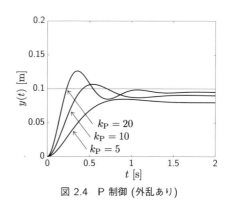

図 2.4　P 制御 (外乱あり)

その定常偏差は，比例ゲイン k_P を大きくするほど，小さくなっている．このことから，k_P を十分大きくすれば，定常偏差をほぼ 0 にすることができそうだが，実際には，制御対象の入力 (モータの指令電圧) の制約から k_P を大きな値に設定することはできない．つまり，この意味において，P 制御では定常特性を改善することができない．

以上より，P 制御の問題点としては，(i) 速応性と減衰性を同時に改善できない，(ii) 定常特性を改善できない，といったことが挙げられる．

2.1.2　PD 制御

D 動作では，偏差の微分値の情報を利用することで，オーバーシュートが大きくなることを抑制できる．したがって，2.1.1 項で述べた P 制御の一つ目の問題点である制御系の過渡特性は，D 制御を併用することで改善できる．そこで，図 2.2 や (2.5) 式において，$k_I = 0$ とした次式のコントローラを用いた PD 制御を考える．

PD コントローラ

$$u(s) = \mathcal{C}(s)e(s), \quad \mathcal{C}(s) = k_P + k_D s \tag{2.7}$$

比例ゲインを $k_P = 10$ とし，微分ゲインを $k_D = 0.1, 0.8$ とした場合のシミュレーション結果を図 2.5 に示す (M ファイル "p1c212_pdcont.m")．ただし，目標値は $r(t) = 0.1$，外乱は $d(t) = 0$ とした．D 制御を用いることで，オーバーシュートが小さくなり，過渡特性が改善されていることがわかる．つまり，比例ゲイン k_P と微分ゲイン k_D を適切に調整すれば，速応性と減衰性を同時に改善できる．それに対して，外乱を $d(t) = -0.1$ とした場合の結果が，図 2.6 であるが，定常偏差が生じている．定常偏差の大きさは，微分ゲインを変化させても変わらないため，D 動作を加えても定常特性を改善できないことが確認できる．

上述したように，D 動作では，(2.5) 式の微分器 s により，偏差を微分する．しかし，そのような完全な微分は実現が困難である．そのため通常は，図 2.7 のように，**遮断角周**

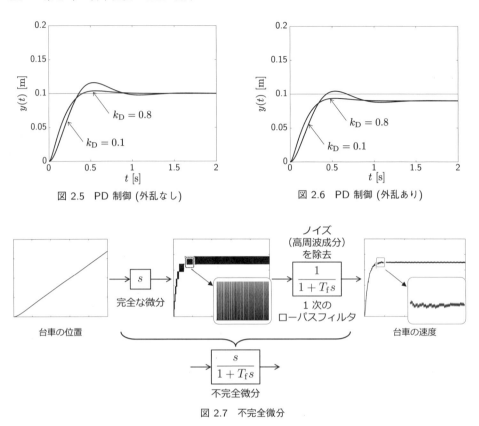

図 2.5 PD 制御 (外乱なし)　　　図 2.6 PD 制御 (外乱あり)

図 2.7 不完全微分

波数 (カットオフ角周波数) が $1/T_\mathrm{f}$ であるような 1 次のローパスフィルタを付加した不完全微分 (近似微分) $s/(1+T_\mathrm{f}s)$ が用いられる [5]–[11]．本章の数値例では，$T_\mathrm{f} = 0.02$ の不完全微分を用いている．とくに，不完全微分を用いることには，以下の利点がある．

- ステップ信号を微分したときに生じるインパルス状の成分がなくなる．ただし，大きく変化する成分は生じる．
- アナログセンサであるポテンショメータで取得した信号に含まれる接触ノイズや，ロータリエンコーダの分解能 (量子化誤差) に起因するノイズを低減できる (図 2.7 は不完全微分によるノイズ除去性能を示している)．

2.1.3 PI 制御および PID 制御

(a) PI 制御

P 制御や PD 制御では，一定値の外乱に対して定常偏差が生じるという問題があった．その要因は，外乱 (静止摩擦) と操作量がつり合うことである．そこで，積分器を利用して偏差を積分することで，外乱に打ち勝つ入力を生成することを考える．つまり，

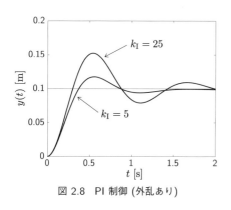
図 2.8 PI 制御 (外乱あり)

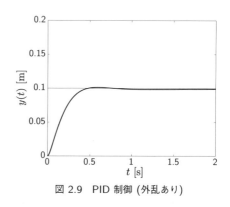
図 2.9 PID 制御 (外乱あり)

P 制御に積分を加えた，PI 制御 (図 2.2 や (2.5) 式において，$k_D = 0$ としたもの)

PI コントローラ
$$u(s) = \mathcal{C}(s)e(s), \quad \mathcal{C}(s) = k_P + \frac{k_I}{s} \tag{2.8}$$

を用いる．

比例ゲインを $k_P = 10$，積分ゲインを $k_I = 5, 25$ としたときのシミュレーション結果を図 2.8 に示す (M ファイル "p1c213_picont.m")．一定値の外乱 $d(t) = -0.1$ が加わっているにもかかわらず，台車の位置が目標値の 0.1 に収束している．このことから，I 動作により定常特性 (外乱除去性能) を改善できることが確認できる．しかし，外乱除去性能をよくするために，積分ゲイン k_I を大きくすればよいというものではなく，大きくしすぎると減衰性が悪くなり，振動的な応答となる．つまり，P 動作と I 動作だけでは過渡特性の改善が不十分であり，D 動作を加えた PID 制御を考える必要がある．

(b) PID 制御

PID 制御は，図 2.2 や (2.5) 式に示す形である．比例ゲインを $k_P = 10$，微分ゲインを $k_D = 0.8$，積分ゲインを $k_I = 5$ としたときのシミュレーション結果を図 2.9 に示す (M ファイル "p1c213_pidcont.m")．結果を見ると，良好な応答が得られていることが確認でき，PID 制御が過渡特性と定常特性の改善に役立つことがわかる．

最後に，**周波数特性**の視点から PID 制御の特徴を説明する．図 2.10 の左図は，PID コントローラ $\mathcal{C}(s)$ の周波数特性 (ゲイン線図と位相線図) であり，右図は制御対象

$$S_\mathcal{P} : y(s) = \mathcal{P}(s)u(s), \quad \mathcal{P}(s) = \frac{b_c}{s(s + a_c)} \tag{2.9}$$

および**開ループ伝達関数** $\mathcal{P}(s)\mathcal{C}(s)$ の周波数特性である (M ファイル "p1c213_

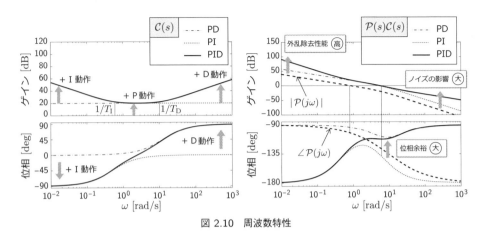

図 2.10　周波数特性

pidbode.m")[注3]．図 2.10 の左図から確認できるように，P 制御では，ゲインが $20\log_{10} k_P$ となる．そして，I 動作を付加することで，低周波帯 ($\omega < 1/T_I$) のゲインが大きくなり，D 動作により，高周波帯 ($\omega > 1/T_D$) のゲインが大きくなる．さらに，位相は，I 動作では，低周波帯で -90 [deg] となり，D 動作では，高周波帯で $+90$ [deg] となる．一方，図 2.10 の右図より，以下のことが確認できる[8)-10)]．まず，I 動作を加えると，低周波帯のゲインが大きくなり，外乱除去特性を高くすることができる．しかし，位相が遅れるため，$\mathcal{P}(s)\mathcal{C}(s)$ の位相余裕が小さくなり，振動的になりやすくなる．つぎに，D 動作を用いると，位相を進めることができるため，$\mathcal{P}(s)\mathcal{C}(s)$ の位相余裕が大きくなり，振動しにくくなる．しかし，高周波帯のゲインが大きくなり，高周波ノイズを増幅してしまうので，2.1.2 項で説明したローパスフィルタを含む不完全微分が必要になる．

2.2　PID パラメータの設計法

2.1 節では，試行錯誤的に PID コントローラのパラメータ k_P, k_I, k_D を調整して，各動作の特徴を調べた．しかしながら，制御系を設計するにあたり，試行錯誤的な方法は，ある程度経験が必要であり効率的ではない．

パラメータの設計法には，**限界感度法**や**ステップ応答法**など試行錯誤的に設計する方法，周波数特性 (位相・ゲイン余裕) に基づいて設計する方法，規範モデルとのマッチングにより設計する方法，などが挙げられる[1)-15)]．本章では，その中でも，制御対象の数学モデルを用いて系統的に設計を行う**モデルマッチング法**[2)-4),9)-11)] に注目する．

[注3] 伝達関数 $\mathcal{P}(s)$ は 2.2.1 項で求めるものを用いた．

2.2.1 台車のモデリング

モデルマッチングにより設計するためには，制御対象の数学モデルが必要である．そこでまず，台車に一定値の指令電圧 (操作量) $u(t) = u_\mathrm{c}$ を与えたときの振る舞いを調べ，その応答波形を近似する台車の数学モデル (伝達関数) を求める[注4]．

台車に一定値の入力を与えると，等速直線運動をするので，台車の速度の応答は 図 2.11 のようになる．この応答は，1 次遅れ系の応答と見ることができるので，台車の速度を $y_\mathrm{d}(t) := \dot{y}(t)$，入力 (操作量) を $u(t)$ とすれば，台車系の数学モデルは，

$$y_\mathrm{d}(s) = \frac{K}{1+Ts}u(s) \tag{2.10}$$

と表すことができる．したがって，**時定数** T と**ゲイン** K の値を波形から読み取る[注5] ことで，台車系の数学モデルが得られる．実際，T と K を決めるために，入力を $u(t) = 0.8, 0.9, 1.0, 1.1$ と変化させたときの応答を調べた (M ファイル "p1c221_id_cart.m")．その結果が，図 2.11 である．なお，このグラフは，台車の位置 $y(t)$ を計測し，オフラインで中心差分近似 (詳細は 3.2.2 項 (p. 49) を参照) により速度 $\dot{y}(t)$ を算出している．各応答から T と K を求めると，図 2.12 となり，平均をとると $T = 0.16$，$K = 0.698$ となった．以上より，台車の位置を $y(t)$ ($y_\mathrm{d}(s) = sy(s)$)，パラメータを $a_\mathrm{c} := 1/T = 6.25$，$b_\mathrm{c} := K/T = 4.36$ とすれば，(2.10) 式から，台車のモデルは (2.9) 式で与えられる．

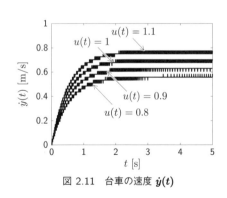

図 2.11 台車の速度 $\dot{y}(t)$

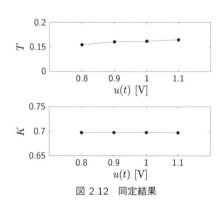

図 2.12 同定結果

2.2.2 モデルマッチングによる設計

モデルマッチング法は，図 2.13 に示すように，ある適切な**規範モデル** $\mathcal{M}(s)$ を与え，それに目標値 $r(s)$ から制御量 $y(s)$ までの伝達関数 $\mathcal{G}(s)$ を一致させる (または近づけ

[注4] 物理法則に基づく詳細な数学モデルの導出については，第 3 章で述べる．
[注5] $u(t) = u_\mathrm{c}$ を加えたときの $y_\mathrm{d}(t)$ の定常値を $y_{\mathrm{d}\infty}$ とすると，ゲインが $K = y_{\mathrm{d}\infty}/u_\mathrm{c}$ と定まる．また，時定数 T は $y_\mathrm{d}(t)$ が定常値 $y_{\mathrm{d}\infty}$ の約 63.2 % に至るまでの時間として定めることができる．

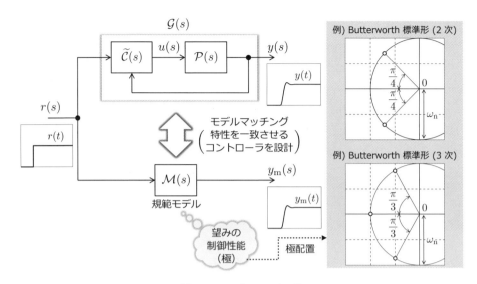

図 2.13 モデルマッチング

る) というものである.つまり,望ましい制御系の極を実現するように極配置を行うということである.

規範モデルとしては,**二項係数標準形**や **Butterworth 標準形**がよく利用される.たとえば,2 次系の規範モデル

$$\mathcal{M}(s) = \mathcal{M}_2(s) := \frac{\omega_n^2}{s^2 + 2\zeta\omega_n s + \omega_n^2} \quad (2.11)$$

において,減衰性に関するパラメータ ζ を $\zeta = 1$ と選んだものが二項係数標準形であり,$\zeta = 1/\sqrt{2}\,(\approx 0.7)$ としたものが Butterworth 標準形である.極の位置は,二項係数標準形の場合はすべて $s = -\omega_n$,Butterworth 標準形の場合は 図 2.13 の位置となる.また,ω_n は速応性に関するパラメータであり,大きな値を指定するほど制御系の立ち上がりが速くなる.さらに,3 次系の規範モデル

$$\mathcal{M}(s) = \mathcal{M}_3(s) := \frac{\omega_n^3}{s^3 + \alpha_2 \omega_n s^2 + \alpha_1 \omega_n^2 s + \omega_n^3} \quad (2.12)$$

では,$(\alpha_1, \alpha_2) = (3, 3)$ が二項係数標準形 (極はすべて $s = -\omega_n$ の位置),$(\alpha_1, \alpha_2) = (2, 2)$ が Butterworth 標準形 (極は 図 2.13 の位置) である.また,上記以外の規範モデルとして,"偏差の絶対値の時間の重み付き積分 $\int_0^t \tau |e(\tau)| d\tau$" の値をほぼ最小化する ITAE 最小標準形が知られており,これは,$(\alpha_1, \alpha_2) = (2.15, 1.75)$ としたものである [2].

2.2.3 P制御

比例ゲイン k_P を設計するために,まず,(2.5) 式と (2.9) 式より,目標値 $r(s)$ から制御量 $y(s)$ への伝達関数を求めると,

$$\mathcal{G}(s) = \frac{b_\mathrm{c} k_\mathrm{P}}{s^2 + a_\mathrm{c} s + b_\mathrm{c} k_\mathrm{P}} \tag{2.13}$$

となる.これを,(2.11) 式の 2 次の規範モデル $\mathcal{M}_2(s)$ に対応づけると,$\omega_\mathrm{n} = \sqrt{b_\mathrm{c} k_\mathrm{P}}$,$\zeta = a_\mathrm{c}/2\omega_\mathrm{n}$ という関係を得る.

ところが,設計できるパラメータは k_P 一つである.そのため,ω_n と ζ を独立に指定して k_P を決定できず,$\mathcal{G}(s)$ と $\mathcal{M}_2(s)$ を完全に一致させることができない.そこで,ここでは $\mathcal{M}_2(s)$ の速応性に着目し,

$$k_\mathrm{P} = \frac{\omega_\mathrm{n}^2}{b_\mathrm{c}} \tag{2.14}$$

と選ぶ[注6].このとき,$\zeta = a_\mathrm{c}/2\omega_\mathrm{n}$ となる[注7].これは,ω_n を大きく設定するほど立ち上がりは速くなるが,その結果,ζ が 0 に近づき振動的な振る舞いになることを意味する.このことを図 2.14 で確認してみよう.図 2.14 は,目標値を $r(t) = 0.1$ [m] としたときのシミュレーション結果である (M ファイル "`p1c223_pcont.m`").$\omega_\mathrm{n} = 5$ と $\omega_\mathrm{n} = 10$ の場合の結果を示している.これより,ω_n を大きくするほど立ち上がりが速くなる一方で,オーバーシュートが大きくなることが確認できる.

また,一定値外乱 $d(t) = -0.1$ が加わった場合の結果 (図 2.15) を見ると,出力 $y(t)$ が目標値 $r(t)$ に追従せず,定常偏差が生じている.実際,外乱 $d(s)$ と制御量 $y(s)$ との入出力関係は,

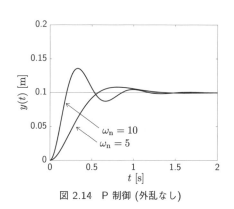

図 2.14 P 制御 (外乱なし)

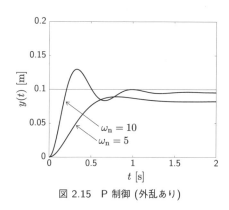

図 2.15 P 制御 (外乱あり)

[注6] 減衰性に着目すれば,$k_\mathrm{P} = a_\mathrm{c}^2 / 4\zeta^2 b_\mathrm{c}$ となる.
[注7] $\mathcal{M}_2(s)$ の ζ の値が $a_\mathrm{c}/2\omega_\mathrm{n}$ の場合には,$\mathcal{G}(s)$ と $\mathcal{M}_2(s)$ は完全に一致する.

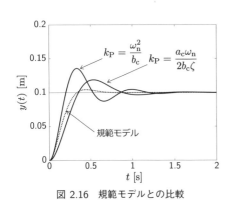
図 2.16 規範モデルとの比較

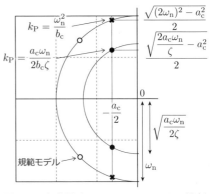
図 2.17 極位置 ($2\omega_n > a_c$, $2\omega_n > \zeta$ の場合)

$$y(s) = \frac{b_c}{s^2 + a_c s + b_c k_P} d(s) \tag{2.15}$$

であり，$r(t) = 0$ のときに一定値の外乱 $d(t) = 1$ が加わった場合の出力 $y(t)$ の定常値 $y_\infty := \lim_{t \to \infty} y(t)$ は，**最終値の定理**より

$$y_\infty = \lim_{s \to 0} sy(s) = \frac{1}{k_P} \neq 0 \quad (k_P < \infty) \tag{2.16}$$

となる．

上記の設計では，$\mathcal{M}_2(s)$ の速応性に注目してモデルマッチングを行ったが，一般的な**部分的モデルマッチング法**[2)-4)] では，$1/\mathcal{G}(s)$ と $1/\mathcal{M}_2(s)$ の Maclaurin 展開の 1 次の項を一致させるように k_P を選ぶ．具体的には，

$$\frac{1}{\mathcal{G}(s)} = 1 + \frac{a_c}{b_c k_P} s + \frac{1}{b_c k_P} s^2, \quad \frac{1}{\mathcal{M}_2(s)} = 1 + \frac{2\zeta}{\omega_n} s + \frac{1}{\omega_n^2} s^2 \tag{2.17}$$

なので，$k_P = a_c \omega_n / 2 b_c \zeta$ となる．$\omega_n = 10$, $\zeta = 1/\sqrt{2}$ ($\neq a_c / 2\omega_n$) とした場合の結果を図 2.16 に示す．図 2.16 には，$k_P = \omega_n^2 / b_c$ と選んだ場合の応答 $y(t)$ と規範モデル $\mathcal{M}_2(s)$ の応答 $y_m(t)$ を示している．さらに，(2.13) 式の $\mathcal{G}(s)$ の極位置を図 2.17 に示す．これより，部分的モデルマッチング法による設計では，速応性が規範モデルと同じにならない代わりに，減衰性が規範モデルに近くなることが確認できる．

2.2.4 P–D 制御および I–PD 制御

(a) P–D 制御

速応性と減衰性を同時に改善するために，PD 制御を考える．ただし，PD 制御では，目標値がステップ状に変化する場合，操作量 $u(t)$ には微分器で生じるインパルス成分が含まれる (**微分キックと呼ぶ**)[7),9)]．これは，あまり望ましくないため，図 2.18 に示

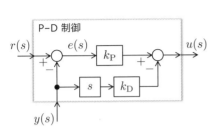

図 2.18 P–D 制御 (微分先行型 PD 制御)

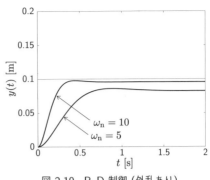

図 2.19 P–D 制御 (外乱あり)

すように，微分器が制御量にのみ働くようにした P–D 制御 (微分先行型 PD 制御)[2]–[4] を考える．

P–D コントローラ

$$u(s) = k_\mathrm{P} e(s) - k_\mathrm{D} s y(s) \tag{2.18}$$

このとき，目標値 $r(s)$ から制御量 $y(s)$ への伝達関数は，

$$\mathcal{G}(s) = \frac{b_\mathrm{c} k_\mathrm{P}}{s^2 + (a_\mathrm{c} + b_\mathrm{c} k_\mathrm{D})s + b_\mathrm{c} k_\mathrm{P}} \tag{2.19}$$

であるから，これを，(2.11) 式の規範モデル $\mathcal{M}_2(s)$ に対応づけると，$\omega_\mathrm{n} = \sqrt{b_\mathrm{c} k_\mathrm{P}}$, $\zeta = (a_\mathrm{c} + b_\mathrm{c} k_\mathrm{D})/2\omega_\mathrm{n}$ となる．したがって，規範モデル $(\omega_\mathrm{n}, \zeta)$ の性能を実現するパラメータ $k_\mathrm{P}, k_\mathrm{D}$ は，次式で決定できる．

$$k_\mathrm{P} = \frac{\omega_\mathrm{n}^2}{b_\mathrm{c}}, \quad k_\mathrm{D} = \frac{2\zeta\omega_\mathrm{n} - a_\mathrm{c}}{b_\mathrm{c}} \tag{2.20}$$

図 2.19 に，$\omega_\mathrm{n} = 5, 10, \zeta = 1/\sqrt{2}\ (\approx 0.7)$ としたときのシミュレーション結果を示す (M ファイル "`p1c224_p_dcont.m`")．ただし，目標値は $r(t) = 0.1$ [m]，外乱は $d(t) = -0.1$ とした．図 2.15 の P 制御の結果と比較すると，P–D 制御の場合には，ω_n を大きくしても，オーバーシュートが大きくならないことがわかる．つまり，P–D 制御では，設計パラメータが二つになることによって，速応性と減衰性が同時に改善される (過渡特性が改善される)．これに対して，定常特性は改善されない．このことは，外乱 $d(s)$ と制御量 $y(s)$ との入出力関係が

$$y(s) = \frac{b_\mathrm{c}}{s^2 + (a_\mathrm{c} + b_\mathrm{c} k_\mathrm{D})s + b_\mathrm{c} k_\mathrm{P}} d(s) \tag{2.21}$$

と表され，一定値の外乱 ($d(t) = 1$) に対する出力 $y(t)$ の定常値が $y_\infty = 1/k_\mathrm{P} \neq 0$ ($k_\mathrm{P} < \infty$) となることから確認できる．なお，これは，P 制御と同じ特性である．

(b) I–PD 制御

P 制御や P–D 制御では，外乱に対して，定常偏差が発生する．そこで定常特性を改善するために，積分器を加えた PID 制御を考える．ここでは，図 2.20 のような改良型を用いる．

I–PD コントローラ

$$u(s) = -k_\text{P} y(s) + \frac{k_\text{I}}{s} e(s) - k_\text{D} s y(s) \tag{2.22}$$

このコントローラは，P–D 制御と同様に微分器が制御量 $y(t)$ にのみ働くようになっているのと同時に，P 動作も制御量 $y(t)$ にのみ働くようになっている．このようにしている理由は，ステップ状の目標値信号 $r(t)$ が操作量 $u(t)$ に含まれないようにするためである．このような PID 制御は，I–PD 制御 (比例・微分先行型 PID 制御) と呼ばれる [2)–5),9)–11)]．

(2.9) 式と (2.22) 式より，$r(s)$ から $y(s)$ への伝達関数は，

$$\mathcal{G}(s) = \frac{b_\text{c} k_\text{I}}{s^3 + (a_\text{c} + b_\text{c} k_\text{D}) s^2 + b_\text{c} k_\text{P} s + b_\text{c} k_\text{I}} \tag{2.23}$$

となる．これを，(2.12) 式の 3 次の規範モデル $\mathcal{M}_3(s)$ に完全に一致させるためには k_I，k_P，k_D をつぎのように決めればよい．

$$k_\text{I} = \frac{\omega_\text{n}^3}{b_\text{c}}, \quad k_\text{P} = \frac{\alpha_1 \omega_\text{n}^2}{b_\text{c}}, \quad k_\text{D} = \frac{\alpha_2 \omega_\text{n} - a_\text{c}}{b_\text{c}} \tag{2.24}$$

図 2.21 に，$\omega_\text{n} = 10$ とし，規範モデルを二項係数標準形 $(\alpha_1, \alpha_2) = (3, 3)$，Butterworth 標準形 $(\alpha_1, \alpha_2) = (2, 2)$，ITAE 最小標準形 $(\alpha_1, \alpha_2) = (2.15, 1.75)$ に選んだときのシミュレーション結果を示す (M ファイル "`p1c224_i_pdcont.m`")．図を見ると，定常偏差が 0 になっており，I–PD 制御により定常特性が改善できることがわかる．このことは，外乱 $d(s)$ と制御量 $y(s)$ との入出力関係が

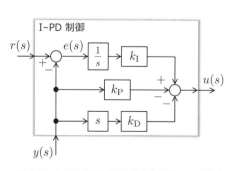

図 2.20 I–PD 制御 (比例・微分先行型 PID 制御)

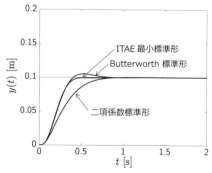

図 2.21 I–PD 制御 (外乱あり)

$$y(s) = \frac{b_c s}{s^3 + (a_c + b_c k_D)s^2 + b_c k_P s + b_c k_I} d(s) \tag{2.25}$$

と表され，$k_I \neq 0$ のとき，一定値の外乱 $(d(t) = 1)$ に対する出力 $y(t)$ の定常値が $y_\infty = \lim_{s \to 0} sy(s) = 0$ となることからも確認できる．

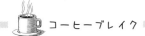コーヒーブレイク

2.2.4 節で説明した I–PD 制御は，一種の **2 自由度制御** である．2 自由度制御系は，**フィードバック制御にフィードフォワード制御を併用して制御性能を改善する** ものであり，たとえば，図 2.22 に示す構造などがある [1),2)]．

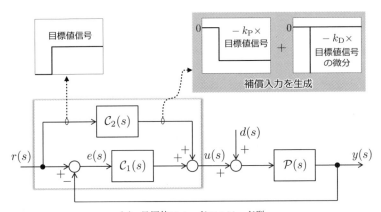

(a) 目標値フィードフォワード型

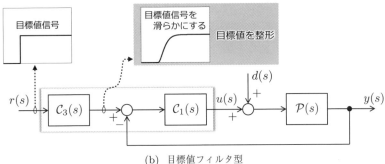

(b) 目標値フィルタ型

図 2.22　2 自由度制御系

実際，(2.22) 式の I–PD コントローラ (図 2.20) は，図 2.22 の形に書き換えることができ，

$$\begin{cases} \mathcal{C}_1(s) = k_{\mathrm{P}} + \dfrac{k_{\mathrm{I}}}{s} + k_{\mathrm{D}}s, \\ \mathcal{C}_2(s) = -k_{\mathrm{P}} - k_{\mathrm{D}}s, \quad \mathcal{C}_3(s) = \dfrac{k_{\mathrm{I}}}{k_{\mathrm{D}}s^2 + k_{\mathrm{P}}s + k_{\mathrm{I}}} \end{cases} \quad (2.26)$$

となる．したがって，I–PD 制御の動作を 2 自由度制御の側面から眺めると以下のように解釈できる．

- 図 2.22 (a) の場合では，通常の PID コントローラで生成される操作量 $\mathcal{C}_1(s)e(s)$ に，目標値追従制御で問題となる急激に変化する信号を打ち消すような補償入力 $\mathcal{C}_2(s)r(s)$ が付加されたものと見ることができる．たとえば，目標値 $r(t)$ がステップ信号の場合，補償入力 $u(t)$ にはステップ信号 (目標値の $-k_{\mathrm{P}}$ 倍) とインパルス信号 (目標値の微分の $-k_{\mathrm{D}}$ 倍) が含まれる．
- 図 2.22 (b) の場合では，通常の PID 制御に，2 次のフィルタ $\mathcal{C}_3(s)$ による目標値整形の操作 (目標値を滑らかにする) を加えたものであることがわかる．
- 図 2.22 の (a) と (b) のどちらの場合でも，$\mathcal{C}_1(s)$ は通常の PID コントローラ ((2.5) 式における $\mathcal{C}(s)$) であるため，I–PD 制御における外乱 $d(s)$ に対する性能 ($d(s)$ から $y(s)$ への伝達関数) は，通常の PID 制御と同じになることがわかる．

2.3 倒立振子の PID 制御

前節までは，台車位置の PID 制御を考えていたが，ここでは，図 2.23 に示すような振子を取り付けたクレーンシステムに対して，振子の振れ止め制御を考える．$y(t)$ が台車位置，$\phi(t)$ が振子角度，$r(t)$ が台車の目標位置である．

まず，振子の角度情報を利用せず，(2.22) 式の I–PD コントローラで制御することを考える．ただし，ゲイン $k_{\mathrm{P}}, k_{\mathrm{I}}, k_{\mathrm{D}}$ は，2.2.4 節の Butterworth 標準形のものと同じとする．このときのシミュレーション結果を図 2.24 に示す (M ファイル "p1c23_crane.m")．台車位置 $y(t)$ は速やかに目標値 $r(t) = 0.1$ [m] に到達しているが，その一方で，振子角度 $\phi(t)$ は振動しており収束が遅いことが確認できる．

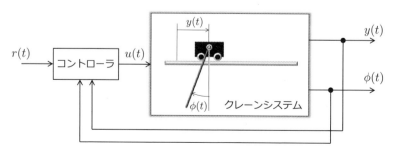

図 2.23　クレーンシステムにおける振子の振れ止め制御

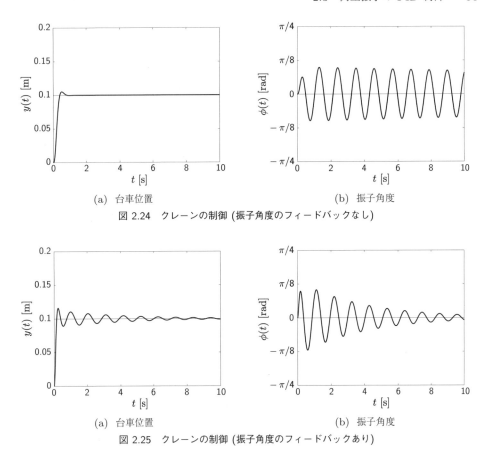

(a) 台車位置   (b) 振子角度

図 2.24 クレーンの制御 (振子角度のフィードバックなし)

(a) 台車位置   (b) 振子角度

図 2.25 クレーンの制御 (振子角度のフィードバックあり)

つぎに，振子の角度情報をフィードバックし，振子角度 $\phi(t)$ を速やかに 0 に収束させることを考える．具体的には，つぎのコントローラを用いる．

$$u(s) = -k_\mathrm{P} y(s) + \frac{k_\mathrm{I}}{s} e(s) - k_\mathrm{D} s y(s) - k_{\mathrm{P}\phi} \phi(s) - k_{\mathrm{D}\phi} s \phi(s) \qquad (2.27)$$

ゲイン $k_\mathrm{P}, k_\mathrm{I}, k_\mathrm{D}$ は上記の例と同じとし，$k_{\mathrm{P}\phi} = -1, k_{\mathrm{D}\phi} = -0.1$ とする．このときのシミュレーション結果を図 2.25 に示す (M ファイル "`p1c23_crane.m`")．振子の角度 $\phi(t)$ の収束は早くなっているが，台車の位置 $y(t)$ が振動的になっている．このことから，台車位置 $y(t)$ と振子角度 $\phi(t)$ を同時に制御することは単純でないことがわかる．

上記の例からわかるように，クレーンシステム (あるいは倒立振子システム) のような高次のシステムの制御において，PID コントローラの設計は容易でない．高次のシステムの制御に対しては，現代制御理論が有用である．次章以降の内容を理解することにより，クレーンシステムや倒立振子システムを比較的容易に制御できるようになる．また，(2.27) 式のコントローラは，本章で説明した I–PD コントローラを拡張したもので

あるが，これは，現代制御理論における**積分型サーボ系**に対応している[(注8)]．つまり，I–PD 制御の系統的な設計手法が本書を読み進めることで習得できる．

第 2 章の参考文献

1) 杉江俊治，藤田政之：フィードバック制御入門，コロナ社 (1999)
2) 須田信英ほか：PID 制御，朝倉書店 (1992)
3) 森　泰親：演習で学ぶ PID 制御，森北出版 (2009)
4) 川田昌克，西岡勝博：MATLAB/Simulink によるわかりやすい制御工学，森北出版 (2001)
5) 吉川恒夫：古典制御論，コロナ社 (2014)
6) 片山　徹：新版フィードバック制御の基礎，朝倉書店 (2003)
7) 横山修一，小野垣仁，濱根洋人：基礎と実践 制御工学入門，コロナ社 (2011)
8) 寺嶋一彦ほか：制御工学 ― 技術者のための，理論・設計から実装まで ―，実教出版 (2012)
9) 涌井伸二，橋本誠司，高梨宏之，中村幸紀：現場で役立つ制御工学の基本，コロナ社 (2012)
10) 小坂　学：高校数学でマスターする制御工学，コロナ社 (2012)
11) 佐伯正美：制御工学 ― 古典制御からロバスト制御へ ―，朝倉書店 (2013)
12) Gene F. Franklin, J. David Powell and Abbas Emami-Naeini: Feedback Control of Dynamic Systems, Pearson (2010)
13) 荒木光彦：古典制御理論，培風館 (2000)
14) 大須賀公一：制御工学，共立出版 (1995)
15) 佐藤和也，平元和彦，平田研二：はじめての制御工学，講談社 (2011)

　本章では，台車の位置決め制御を例に，PID 制御の特徴とモデルマッチングによるパラメータの決定方法を説明した．ただし本章で説明した内容は，PID 制御の基礎的な部分である．モデルマッチング法や周波数特性，PID 制御の発展的な内容については，上記のような古典制御論の良書を読んで理解を深めていただきたい．

[(注8)] 積分型サーボ系については**第 6 章** (p. 93) で説明する．

第3章
物理法則に基づくモデリングとパラメータ同定

川田 昌克

制御対象の振る舞いを考えずに設計したコントローラを使用すると，所望の過渡特性や定常特性は得られず，ときには不安定となってしまうことがある．そこで，制御対象の振る舞いを表現するような数式 (数学モデル) を導出し，それに対してコントローラ設計を系統的に行うことを考える．制御対象の構造が明らかな場合，運動方程式や回路方程式などの物理法則 (**第一原理**) により数学モデル (**詳細モデル**) が得られる．しかし，詳細モデルには非線形項が含まれることが多く，このままでは線形制御理論を利用できない．また，詳細モデルには，影響が小さい項が含まれることがある．そこで，線形化や簡略化を施した数学モデル (**設計モデル**) を導出する．

ここでは，倒立振子の例[1]-[4] を通じて，物理法則に基づくモデリング[5]-[8] の概要を説明する．また，得られた数学モデルに含まれる未知パラメータの値を実験的に定める，いわゆるパラメータ同定[2]-[4],[9],[10] について説明する．

3.1 台車型倒立振子のモデリング

ここでは，図 1.12 (p. 8) で示した台車型倒立振子の設計モデルを導出する手順を示す．

3.1.1 台車型倒立振子単体の数学モデル

まず，Newton-Euler 法や Lagrange 法[5]-[7] により，台車型倒立振子単体の数学モデル (運動方程式) を導出する．

(a) Newton-Euler 法

Newton-Euler 法では，次式で示すように，高校物理でおなじみの並進運動に関する運動方程式に加え，回転運動に関する運動方程式を考える[5]-[7]．

Newton-Euler の運動方程式

$$並進運動 \quad F(t) = M\ddot{z}(t) \tag{3.1}$$

$$回転運動 \quad T(t) = J\ddot{\theta}(t) \tag{3.2}$$

ただし，諸量は表 3.1 に示すとおりである．

表 3.1 並進運動と回転運動の諸量

並進運動		回転運動	
$F(t)$ [N]	力	$T(t)$ [N·m]	トルク(注1)
M [kg]	質量(注2)	J [kg·m^2]	慣性モーメント(注3)
$z(t)$ [m]	位置	$\theta(t)$ [rad]	角度

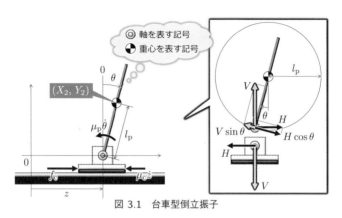

図 3.1 台車型倒立振子

表 3.2 台車型倒立振子の物理パラメータ

m_c [kg]	台車の質量	μ_c [kg/s]	台車の粘性摩擦係数
m_p [kg]	振子の質量	μ_p [kg·m^2/s]	振子の粘性摩擦係数
J_p [kg·m^2]	振子の重心まわりの慣性モーメント	l_p [m]	振子の軸から重心までの長さ
g [m/s^2]	重力加速度		

台車型倒立振子に作用する力やトルクを図 3.1 に，台車型倒立振子の物理パラメータを表 3.2 に示す．図 3.1 に示すように，台車が左右に動くと，振子には水平方向に $H(t)$，鉛直方向に $V(t)$ の力が加わる$^{1),3),6)}$．同時に，作用・反作用の法則により，台車にも水平方向に $H(t)$，鉛直方向に $V(t)$ の力が加わる．台車の駆動力 $f_c(t)$ と粘性摩擦力 $\mu_c \dot{z}(t)$ を考慮すると，台車の水平方向の運動方程式は

$$m_c \ddot{z}(t) = f_c(t) - \mu_c \dot{z}(t) - H(t) \tag{3.3}$$

となる(注4)．同様に，振子の水平方向，鉛直方向の運動方程式はそれぞれ

$$\begin{cases} m_p \ddot{X}_2(t) = H(t) \\ m_p \ddot{Y}_2(t) = V(t) - m_p g \end{cases}, \quad \begin{cases} X_2(t) = z(t) + l_p \sin \theta(t) \\ Y_2(t) = l_p \cos \theta(t) \end{cases} \tag{3.4}$$

となる．また，振子の粘性摩擦トルク $\mu_p \dot{\theta}(t)$ を考慮すると，重心まわりの回転方向の

(注1) **トルクは力のモーメントとも呼ばれ，"回転半径" と "回転円の接線方向の力" の積により定義される．**
(注2) M の大きさは動かしにくさを表す尺度と考えることができるので，慣性質量とも呼ばれる．
(注3) **慣性モーメント**とは，物体を回転させやすいかどうかを表す尺度である．たとえば，長さが $2l$ [m]，質量が m [kg] の均質な棒の片端まわりの慣性モーメントは $J = (4/3)ml^2$ [kg·m^2] となる．
(注4) 本書では，さまざまな摩擦の中で，過渡時に支配的となる**粘性摩擦**のみを考慮する．

運動方程式は

$$J_\mathrm{p}\ddot{\theta}(t) = -\mu_\mathrm{p}\dot{\theta}(t) + V(t)\sin\theta(t)\cdot l_\mathrm{p} - H(t)\cos\theta(t)\cdot l_\mathrm{p} \tag{3.5}$$

となる．(3.3)〜(3.5) 式から $H(t), V(t)$ を消去すると，次式の数学モデルが得られる．

台車型倒立振子単体の非線形モデル

$$(m_\mathrm{c} + m_\mathrm{p})\ddot{z}(t) + m_\mathrm{p}l_\mathrm{p}\cos\theta(t)\cdot\ddot{\theta}(t) = -\mu_\mathrm{c}\dot{z}(t) + m_\mathrm{p}l_\mathrm{p}\dot{\theta}(t)^2\sin\theta(t) + f_\mathrm{c}(t) \tag{3.6}$$

$$m_\mathrm{p}l_\mathrm{p}\cos\theta(t)\cdot\ddot{z}(t) + (J_\mathrm{p} + m_\mathrm{p}l_\mathrm{p}^2)\ddot{\theta}(t) = -\mu_\mathrm{p}\dot{\theta}(t) + m_\mathrm{p}gl_\mathrm{p}\sin\theta(t) \tag{3.7}$$

このように，倒立振子は非線形システムである．

(b) Lagrange 法

Lagrange 法[5),7),8)] では，表 3.3 に示す関係式によりエネルギーを計算し，系統的に数学モデルを求める．そのため，Maple, Mathematica, MATLAB/Symbolic Math Toolbox などの数式処理ソフトウェア[11)] を利用して数学モデルを導出することもできる．

台車型倒立振子全体の運動エネルギー $W(t)$，位置エネルギー $U(t)$，損失エネルギー $D(t)$ はそれぞれ

$$\begin{cases} W(t) = \underbrace{\frac{1}{2}m_\mathrm{c}\dot{z}(t)^2}_{\text{台車}} + \underbrace{\frac{1}{2}m_\mathrm{p}\dot{X}_2(t)^2}_{\text{振子：水平方向}} + \underbrace{\frac{1}{2}m_\mathrm{p}\dot{Y}_2(t)^2}_{\text{振子：鉛直方向}} + \underbrace{\frac{1}{2}J_\mathrm{p}\dot{\theta}(t)^2}_{\text{振子：回転方向}} \\ U(t) = \underbrace{m_\mathrm{p}gY_2(t)}_{\text{振子}}, \quad D(t) = \underbrace{\frac{1}{2}\mu_\mathrm{c}\dot{z}(t)^2}_{\text{台車}} + \underbrace{\frac{1}{2}\mu_\mathrm{p}\dot{\theta}(t)^2}_{\text{振子}} \end{cases} \tag{3.8}$$

となる．ここで，(3.4) 式より

$$\begin{cases} \dot{X}_2(t) = \dot{z}(t) + l_\mathrm{p}\dot{\theta}(t)\cos\theta(t) \\ \dot{Y}_2(t) = \quad\quad -l_\mathrm{p}\dot{\theta}(t)\sin\theta(t) \end{cases} \tag{3.9}$$

であることに注意し，

- 一般化座標：$q(t) = \begin{bmatrix} q_1(t) & q_2(t) \end{bmatrix}^\top = \begin{bmatrix} z(t) & \theta(t) \end{bmatrix}^\top$
- 一般化力　：$f(t) = \begin{bmatrix} f_1(t) & f_2(t) \end{bmatrix}^\top = \begin{bmatrix} f_\mathrm{c}(t) & 0 \end{bmatrix}^\top$

表 3.3 並進運動と回転運動のエネルギー

	並進運動	回転運動
運動エネルギー	$\frac{1}{2}M\dot{z}(t)^2$	$\frac{1}{2}J\dot{\theta}(t)^2$
ばねによる位置エネルギー (k_z, k_θ：ばね係数)	$\frac{1}{2}k_z z(t)^2$	$\frac{1}{2}k_\theta\theta(t)^2$
重力による位置エネルギー ($h(t)$：高さ)	$Mgh(t)$	—
粘性摩擦による損失エネルギー (μ_z, μ_θ：粘性摩擦係数)	$\frac{1}{2}\mu_z\dot{z}(t)^2$	$\frac{1}{2}\mu_\theta\dot{\theta}(t)^2$

として，Lagrangian $L(t) = W(t) - U(t)$ と $D(t)$ を Lagrange の運動方程式

Lagrange の運動方程式
$$\frac{d}{dt}\left(\frac{\partial L(t)}{\partial \dot{q}_i(t)}\right) - \frac{\partial L(t)}{\partial q_i(t)} + \frac{\partial D(t)}{\partial \dot{q}_i(t)} = f_i(t) \quad (i = 1, 2) \tag{3.10}$$

に代入する．その結果，(3.6), (3.7) 式が得られる．

MATLAB/Symbolic Math Toolbox を利用して，Lagrange の運動方程式 (3.10) 式により数学モデル (3.6), (3.7) 式を得るための M ファイルを作成すると，

M ファイル "p1c311_cdip_lagrange.m"

```
1   clear; format compact                         ……… 初期化
2
3   syms m_c mu_c real                            ……… m_c, μ_c の定義
4   syms J_p m_p mu_p g l_p real                  ……… J_p, m_p, μ_p, g, l_p の定義
5   syms z th dz dth ddz ddth fc real             ……… z, θ, ż, θ̇, z̈, θ̈, f_c の定義
6
7   q   = [ z    th   ]';                         ……… q = [q_1 q_2]ᵀ = [z θ]ᵀ
8   dq  = [ dz   dth  ]';                         ……… q̇ = [q̇_1 q̇_2]ᵀ = [ż θ̇]ᵀ
9   ddq = [ ddz  ddth ]';                         ……… q̈ = [q̈_1 q̈_2]ᵀ = [z̈ θ̈]ᵀ
10  f   = [ fc   0    ]';                         ……… f = [f_1 f_2]ᵀ = [f_c 0]ᵀ
11  % -----------------------------------
12  X2 = q(1) + l_p*sin(q(2));                    ……… X_2 = z + l_p sin θ
13  Y2 =        l_p*cos(q(2));                    ……… Y_2 = l_p cos θ
14
15  dX2 = diff(X2,q(1))*dq(1) ...                 ……… Ẋ_2 = ∂X_2/∂z ż + ∂X_2/∂θ θ̇
16      + diff(X2,q(2))*dq(2);
17  dY2 = diff(Y2,q(1))*dq(1) ...                 ……… Ẏ_2 = ∂Y_2/∂z ż + ∂Y_2/∂θ θ̇
18      + diff(Y2,q(2))*dq(2);
19  % -----------------------------------
20  W = (1/2)*m_c*dq(1)^2 ...                     ……… W = (1/2)m_c ż² + (1/2)m_p Ẋ_2²
21    + (1/2)*m_p*dX2^2 ...
22    + (1/2)*m_p*dY2^2 ...                              + (1/2)m_p Ẏ_2² + (1/2)J_p θ̇²
23    + (1/2)*J_p*dq(2)^2;
24  U = m_p*g*Y2;                                 ……… U = m_p g Y_2
25  D = (1/2)*mu_c*dq(1)^2 ...                    ……… D = (1/2)μ_c ż² + (1/2)μ_p θ̇²
26    + (1/2)*mu_p*dq(2)^2;
27
28  L = W - U;                                    ……… L = W - U
29  % -----------------------------------
30  N = length(q);                                ……… N = 2 : q の次元
31  for i = 1:N
32    dLq(i) = diff(L,dq(i));                     ……… L_{q_i} = ∂L/∂q̇_i (i=1,⋯,N)
33
34    temp = 0;
35    for j = 1:N
36      temp = temp + diff(dLq(i),dq(j))*ddq(j) ...   ……… (d/dt)(∂L/∂q̇_i) = Σ_{j=1}^N (∂L_{q_i}/∂q̇_j q̈_j + ∂L_{q_i}/∂q_j q̇_j)
37           + diff(dLq(i),q(j))*dq(j);
38    end
39    ddLq(i) = temp;
40
41    eq(i) = ddLq(i) - diff(L,q(i)) ...           ……… (d/dt)(∂L/∂q̇_i) - ∂L/∂q_i + ∂D/∂q̇_i - f_i
42          + diff(D,dq(i)) - f(i);
43  end
```

```
44
45   eq = simplify(eq')                    ……… eq の簡略化と表示
```

となる．M ファイル "`p1c311_cdip_lagrange.m`" の実行結果を以下に示す．

```
eq =
 - l_p*m_p*sin(th)*dth^2 - fc + dz*mu_c + ddz*(m_c + m_p) + ddth*l_p*m_p*cos(th)   ……… (3.6)式
   J_p*ddth + dth*mu_p + ddth*l_p^2*m_p + ddz*l_p*m_p*cos(th) - g*l_p*m_p*sin(th)   ……… (3.7)式
```

3.1.2 駆動部を考慮した台車の数学モデル

台車単体の入力は駆動力 $f_c(t)$ であるが，システム全体の入力はモータドライバに加える指令電圧 $v(t)$ である．以下では，駆動部を考慮した台車の数学モデルを導出する．

(a) DC モータ

図 3.2 に示す DC モータは電気的特性と機械的特性を兼ね備えており，その基礎式は

$$v_a(t) = R_a i_a(t) + L_a \frac{di_a(t)}{dt} + e_b(t), \quad e_b(t) = k_b \dot{\theta}_m(t) \quad (3.11)$$

$$J_m \ddot{\theta}_m(t) = \tau_m(t) - \tau_L(t) - \mu_m \dot{\theta}_m(t), \quad \tau_m(t) = k_t i_a(t) \quad (3.12)$$

で与えられる[8),12)]．ただし，DC モータの諸量は表 3.4 に示すとおりである．電気的反応は機械的反応と比べて十分速いので，$L_a di_a(t)/dt \approx 0$ と近似する．このとき，(3.11)，(3.12) 式をまとめると，DC モータの数学モデルは次式のようになる．

$$J_m \ddot{\theta}_m(t) = -\bar{\mu}_m \dot{\theta}_m(t) + \frac{k_t}{R_a} v_a(t) - \tau_L(t), \quad \bar{\mu}_m = \mu_m + \frac{k_t k_b}{R_a} \quad (3.13)$$

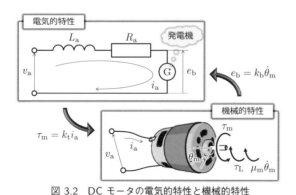

図 3.2 DC モータの電気的特性と機械的特性

表 3.4 DC モータの諸量

$v_a(t)$	電機子電圧
$i_a(t)$	電機子電流
R_a	電機子抵抗
L_a	電機子インダクタンス
$e_b(t)$	逆起電力
k_b	逆起電力定数
$\theta_m(t)$	モータの回転角
$\tau_m(t)$	発生トルク
J_m	モータの慣性モーメント
μ_m	モータの粘性摩擦係数
$\tau_L(t)$	負荷トルク
k_t	トルク定数

(b) ギヤード DC モータ

図 1.12 (p.8) の実験装置の DC モータにはギヤが取り付けられていないが，一般性をもたせるため，ギヤード DC モータを使用した場合を考える．

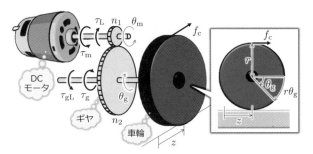

図 3.3 ギヤード DC モータにより駆動される台車

ギヤの運動方程式は

$$J_g \ddot{\theta}_g(t) = \tau_g(t) - \tau_{gL}(t) - \mu_g \dot{\theta}_g(t) \tag{3.14}$$

となる.ここで,$\theta_g(t)$:ギヤの回転角,$\tau_g(t)$:ギヤの駆動トルク,J_g:ギヤの慣性モーメント,μ_g:ギヤの粘性摩擦係数,$\tau_{gL}(t)$:ギヤの負荷トルクである.図 3.3 に示すように,減速比 $n = n_2/n_1$ (n_1, n_2:歯数) のギヤード DC モータの場合,

$$\tau_L(t) = \frac{\tau_g(t)}{n}, \quad \theta_m(t) = n\theta_g(t) \tag{3.15}$$

という関係式が成立する[8),12)].したがって,(3.13)〜(3.15) 式よりギヤード DC モータの数学モデルが

$$\bar{J}_g \ddot{\theta}_g(t) = -\bar{\mu}_g \dot{\theta}_g(t) + \frac{\bar{k}_t}{R_a} v_a(t) - \tau_{gL}(t) \tag{3.16}$$
$$\bar{J}_g = J_g + n^2 J_m, \quad \bar{\mu}_g = \mu_g + n^2 \bar{\mu}_m, \quad \bar{k}_t = n k_t$$

のように得られる.(3.16) 式と (3.13) 式からわかるように,ギヤの有無によらず,数学モデルの形式は同じであることに注意する.

(c) 速度制御型モータドライバ

図 1.12 (p.8) の実験装置では,台車を速やかに反応させるため,1.3.6 項 (p.12) で説明した速度制御型のモータドライバが使用されている.

速度制御型では,モータ角速度 $\dot{\theta}_m(t)$ に比例した電圧 $k_{tg}\dot{\theta}_m(t)$ (k_{tg}:比例定数) を,速度指令電圧 $v(t)$ と比較する.そして,偏差の大きさに比例した電機子電圧 $v_a(t)$ を加えるために,P コントローラ

$$v_a(t) = k_{P\omega}\bigl(v(t) - k_{tg}\dot{\theta}_m(t)\bigr) = k_{P\omega}\bigl(v(t) - nk_{tg}\dot{\theta}_g(t)\bigr) \tag{3.17}$$

を用いる.ただし,$k_{P\omega}$:比例ゲインである.(3.16), (3.17) 式より速度制御型モータドライバにより駆動されるギヤード DC モータの数学モデルは,次式となる.

$$\bar{J}_g \ddot{\theta}_g(t) = -\bar{\mu}_v \dot{\theta}_g(t) + \bar{k}_v v(t) - \tau_{gL}(t) \qquad (3.18)$$

$$\bar{\mu}_v = \bar{\mu}_g + \frac{n^2 k_t k_{P\omega} k_{tg}}{R_a}, \quad \bar{k}_v = \frac{n k_t k_{P\omega}}{R_a}$$

なお，(3.18) 式において $k_{tg} = 0$ とすれば，速度フィードバックのないモータドライバを用いた場合となる．

(d) 駆動部を考慮した台車の数学モデル

台車の車輪半径 (プーリの半径) を r とすると，図 3.3 より

$$\tau_{gL}(t) = r f_c(t), \quad \theta_g(t) = \frac{z(t)}{r} \qquad (3.19)$$

が成立する．このとき，(3.6) 式と (3.18) 式をまとめると，

$$\left(m_c + m_p + \frac{\bar{J}_g}{r^2}\right)\ddot{z}(t) + m_p l_p \cos\theta(t)\cdot\ddot{\theta}(t)$$
$$= -\left(\mu_c + \frac{\bar{\mu}_v}{r^2}\right)\dot{z}(t) + m_p l_p \dot{\theta}(t)^2 \sin\theta(t) + \frac{\bar{k}_v}{r} v(t) \qquad (3.20)$$

が得られる．ギヤード DC モータの場合，$n \gg 1$ であるから，(3.20) 式の左辺第 1 項と右辺第 1, 3 項が支配的になる．したがって，(3.20) 式を簡略化した数学モデル (台車駆動系の数学モデル) は

$$\ddot{z}(t) = -a_c \dot{z}(t) + b_c v(t) \qquad (3.21)$$

という形式となる．また，図 1.12 (p.8) の実験装置のように，ギヤなしの DC モータを使用している場合，$n = 1, J_g = 0, \mu_g = 0$ であるが，r が十分小さければ，同様に，(3.21) 式が簡略化したモデルとなる．

以上より，台車駆動系を簡略化した台車型倒立振子の非線形モデルは，

台車型倒立振子の非線形モデル (台車駆動系を簡略化)

$$\begin{cases} \ddot{z}(t) = -a_c \dot{z}(t) + b_c v(t) \\ m_p l_p \cos\theta(t)\cdot\ddot{z}(t) + (J_p + m_p l_p^2)\ddot{\theta}(t) = -\mu_p \dot{\theta}(t) + m_p g l_p \sin\theta(t) \end{cases} \qquad (3.22)$$

となる ((3.21), (3.7) 式)．

3.1.3 振子の数学モデルの線形化

振子の数学モデル (3.7) 式には，$\cos\theta(t), \sin\theta(t)$ といった非線形項が含まれる．**第 5 章** (p.76) で説明する，極配置法や最適レギュレータといった線形制御理論に基づいて，コントローラ設計を行うためには，この非線形項を**線形化**する必要がある．

非線形関数 (曲線) $Y = f(X)$ が与えられたとき，$X = X_e$ における接線 (1 次関数)

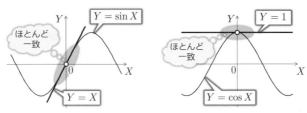

図 3.4 三角関数の線形近似

$$Y = f(X_e) + f'(X_e)(X - X_e) \tag{3.23}$$

は，$X = X_e$ の近傍では $Y = f(X)$ とほぼ一致する．そこで，非線形関数を

$$f(X) \approx f(X_e) + f'(X_e)(X - X_e) \quad (X = X_e \text{ の近傍}) \tag{3.24}$$

のように接線で近似することを，**線形近似 (近似線形化)** という．図 3.4 に示すように，$X = 0$ の近傍では $\sin X \approx X$, $\cos X \approx 1$ と線形近似できる．これより，$\theta(t) = 0$ の近傍では $\sin \theta(t) \approx \theta(t)$, $\cos \theta(t) \approx 1$ なので，(3.7) 式より振子の線形化モデル

$$m_p l_p \ddot{z}(t) + (J_p + m_p l_p^2)\ddot{\theta}(t) = -\mu_p \dot{\theta}(t) + m_p g l_p \theta(t) \tag{3.25}$$

が得られる．したがって，台車型倒立振子の線形化モデル (設計モデル) は，

台車型倒立振子の設計モデル (台車駆動系を簡略化，振子系を線形化)

$$\begin{cases} \ddot{z}(t) = -a_c \dot{z}(t) + b_c v(t) \\ m_p l_p \ddot{z}(t) + (J_p + m_p l_p^2)\ddot{\theta}(t) = -\mu_p \dot{\theta}(t) + m_p g l_p \theta(t) \end{cases} \tag{3.26}$$

となる ((3.21), (3.25) 式)．

3.2 台車型倒立振子のパラメータ同定

3.1 節で示した手順により，台車型倒立振子の設計モデル (3.26) 式を得ることができた．しかし，これらに含まれる物理パラメータのうち，測定器で値を知ることができるのは m_p, l_p だけであり，a_c, b_c, J_p, μ_p は値が未知なパラメータである．そのため，未

表 3.5 図 1.12 の台車型倒立振子実験装置のパラメータ

(a) 既知パラメータの値	(b) 同定されたパラメータの値 (2 次遅れ系の特性に注目した方法)	(c) 同定されたパラメータの値 (最小二乗法)
$m_p = 1.07 \times 10^{-1}$ [kg]	$a_c = 6.23 \times 10^0$	$a_c = 6.25 \times 10^0$
$l_p = 2.30 \times 10^{-1}$ [m]	$b_c = 4.32 \times 10^0$	$b_c = 4.36 \times 10^0$
$g = 9.81 \times 10^0$ [m/s^2]	$J_p = 1.84 \times 10^{-3}$ [kg·m^2]	$J_p = 1.59 \times 10^{-3}$ [kg·m^2]
	$\mu_p = 2.56 \times 10^{-4}$ [kg·m^2/s]	$\mu_p = 2.35 \times 10^{-4}$ [kg·m^2/s]

知パラメータの値を実験的に決定する，**パラメータ同定** [2)-4),9),10)] と呼ばれる作業が必要である．以下では，パラメータ同定の方法について説明する．

なお，図 1.12 (p. 8) に示した台車型倒立振子実験装置における既知パラメータの値を表 3.5 (a) に示す．また，以下の 3.2.1, 3.2.2 項で説明する方法で同定されたパラメータの値を，それぞれ表 3.5 (b), (c) に示す．

3.2.1 2 次遅れ系の特性に注目したパラメータ同定

(a) 台車駆動系のパラメータ同定 [3),4)]

(3.21) 式の両辺を Laplace 変換すると，台車駆動系の数学モデルを伝達関数表現

$$z(s) = \mathcal{P}(s)v(s), \quad \mathcal{P}(s) = \frac{b_\mathrm{c}}{s(s+a_\mathrm{c})} \tag{3.27}$$

で記述することができる．図 3.5 に示すように，P コントローラ

$$v(t) = k_\mathrm{P} e(t) \iff v(s) = k_\mathrm{P} e(s) \tag{3.28}$$

により台車位置 $z(t)$ をステップ状に変化する目標値 $z^\mathrm{ref}(t) = z_\mathrm{c}$ $(t \geq 0)$ に追従させることを考える．ただし，k_P は比例ゲイン，$e(t) = z^\mathrm{ref}(t) - z(t)$ は偏差であり，z_c は定値の目標値である．このとき，$z^\mathrm{ref}(s)$ から $z(s)$ への伝達関数 $\mathcal{G}(s)$ は，**2 次遅れ要素**

$$\begin{aligned}
\mathcal{G}(s) &:= \frac{z(s)}{z^\mathrm{ref}(s)} = \frac{\mathcal{P}(s)k_\mathrm{P}}{1+\mathcal{P}(s)k_\mathrm{P}} = \frac{b_\mathrm{c} k_\mathrm{P}}{s^2 + a_\mathrm{c} s + b_\mathrm{c} k_\mathrm{P}} \\
&= \frac{\omega_\mathrm{nc}^2}{s^2 + 2\zeta_\mathrm{c}\omega_\mathrm{nc} s + \omega_\mathrm{nc}^2}, \quad \begin{cases} \omega_\mathrm{nc} = \sqrt{b_\mathrm{c} k_\mathrm{P}} & \text{：固有角周波数} \\ \zeta_\mathrm{c} = \dfrac{a_\mathrm{c}}{2\sqrt{b_\mathrm{c} k_\mathrm{P}}} & \text{：減衰係数} \end{cases}
\end{aligned} \tag{3.29}$$

となり，最終値の定理よりステップ応答の定常値は $z_\infty = \mathcal{G}(0)z_\mathrm{c} = z_\mathrm{c}$ である．また，$\zeta_\mathrm{c}, \omega_\mathrm{nc}$ の値に応じて，ステップ応答は図 3.6 のようになる．ここで，

- $k_\mathrm{P} \to 大 \implies \zeta_\mathrm{c} \to 0$

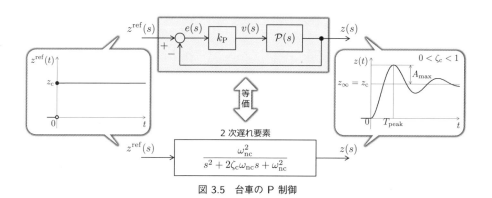

図 3.5 台車の P 制御

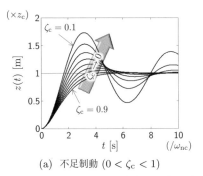
(a) 不足制動 $(0 < \zeta_\mathrm{c} < 1)$

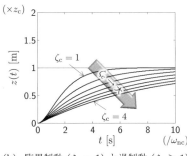
(b) 臨界制動 $(\zeta_\mathrm{c} = 1)$ と過制動 $(\zeta_\mathrm{c} \geq 1)$

図 3.6 台車の P 制御系 (2 次遅れ系) のステップ応答

であることを考慮すると，$k_\mathrm{P} > 0$ を大きな値に選べば，**不足制動** $(0 < \zeta_\mathrm{c} < 1)$ となる．ただし，D/A 変換の仕様などにより，加えることができる指令電圧 $v(t)$ の大きさは $-v_\mathrm{max} \leq v(t) \leq v_\mathrm{max}$ のように制限されるので，目標値 z_c および比例ゲイン k_P は

$$|v(0)| = k_\mathrm{P}|e(0)| = k_\mathrm{P}|z_\mathrm{c}| \leq v_\mathrm{max}$$

を満足するように選ぶ必要がある．

不足制動のときのステップ応答は，$\omega_\mathrm{dc} = \omega_\mathrm{nc}\sqrt{1-\zeta_\mathrm{c}^2}$ とおくと，

$$z(t) = z_\mathrm{c}\left\{1 - e^{-\zeta_\mathrm{c}\omega_\mathrm{nc}t}\left(\cos\omega_\mathrm{dc}t + \frac{\zeta_\mathrm{c}}{\sqrt{1-\zeta_\mathrm{c}^2}}\sin\omega_\mathrm{dc}t\right)\right\} \tag{3.30}$$

となるから，図 3.5 に示す行き過ぎ時間 T_peak およびオーバーシュート A_max は

---
2 次遅れ系の行き過ぎ時間とオーバーシュート

行き過ぎ時間 　　$T_\mathrm{peak} = \dfrac{\pi}{\omega_\mathrm{dc}} = \dfrac{\pi}{\omega_\mathrm{nc}\sqrt{1-\zeta_\mathrm{c}^2}}$ 　　(3.31)

オーバーシュート 　　$A_\mathrm{max} = z_\mathrm{c}e^{-\zeta_\mathrm{c}\omega_\mathrm{nc}T_\mathrm{peak}} = z_\mathrm{c}\exp\left(-\dfrac{\pi\zeta_\mathrm{c}}{\sqrt{1-\zeta_\mathrm{c}^2}}\right)$ 　　(3.32)

となる[4),13)]．したがって，P 制御の実験データより $T_\mathrm{peak}, A_\mathrm{max}$ を得ることができれば，(3.31), (3.32) 式より導出される

$$\zeta_\mathrm{c}\omega_\mathrm{nc} = \frac{1}{T_\mathrm{peak}}\log_e\frac{z_\mathrm{c}}{A_\mathrm{max}}, \quad \omega_\mathrm{nc}^2 = (\zeta_\mathrm{c}\omega_\mathrm{nc})^2 + \left(\frac{\pi}{T_\mathrm{peak}}\right)^2 \tag{3.33}$$

および (3.29) 式より

$$\begin{cases} \gamma_\mathrm{c} = \dfrac{1}{T_\mathrm{peak}}\log_e\dfrac{z_\mathrm{c}}{A_\mathrm{max}} \\ \delta_\mathrm{c} = \dfrac{\pi}{T_\mathrm{peak}} \end{cases} \implies \begin{cases} \omega_\mathrm{nc} = \sqrt{\gamma_\mathrm{c}^2 + \delta_\mathrm{c}^2} \\ \zeta_\mathrm{c} = \dfrac{\gamma_\mathrm{c}}{\omega_\mathrm{nc}} \end{cases} \implies \begin{cases} a_\mathrm{c} = 2\zeta_\mathrm{c}\omega_\mathrm{nc} \\ b_\mathrm{c} = \dfrac{\omega_\mathrm{nc}^2}{k_\mathrm{P}} \end{cases} \tag{3.34}$$

のように未知パラメータ $a_\mathrm{c}, b_\mathrm{c}$ を同定できる[3),4)]．

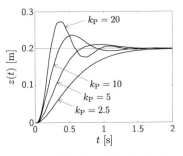
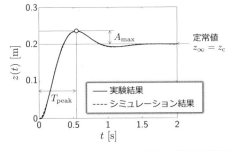

(a) $z_c = 0.2$, $k_P = 2.5, 5, 10, 20$

(b) $z_c = 0.2$, $k_P = 10$ としたときの行き過ぎ時間 T_{peak} とオーバーシュート A_{max}

図 3.7 台車位置の P 制御の実験結果

1.3.2 項 (p. 8) で説明したように，本実験装置における D/A 変換器の出力レンジは $v_{max} = 5$ [V] である．そこで，$z_c = 0.2$ [m] のとき，$k_P|z_c| \leq v_{max} = 5$ を満足するように k_P を与えた．サンプリング周期を 1 [ms] とし，$k_P = 2.5, 5, 10, 20$ としたときの実験結果を図 3.7 (a) に示す（M ファイル "p1c321_cdip_plot_pcont.m"）．ここで説明した同定方法を利用するには，オーバーシュートを生じさせるために k_P を大きな値に設定する必要がある．本実験装置の場合，$k_P = 2.5$ ではオーバーシュートを生じなかったが，$k_P = 5, 10, 20$ ではオーバーシュートを生じた．ただし，$k_P = 20$ のように比例ゲイン k_P を大きくしすぎると，タイミングベルトの伸び縮みなどの影響で，山 (最大ピーク値) がつぶれた応答となった．そこで，$k_P = 10$ のときの応答に基づいて，パラメータ同定を行った（M ファイル "p1c321_cdip_id_cart.m"）．$k_P = 10$ のとき，

$$T_{peak} = 5.42 \times 10^{-1} \text{ [s]}, \quad A_{max} = 3.69 \times 10^{-2} \text{ [m]}$$

であるので，(3.34) 式より未知パラメータ a_c, b_c が表 3.5 (b) (p. 44) のように定まった．同定されたパラメータ a_c, b_c を用いて，台車位置の P 制御のシミュレーションを行った結果を図 3.7 (b) に示す．シミュレーション結果と実験結果は T_{peak}, A_{max} が一致していることが確認できる．

(b) 振子のパラメータ同定 [2),4)]

図 3.8 に示すように，台車が左右に動かないように固定し $(\ddot{z}(t) = 0)$，また，振子角の基準を真下 $(\theta(t) = \phi(t) + \pi)$ とすると，(3.7) 式より次式が得られる．

$$(J_p + m_p l_p^2)\ddot{\phi}(t) + \mu_p \dot{\phi}(t) + m_p g l_p \sin \phi(t) = 0 \tag{3.35}$$

ここで，振子が $\phi(t) = 0$ 近傍で動作するとして，$\sin \phi(t) \approx \phi(t)$ と近似し，

$$\text{固有角周波数}: \omega_{np} = \sqrt{\frac{m_p g l_p}{J_p + m_p l_p^2}}, \quad \text{減衰係数}: \zeta_p = \frac{\mu_p}{2\omega_{np}(J_p + m_p l_p^2)} \tag{3.36}$$

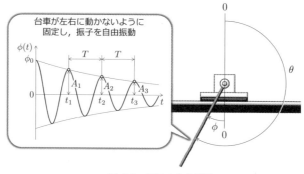

図 3.8 振子の自由振動

とおくと，(3.36) 式は 2 階の線形微分方程式

$$\ddot{\phi}(t) + 2\zeta_p \omega_{np} \dot{\phi}(t) + \omega_{np}^2 \phi(t) = 0 \quad (3.37)$$

により近似できる．ただし，振子の**自由応答 (自由振動)** は振動するので，$0 < \zeta_p < 1$ である．(3.37) 式において，初期条件 $\phi(0) = \phi_0, \dot{\phi}(0) = 0$ に対する振子の自由振動 $\phi(t)$ は，

$$\phi(t) = e^{-\zeta_p \omega_{np} t}\left(\cos\omega_{dp} t + \frac{\zeta_p}{\sqrt{1-\zeta_p^2}}\sin\omega_{dp} t\right)\phi_0, \quad \omega_{dp} = \omega_{np}\sqrt{1-\zeta_p^2} \quad (3.38)$$

となり，一定周期 $T = T_i = t_{i+1} - t_i$ で振動しながら一定の減衰率 $\lambda = \lambda_i = A_{i+1}/A_i$ で 0 に収束する．このときの振動周期 T と減衰率 λ は，(3.38) 式より

振子の振動周期と減衰率

振動周期 $\quad T = \dfrac{2\pi}{\omega_{dp}} = \dfrac{2\pi}{\omega_{np}\sqrt{1-\zeta_p^2}} \quad (3.39)$

減衰率 $\quad \lambda = e^{-\zeta_p \omega_{np} T} = \exp\left(-\dfrac{2\pi\zeta_p}{\sqrt{1-\zeta_p^2}}\right) \quad (3.40)$

となる [4),14)]．したがって，自由振動の実験データから T, λ を得ることができれば，(3.39), (3.40) 式より導出される

$$\zeta_p \omega_{np} = \frac{1}{T}\log_e\frac{1}{\lambda}, \quad \omega_{np}^2 = (\zeta_p\omega_{np})^2 + \left(\frac{2\pi}{T}\right)^2 \quad (3.41)$$

および (3.36) 式より，次式のように未知パラメータ J_p, μ_p を同定できる [2),4)]．

$$\begin{cases} \gamma_p = \dfrac{1}{T}\log_e\dfrac{1}{\lambda} \\ \delta_p = \dfrac{2\pi}{T} \end{cases} \Longrightarrow \begin{cases} \omega_{np} = \sqrt{\gamma_p^2 + \delta_p^2} \\ \zeta_p = \dfrac{\gamma_p}{\omega_{np}} \end{cases} \Longrightarrow \begin{cases} J_p = \dfrac{m_p g l_p}{\omega_{np}^2} - m_p l_p^2 \\ \mu_p = 2\zeta_p\omega_{np}(J_p + m_p l_p^2) \end{cases}$$

$$(3.42)$$

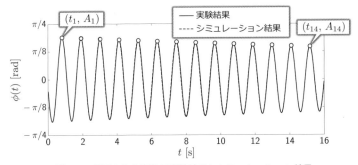

図 3.9 振子の自由振動の実験結果とシミュレーション結果

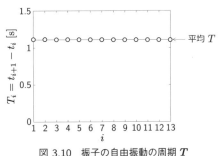

図 3.10 振子の自由振動の周期 T

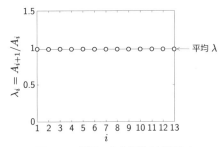

図 3.11 振子の自由振動の減衰率 λ

サンプリング周期を 1 [ms] とし，振子の自由振動の実験を行った結果を図 3.9 に実線で示す (M ファイル "`p1c321_cdip_id_pend.m`")．ただし，自由振動の初期角度 ϕ_0 を大きくしすぎると無視した非線形性の影響が現れるので，$\pi/6$ [rad] 程度の初期角度を与えた．図 3.9 の実験データ (実線) から各周期での振動のピーク値 A_i [rad] とそのときの時間 t_i [s] を抽出し，振動周期 $T_i = t_{i+1} - t_i$ と減衰率 $\lambda_i = A_{i+1}/A_i$ を求めた．その結果，図 3.10, 3.11 に示すように，T_i, λ_i はほぼ一定の値となった．そこで，これらの平均値を計算することで，

$$T = \frac{1}{13}\sum_{i=1}^{13} T_i = 1.11 \times 10^0 \text{ [s]}, \quad \lambda = \frac{1}{13}\sum_{i=1}^{13} \lambda_i = 9.81 \times 10^{-1}$$

と定めた．つぎに，(3.42) 式より未知パラメータ J_p, μ_p を定めると，表 3.5 (b) (p.44) のように定まった．同定されたパラメータ J_p, μ_p を用いて，自由振動のシミュレーションを行った結果を図 3.9 に破線で示す．ただし，シミュレーション結果は初期角度を $\phi_0 = A_1$ として与え，t_1 を 0 秒と考えることで，(3.38) 式により描画した．図 3.9 よりシミュレーション結果は実験結果とよく一致しており，同定結果の妥当性が確認できる．

3.2.2 最小二乗法によるパラメータ同定 [4),9),10]

3.2.1 項で説明した方法では，以下のような問題がある．

- ベルトの伸び縮みや静止摩擦，動摩擦などの影響で，台車の最大ピーク値付近の応答は山がつぶれた形となっており，理想的な応答とは若干異なる．
- 振子のパラメータ同定において，非線形性の影響を無視している．

この問題に対処するため，ここでは，**最小二乗法**によるパラメータ同定[4),9),10)]を行う．台車駆動系の線形微分方程式 (3.21) 式は

$$M_1(t)p_1 = N_1(t), \quad \begin{cases} M_1(t) = \begin{bmatrix} M_{1,1}(t) & M_{1,2}(t) \end{bmatrix} \\ = \begin{bmatrix} -\dot{z}(t) & v(t) \end{bmatrix} \\ N_1(t) = \ddot{z}(t) \end{cases}, \quad p_1 = \begin{bmatrix} a_\mathrm{c} \\ b_\mathrm{c} \end{bmatrix} \quad (3.43)$$

のように，未知パラメータ p_1 に関する線形代数方程式の形式で記述できる．一方，振子角の基準を真下 ($\theta(t) = \phi(t) + \pi$) とすると，振子系の非線形微分方程式 (3.7) 式は，

$$-m_\mathrm{p} l_\mathrm{p} \cos\phi(t) \cdot \ddot{z}(t) + (J_\mathrm{p} + m_\mathrm{p} l_\mathrm{p}^2)\ddot{\phi}(t) = -\mu_\mathrm{p}\dot{\phi}(t) - m_\mathrm{p} g l_\mathrm{p} \sin\phi(t) \quad (3.44)$$

となる．(3.44) 式を書き換えると，未知パラメータ p_2 に関する線形代数方程式

$$M_2(t)p_2 = N_2(t), \quad \begin{cases} M_2(t) = \begin{bmatrix} M_{2,1}(t) & M_{2,2}(t) \end{bmatrix} \\ = \begin{bmatrix} \ddot{\phi}(t) & \dot{\phi}(t) \end{bmatrix} \\ N_2(t) = m_\mathrm{p} l_\mathrm{p} \cos\phi(t) \cdot \ddot{z}(t) \\ - m_\mathrm{p} l_\mathrm{p}^2 \ddot{\phi}(t) - m_\mathrm{p} g l_\mathrm{p} \sin\phi(t) \end{cases}, \quad p_2 = \begin{bmatrix} J_\mathrm{p} \\ \mu_\mathrm{p} \end{bmatrix} \quad (3.45)$$

となる．したがって，ある時刻 $t = t_1, t_2$ における $M_i(t), N_i(t)$ ($i = 1, 2$) の値が正確にわかっているのであれば，未知パラメータ p_i を

$$p_i = \begin{bmatrix} M_i(t_1) \\ M_i(t_2) \end{bmatrix}^{-1} \begin{bmatrix} N_i(t_1) \\ N_i(t_2) \end{bmatrix} = \begin{bmatrix} M_{i,1}(t_1) & M_{i,2}(t_1) \\ M_{i,1}(t_2) & M_{i,2}(t_2) \end{bmatrix}^{-1} \begin{bmatrix} N_i(t_1) \\ N_i(t_2) \end{bmatrix} \quad (3.46)$$

により同定できる．しかし，$M_i(t), N_i(t)$ の値には，量子化誤差，ノイズなどに起因する測定誤差が必ず含まれるため，(3.46) 式から p_i を定めるのは適切ではない．そこで，以下のように工夫を施す必要がある[4)]．

まず，測定誤差の影響を軽減するには，$M_i(t), N_i(t)$ の測定回数を，十分大きく選ぶ必要がある．ここでは，一定のサンプリング周期 t_s ごとに，$n+1$ 回測定したとする．本実験装置には位置 (角度) センサとしてロータリエンコーダが用いられており，台車の位置 $z[k]$，振子の角度 $\phi[k]$ が計測される．ここで，$f[k] := f(kt_\mathrm{s})$ ($k = 0, 1, \ldots, n$) と記述した．これらの情報をもとに，オフラインで台車の速度 $\dot{z}[k]$，振子の角速度 $\dot{\phi}[k]$ を算出し，さらに，$\dot{z}[k], \dot{\phi}[k]$ をもとに台車の加速度 $\ddot{z}[k]$，振子の角加速度 $\ddot{\phi}[k]$ を算出する．ここでは，**3 点微分**[15)] により，たとえば，台車の位置 $z[k]$ から速度 $\dot{z}[k]$ を

$$\dot{z}[0] = \frac{-3z[0] + 4z[1] - z[2]}{2t_\mathrm{s}} \quad (3.47\mathrm{a})$$

$$\dot{z}[k] = \frac{-z[k-1] + z[k+1]}{2t_\mathrm{s}} \quad (k = 1, 2, \ldots, n-1) \tag{3.47b}$$

$$\dot{z}[n] = \frac{z[n-2] - 4z[n-1] + 3z[n]}{2t_\mathrm{s}} \tag{3.47c}$$

のように計算する(注5).台車の位置 $z[k]$ や振子の角度 $\phi[k]$ は離散的な値なので,これらにより算出される $\dot{z}[k], \ddot{z}[k], \dot{\phi}[k], \ddot{\phi}[k]$ は,量子化誤差に起因するチャタリングが生じる.そこで,$M_i(t), N_i(t)$ を 3 次のローパスフィルタに通すことで,$M_i(t), N_i(t)$ に含まれる高周波成分を除去(**チャタリング除去**)し,(3.43), (3.45) 式の代わりに,

$$M_{\mathrm{f}i}(t) p_i = N_{\mathrm{f}i}(t) \tag{3.48}$$

$$\begin{cases} M_{\mathrm{f}i}(t) = \begin{bmatrix} M_{\mathrm{f}i,1}(t) & M_{\mathrm{f}i,2}(t) \end{bmatrix} \\ \qquad\quad = G_{\mathrm{f}i}(s) \begin{bmatrix} M_{i,1}(t) & M_{i,2}(t) \end{bmatrix}, \quad G_{\mathrm{f}i}(s) = \dfrac{1}{(1 + T_{\mathrm{f}i} s)^3} \quad (T_{\mathrm{f}i} > 0) \\ N_{\mathrm{f}i}(t) = G_{\mathrm{f}i}(s) N_i(t) \end{cases}$$

を利用する(注6).ただし,$s = d/dt$ は微分演算子である.このとき,サンプリング周期 t_s ごとに $n+1$ 回測定することで,

$$M_{\mathrm{fs}i} p_i = N_{\mathrm{fs}i}$$

$$M_{\mathrm{fs}i} = \begin{bmatrix} M_{\mathrm{f}i}[0] \\ M_{\mathrm{f}i}[1] \\ \vdots \\ M_{\mathrm{f}i}[n] \end{bmatrix} \in \mathbb{R}^{(n+1) \times 2}, \quad N_{\mathrm{fs}i} = \begin{bmatrix} N_{\mathrm{f}i}[0] \\ N_{\mathrm{f}i}[1] \\ \vdots \\ N_{\mathrm{f}i}[n] \end{bmatrix} \in \mathbb{R}^{n+1} \tag{3.49}$$

という関係式が得られる.$M_{\mathrm{fs}i}$ は縦長の長方行列であるため,二乗誤差の総和(注7)

$$S = \|e_i\|^2 = e_i^\top e_i, \quad e_i = M_{\mathrm{fs}i} p_i - N_{\mathrm{fs}i} \tag{3.50}$$

が最小となるように,最小二乗法により

最小二乗法

$$p_i = (M_{\mathrm{fs}i}^\top M_{\mathrm{fs}i})^{-1} M_{\mathrm{fs}i}^\top N_{\mathrm{fs}i} \tag{3.51}$$

(注5) (3.47b) 式に示した

$$\dot{z}[k] = \frac{z[k+1] - z[k-1]}{2t_\mathrm{s}} \quad (k = 1, 2, \ldots, n-1)$$

を**中心差分近似**と呼ぶ.また,オンラインでの代表的な速度の算出法である**後退差分近似**

$$\dot{z}[k] = \frac{z[k] - z[k-1]}{t_\mathrm{s}} \quad (k = 1, 2, \ldots, n)$$

は,現在の情報 $z[k]$ と過去の情報 $z[k-1]$ のみを用いており,速度 $\dot{z}[k]$ は位置 $z[k]$ に比べて遅れを生じる.そのため,最小二乗法によるパラメータ同定のための信号には適さないことがある.

(注6) $\dot{z}(t), \ddot{z}(t), \dot{\phi}(t), \ddot{\phi}(t)$ にではなく,$M_i(t), N_i(t)$ に 3 次のローパスフィルタを通す.ローパスフィルタが 3 次なので位相の遅れが大きいが,$M_{\mathrm{f}i}(t)$ と $N_{\mathrm{f}i}(t)$ は同じだけ位相が遅れるので,(3.48) 式の左辺と右辺の等価性を維持することができる.

(注7) $x \in \mathbb{R}^n$ に対して,$\|x\| = \sqrt{x^\top x}$ を **Euclid ノルム**という.

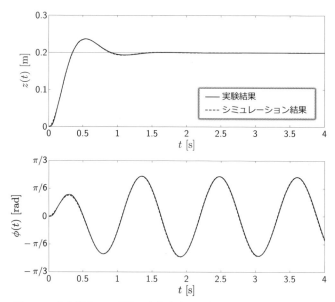

図 3.12 台車位置の P 制御の実機実験と非線形シミュレーションの結果

のように未知パラメータ p_i を定める[注8]．

3.2.1 項 (a) と同様，$z_c = 0.2$ [m], $k_P = 10$ として台車位置の P 制御を行い[注9]，サンプリング周期 1 [ms] ごとに 4 秒間，速度指令電圧 $v[k]$ [V] を取得すると同時に，台車位置 $z[k]$ [m]，振子角度 $\phi[k]$ [rad] を計測し，最小二乗法によりパラメータを同定した (M ファイル "`p1c322_cdip_id_least_square.m`")．ただし，振子は真下で静止した状態を初期角度とした ($\phi[0] = 0$ [rad])．このときの台車位置 $z[k]$，振子角度 $\phi[k]$ を図 3.12 に実線で示す．得られた $z[k], \phi[k]$ から (3.47) 式のようにして 3 点微分により $\dot{z}[k], \ddot{z}[k], \dot{\phi}[k], \ddot{\phi}[k]$ を算出した．そして，これらと $v[k]$ から (3.43), (3.45) 式により $M_i[k], N_i[k]$ を算出した．図 3.13 (a) からわかるように，量子化誤差の影響で，$M_i(t), N_i(t)$ はチャタリングを生じた．そこで，時定数が $T_{fi} = 0.075$ であるような 3 次のローパスフィルタ $G_{fi}(s) = 1/(1+T_{fi}s)^3$ に $M_i(t), N_i(t)$ を通過させると，チャタリングが除去され，図 3.13 (b) のようになった．最後に，(3.51) 式により未知パラメータ p_i を同定すると，表 3.5 (c) (p. 44) の結果が得られた．同定されたパラメータを用いて，台車位置の P 制御の非線形シミュレーションを行った結果を図 3.12 に破線で示す．図 3.12 より，非線形シミュレーションの結果は実験結果とよく一致しており，同定結果の妥当性を確認できる．

[注8] $M^+ := (M^\top M)^{-1} M^\top$ を M の**擬似逆行列**という．
[注9] 本書の例では P コントローラの出力を操作量 (速度指令電圧) として加えたが，一般には，擬似ランダム信号である M 系列が操作量として用いられることが多い[9),18),19)]．

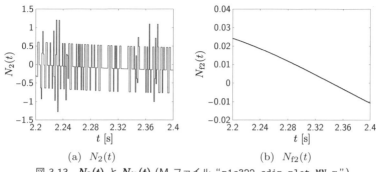

(a) $N_2(t)$ (b) $N_{f2}(t)$

図 3.13 $N_2(t)$ と $N_{f2}(t)$ (M ファイル "p1c322_cdip_plot_MN.m")

3.3 アーム型倒立振子のモデリングとパラメータ同定

ここでは，図 1.22 (p. 14) に示したアーム型倒立振子の数学モデルを導出する．

3.3.1 アーム型倒立振子のモデリング

(a) アーム型倒立振子単体の数学モデル

図 3.14 より各リンクの重心位置は

$$\begin{cases} X_1(t) = l_1 \sin\theta_1(t) \\ Y_1(t) = l_1 \cos\theta_1(t) \end{cases}, \quad \begin{cases} X_2(t) = L_1 \sin\theta_1(t) + l_2 \sin\theta_2(t) \\ Y_2(t) = L_1 \cos\theta_1(t) + l_2 \cos\theta_2(t) \end{cases} \quad (3.52)$$

であり，各エネルギーは

$$\begin{cases} W(t) = \sum_{i=1}^{2} \left\{ \frac{1}{2} m_i (\dot{X}_i(t)^2 + \dot{Y}_i(t)^2) + \frac{1}{2} J_i \dot{\theta}_i(t)^2 \right\} \\ U(t) = \sum_{i=1}^{2} m_i g Y_i(t), \quad D(t) = \sum_{i=1}^{2} \frac{1}{2} \mu_i \dot{\psi}_i(t)^2 \end{cases} \quad (3.53)$$

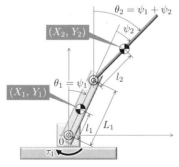

図 3.14 アーム型倒立振子

表 3.6 アーム型倒立振子の諸量

$\psi_i(t)$ [rad]	各リンクの相対角
$\theta_i(t)$ [rad]	各リンクの絶対角
$\tau_1(t)$ [N·m]	能動リンク（アーム）の駆動トルク
m_i [kg]	各リンクの質量
μ_i [kg·m²/s]	各リンクの粘性摩擦係数
J_i [kg·m²]	各リンクの重心まわりの慣性モーメント
l_i [m]	各リンクの軸から重心までの長さ
L_1 [m]	能動リンク（アーム）の全長
g [m/s²]	重力加速度

となる．ただし，アーム型倒立振子の諸量は表 3.6 に示すとおりである．ここで，
- 一般化座標：$q(t) = \begin{bmatrix} q_1(t) & q_2(t) \end{bmatrix}^\top = \begin{bmatrix} \theta_1(t) & \theta_2(t) \end{bmatrix}^\top$
- 一般化力　：$f(t) = \begin{bmatrix} f_1(t) & f_2(t) \end{bmatrix}^\top = \begin{bmatrix} \tau_1(t) & 0 \end{bmatrix}^\top$

とし，Lagrangian $L(t) = W(t) - U(t)$ と $D(t)$ を Lagrange の運動方程式 (3.10) 式に代入すると，次式の数学モデルが得られる．

アーム型倒立振子単体の非線形モデル

$$\alpha_1 \ddot{\theta}_1(t) + \alpha_3 \cos\theta_{12}(t) \cdot \ddot{\theta}_2(t) = -\alpha_3 \dot{\theta}_2(t)^2 \sin\theta_{12}(t) + \alpha_4 \sin\theta_1(t)$$
$$- (\mu_1 + \mu_2)\dot{\theta}_1(t) + \mu_2 \dot{\theta}_2(t) + \tau_1(t) \quad (3.54)$$
$$\alpha_3 \cos\theta_{12}(t) \cdot \ddot{\theta}_1(t) + \alpha_2 \ddot{\theta}_2(t) = \alpha_3 \dot{\theta}_1(t)^2 \sin\theta_{12}(t) + \alpha_5 \sin\theta_2(t)$$
$$+ \mu_2 \dot{\theta}_1(t) - \mu_2 \dot{\theta}_2(t) \quad (3.55)$$

ただし，

$$\begin{cases} \alpha_1 = J_1 + m_1 l_1^2 + m_2 L_1^2, & \alpha_2 = J_2 + m_2 l_2^2 \\ \alpha_3 = m_2 L_1 l_2, & \alpha_4 = (m_1 l_1 + m_2 L_1)g, \quad \alpha_5 = m_2 l_2 g \end{cases} \quad (3.56)$$

であり，また，$\theta_{12}(t) = \theta_1(t) - \theta_2(t)$ である．

(b) 駆動部を考慮したアーム型倒立振子の数学モデルと線形化

本実験装置では，3.1.2 項 (b) (p.41) で説明したギヤード DC モータと，3.1.2 項 (c) (p.42) で説明した速度制御型モータドライバによりアームが駆動されている．アームはギヤード DC モータの軸に直付けされているため，アームとギヤの間には

$$\tau_{\mathrm{gL}}(t) = \tau_1(t), \quad \theta_{\mathrm{g}}(t) = \theta_1(t) \quad (3.57)$$

という関係式が成立する．このとき，(3.54) 式と (3.18) 式 (p.43) をまとめ，さらに，$n \gg 1$ を考慮すると，3.1.2 項 (d) の議論と同様，

アーム型倒立振子の非線形モデル (アーム駆動系を簡略化)

$$\begin{cases} \ddot{\theta}_1(t) = -a_1 \dot{\theta}_1(t) + b_1 v(t) \\ \alpha_3 \cos\theta_{12}(t) \cdot \ddot{\theta}_1(t) + \alpha_2 \ddot{\theta}_2(t) = \alpha_3 \dot{\theta}_1(t)^2 \sin\theta_{12}(t) + \alpha_5 \sin\theta_2(t) \\ \qquad\qquad\qquad\qquad\qquad\qquad + \mu_2 \dot{\theta}_1(t) - \mu_2 \dot{\theta}_2(t) \end{cases} \quad (3.58)$$

のように (3.21) 式の形式の簡略化した数学モデルが得られる．

つぎに，(3.55) 式の非線形項を線形化する．(3.24) 式 (p.44) より $X = X_\mathrm{e}$ 近傍では，

$$\cos X \approx \cos X_\mathrm{e} - \sin X_\mathrm{e} \cdot \widetilde{X}, \quad \sin X \approx \sin X_\mathrm{e} + \cos X_\mathrm{e} \cdot \widetilde{X} \quad (3.59)$$

と近似できる．ただし，$\widetilde{X} = X - X_\mathrm{e}$ である．アームが $\theta_1(t) = \theta_{1\mathrm{e}}$，振子が $\theta_2(t) = 0$ で静止する姿勢 (平衡点) の近傍を考え，(3.55) 式の非線形項に (3.59) 式を代入する．

3.3 アーム型倒立振子のモデリングとパラメータ同定　**55**

さらに，$\tilde{\theta}_1(t) = \theta_1(t) - \theta_{1e}$ としたとき，$\tilde{\theta}_1(t), \dot{\tilde{\theta}}_1(t), \ddot{\tilde{\theta}}_1(t), \theta_2(t)$ に関する高次項 (2 次以上の項) を無視すると，近似式

$$\cos\theta_{12}(t) \cdot \ddot{\theta}_1(t) \approx \left\{\cos\theta_{1e} - \sin\theta_{1e} \cdot \left(\tilde{\theta}_1(t) - \theta_2(t)\right)\right\} \cdot \ddot{\tilde{\theta}}_1(t) \approx \cos\theta_{1e} \cdot \ddot{\tilde{\theta}}_1(t)$$

$$\dot{\theta}_1(t)^2 \sin\theta_{12}(t) \approx \dot{\tilde{\theta}}_1(t)^2 \left\{\sin\theta_{1e} + \cos\theta_{1e} \cdot \left(\tilde{\theta}_1(t) - \theta_2(t)\right)\right\} \approx 0$$

$$\sin\theta_2(t) \approx \theta_2(t)$$

が成立し，(3.55) 式を近似線形化できる．その結果，線形化モデル (設計モデル) は次式となる[注10]．

――― アーム型倒立振子の設計モデル (アーム駆動系を簡略化，振子系を線形化) ―――

$$\begin{cases} \ddot{\tilde{\theta}}_1(t) = -a_1 \dot{\tilde{\theta}}_1(t) + b_1 v(t) \\ \alpha_3 \cos\theta_{1e} \cdot \ddot{\tilde{\theta}}_1(t) + \alpha_2 \ddot{\theta}_2(t) = \alpha_5 \theta_2(t) + \mu_2 \dot{\tilde{\theta}}_1(t) - \mu_2 \dot{\theta}_2(t) \end{cases} \quad (3.60)$$

3.3.2 アーム型倒立振子のパラメータ同定

3.3.1 項で求められた設計モデル (3.60), (3.56) 式に含まれる物理パラメータのうち，測定可能なのは L_1, m_2, l_2 であり，それ以外の a_1, b_1, J_2, μ_2 は未知パラメータである．これら未知パラメータは，3.2 節で示した台車型倒立振子のパラメータ同定と同様の手順により，同定することが可能である．紙面の関係上，詳細な説明は省略するが，図 1.22 (p.14) に示した実験装置の既知パラメータの値を表 3.7 (a) に，同定されたパラメータの値を表 3.7 (b), (c) に示す．また，使用した M ファイルは

- "p1c332_adip_plot_pcont.m"：アームの P 制御の実験結果を描画
- "p1c332_adip_id_arm.m", "p1c332_adip_id_pend.m"：2 次遅れ系の特性に注目したアーム，振子のパラメータ同定
- "p1c332_adip_id_least_square.m"：最小二乗法によるパラメータ同定

である．

表 3.7　図 1.22 のアーム型倒立振子実験装置のパラメータ

(a) 既知パラメータの値	(b) 同定されたパラメータの値 (2 次遅れ系の特性に注目した方法)	(c) 同定されたパラメータの値 (最小二乗法)
$L_1 = 2.27 \times 10^{-1}$ [m]	$a_1 = 6.29 \times 10^0$	$a_1 = 6.20 \times 10^0$
$m_2 = 9.60 \times 10^{-2}$ [kg]	$b_1 = 1.64 \times 10^1$	$b_1 = 1.58 \times 10^1$
$l_2 = 1.95 \times 10^{-1}$ [m]	$J_2 = 1.10 \times 10^{-3}$ [kg·m^2]	$J_2 = 9.06 \times 10^{-4}$ [kg·m^2]
$g = 9.81 \times 10^0$ [m/s^2]	$\mu_2 = 1.26 \times 10^{-4}$ [kg·m^2/s]	$\mu_2 = 1.01 \times 10^{-4}$ [kg·m^2/s]

[注10] (3.54) 式も同様の手順で線形化できる．まず，(3.54) 式より $\theta_1(t) = \theta_{1e}, \theta_2(t) = 0$ で静止する $\tau_1(t) = \tau_{1e}$ を求めると，$\tau_{1e} = -\alpha_4 \sin\theta_{1e}$ となる．そこで，$\tilde{\tau}_1(t) = \tau_1(t) - \tau_{1e}$ と定義し，高次項を無視すると，(3.54) 式を次式のように近似線形化できる．

$$\alpha_1 \ddot{\tilde{\theta}}_1(t) + \alpha_3 \cos\theta_{1e} \cdot \ddot{\theta}_2(t) = \alpha_4 \cos\theta_{1e} \cdot \tilde{\theta}_1(t) - (\mu_1 + \mu_2)\dot{\tilde{\theta}}_1(t) + \mu_2 \dot{\theta}_2(t) + \tilde{\tau}_1(t)$$

3.4 MATLAB/Simulink 用シミュレータ

本章で説明した台車型，アーム型倒立振子実験装置の非線形シミュレーションを行うための MATLAB/Simulink 用シミュレータは，

- https://www.morikita.co.jp/books/book/3110
- https://bit.ly/3qjWdU2

で配布する．ファイル "`ip_toolbox_1.0.2.zip`" を解凍したときに生成されるフォルダ "`iptools`" には MATLAB/Simulink 用シミュレータを含む図 3.15 のファイル群が含まれている．これを利用するために，"`iptools`" にパスを通す．たとえば，"`C:¥hoge¥ip_toolbox_1.0.2¥iptools`" にパスを通すためには，

```
>> addpath('C:¥hoge¥ip_toolbox_1.0.2¥iptools')  ↵
```

と入力する．そして，

```
>> ip_model  ↵
```

と入力すると，図 3.16 のように四つの Simulink ブロックが表示される．これらは，

- Cart-driven Inverted Pendulum：台車型倒立振子 (3.22) 式 (p. 43)

```
ip_toolbox_1.0.2
├── iptools
│   ├── ip_model.slx      ……… 倒立振子の非線形シミュレータ用ライブラリ
│   ├── cdip_para.m       ……… 台車型倒立振子の物理パラメータの定義 (表 3.5 (a), (c))
│   ├── cdip_anime.m      ……… 台車型倒立振子のシミュレーション結果のアニメーション表示
│   ├── cdip.jpg          ……… 台車型倒立振子の非線形シミュレータ用画像
│   ├── cdip_photo.jpg    ……… 台車型倒立振子の非線形シミュレータ用画像
│   ├── adip_para.m       ……… アーム型倒立振子の物理パラメータの定義 (表 3.7 (a), (c))
│   ├── adip_anime.m      ……… アーム型倒立振子のシミュレーション結果のアニメーション表示
│   ├── adip.jpg          ……… アーム型倒立振子の非線形シミュレータ用画像
│   └── adip_photo.jpg    ……… アーム型倒立振子の非線形シミュレータ用画像
├── odqlab_2.1.3          ……… ODQ Toolbox/Lab[16), 17)]
├── cdip_sample           ……… 台車型倒立振子に対するサンプルファイル群
└── adip_sample           ……… アーム型倒立振子に対するサンプルファイル群
```

図 3.15　iptools

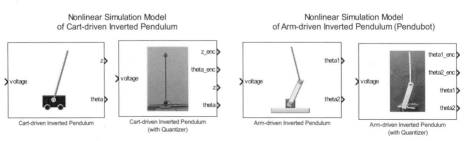

図 3.16　ip_model.slx

3.4 MATLAB/Simulink 用シミュレータ

- Cart-driven Inverted Pendulum：台車型倒立振子 (3.22) 式 (p. 43)
- Arm-driven Inverted Pendulum：アーム型倒立振子 (3.58) 式 (p. 54)

を表現したものである．また，"(with Quantizer)" と記載された Simulink ブロックは，1.3, 1.4 節で説明した実験装置で用いられている D/A 変換の出力レンジ，分解能やロータリエンコーダの分解能を考慮して量子化されており，出力信号は

- z_enc, theta_enc：量子化された台車位置 $z(t)$，振子角度 $\theta(t)$
- theta1_enc, theta2_enc：量子化されたアーム角度 $\theta_1(t)$，振子角度 $\theta_2(t)$

および

- z, theta：量子化する前の連続的な台車位置 $z(t)$，振子角度 $\theta(t)$
- theta1, theta2：量子化する前の連続的なアーム角度 $\theta_1(t)$，振子角度 $\theta_2(t)$

である．これら Simulink ブロックを利用するには，M ファイル

- 台車型倒立振子：cdip_para.m (表 3.5 (a), (c) (p. 44) の値)
- アーム型倒立振子：adip_para.m (表 3.7 (a), (c) (p. 55) の値)

のいずれかを実行して物理パラメータを設定したうえで，初期位置 (初期角度), 初期速度 (初期角速度)

- 台車型倒立振子：z_0, theta_0, dz_0, dtheta_0 ($z(0), \theta(0), \dot{z}(0), \dot{\theta}(0)$)
- アーム型倒立振子：theta1_0, theta2_0, dtheta1_0, dtheta2_0 ($\theta_1(0), \theta_2(0), \dot{\theta}_1(0), \dot{\theta}_2(0)$)

を設定する必要がある．

一例として，台車位置の P 制御の非線形シミュレーションを行う方法について説明する (M ファイル "p1c34_cdip_plot_pcont.m")．まず，図 3.17 に示す Simulink モデル "cdip_pcont_sim.slx" を作成する．そして，コマンドウィンドウで

```
>> cdip_para         ............ M ファイル "cdip_para.m" の実行
>> z_0 = 0;          ............ z(0) = 0
>> theta_0 = pi;     ............ θ(0) = π (φ(0) = 0)
>> dz_0 = 0;         ............ ż(0) = 0
>> dtheta_0 = 0;     ............ θ̇(0) = 0 (φ̇(0) = 0)
```

と入力した後，シミュレーションを開始する．シミュレーションが終了した後，

```
>> figure(1); plot(t,z)     ............ 台車位置 z(t) の描画
>> figure(2); plot(t,phi)   ............ 振子角度 φ(t) の描画
```

と入力すると，図 3.12 (p. 52) に相当するシミュレーション結果が描画される．さらに，

```
>> theta = phi + pi;     ............ θ(t) = φ(t) + π
>> cdip_anime            ............ M ファイル "cdip_anime.m" の実行 (アニメーション表示)
```

と入力すると，シミュレーション結果がアニメーション表示される (図 3.18)．

58　第 3 章　物理法則に基づくモデリングとパラメータ同定

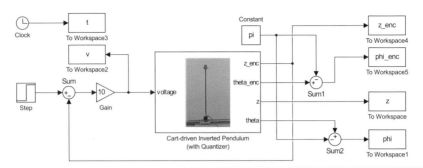

- `Gain` (ライブラリ：`Math Operations`)
  ゲイン："1" を "10" に変更
- `Sum` (ライブラリ：`Math Operations`)
  符号のリスト："|++" を "|+-" に変更
- `Sum1` (ライブラリ：`Math Operations`)
  符号のリスト："|++" を "-+|" に変更
- `Sum2` (ライブラリ：`Math Operations`)
  符号のリスト："|++" を "+-|" に変更
- `Step` (ライブラリ：`Sources`)
  ステップ時間："1" を "0" に変更
  最終値："1" を "0.2" に変更
- `Constant` (ライブラリ：`Sources`)
  定数値："1" を "pi" に変更
- `To Workspace` (ライブラリ：`Sinks`)
  変数名："simout" を "z" に変更
  保存フォーマット："構造体" を "配列" に変更

- `To Workspace1` (ライブラリ：`Sinks`)
  変数名："simout" を "phi" に変更
  保存フォーマット："構造体" を "配列" に変更
- `To Workspace2` (ライブラリ：`Sinks`)
  変数名："simout" を "v" に変更
  保存フォーマット："構造体" を "配列" に変更
- `To Workspace3` (ライブラリ：`Sinks`)
  変数名："simout" を "t" に変更
  保存フォーマット："構造体" を "配列" に変更
- `To Workspace4` (ライブラリ：`Sinks`)
  変数名："simout" を "z_enc" に変更
  保存フォーマット："構造体" を "配列" に変更
- `To Workspace5` (ライブラリ：`Sinks`)
  変数名："simout" を "phi_enc" に変更
  保存フォーマット："構造体" を "配列" に変更

`シミュレーション時間`
開始時間：0
終了時間：4

`ソルバオプション`
タイプ：固定ステップ，ソルバ：ode4 (Runge-Kutta)
固定ステップ (基本サンプル時間)：0.001

図 3.17　台車位置の P 制御の非線形シミュレーションを行う Simulink モデル "cdip_pcont_sim.slx"

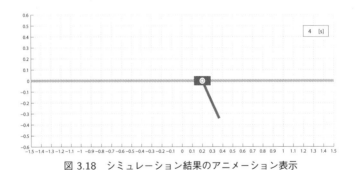

図 3.18　シミュレーション結果のアニメーション表示

第 3 章の参考文献

1) 川谷亮次：現代制御理論を使った倒立振子の実験 [1]，トランジスタ技術 (CQ 出版社)，Vol. 30, No. 5, pp. 315–322 (1993)
2) 外川一仁，川谷亮次：現代制御理論を使った倒立振子の実験 [2]，トランジスタ技術 (CQ 出

版社),Vol. 30, No. 6, pp. 367–373 (1993)
3) 大山恭弘,工藤　靖,岡本浩幸,藤沢　厳：現代制御理論に基づいたディジタル制御系の設計法 ── パソコン CAD を用いて倒立振子装置を制御する,インターフェース,No. 12, pp. 215–250 (1986)
4) 川田昌克：**MATLAB/Simulink** と実機で学ぶ制御工学 ── PID 制御から現代制御まで ──,TechShare (2013)
5) 増淵正美,川田誠一：システムのモデリングと非線形制御,コロナ社 (1996)
6) 古田勝久,野中謙一郎,畠山省四朗：モデリングとフィードバック制御 ── 動的システムの解析,東京電機大学出版局 (2001)
7) 黒須　茂,山崎敬則,亀岡紘一：ロボット力学,パワー社 (1997)
8) 下嶋　浩,佐藤　治：ロボット工学,森北出版 (1999)
9) 計測自動制御学会編：ロボット制御の実際　第 3 章「ロボットの同定」,コロナ社 (1997)
10) 大須賀公一：メカニカルシステムの同定 (センサの動特性を考慮した同定法とその検証実験),計測と制御,Vol. 33, No. 6, pp. 487–493 (1994)
11) 「制御系解析・設計における数値計算／数式処理ソフトウェアの活用」特集号,システム／制御／情報,Vol. 55, No. 5 (2011)
12) 松日楽信人,大明準治：わかりやすいロボットシステム入門 ── メカニズムから制御,システムまで (改訂 2 版),オーム社 (2010)
13) 川田昌克,西岡勝博：**MATLAB/Simulink** によるわかりやすい制御工学,森北出版 (2001)
14) 川田昌克：**MATLAB/Simulink** による現代制御入門,森北出版 (2011)
15) 峯村吉泰：C と Java で学ぶ数値シミュレーション入門　第 7 章「数値微分と数値積分」,森北出版 (1999)
16) 東　俊一,森田亮介,南　裕樹,杉江俊治：制御のための動的量子化器開発ソフトウェアと実験検証,システム制御情報学会論文誌,Vol. 21, No. 12, pp. 408–416 (2008)
17) R. Morita, S. Azuma, Y. Minami, and T. Sugie: Graphical Design Software for Dynamic Quantizers in Control Systems, SICE Journal of Control, Measurement, and System Integration, Vol. 4, No. 5, pp. 372–379 (2011)
18) 足立修一：システム同定の基礎,東京電機大学出版局 (2009)
19) 田中秀幸,奥　宏史：システム同定に基づくモデリング,システム／制御／情報,Vol. 56, No. 4, pp. 170–175 (2012)
20) 石島辰太郎ほか：非線形システム論,コロナ社 (1993)

　本章では,倒立振子を例題として,物理法則に基づくモデリングの考え方について説明した. それに対し,制御対象の構成要素が不明瞭な場合,制御対象をブラックボックスとして扱い,入出力データから統計的にモデルを決定する "システム同定" の考え方が重要となる. 詳細については,文献 18),19) を参照されたい. また,近似線形化の一般的な議論や,非線形フィードバックや状態座標変換を利用した "厳密な線形化" については,文献 5),20) が参考になる.

　なお,文献 4) では,教育用玩具である **LEGO MINDSTORMS NXT** を利用して製作された回転型倒立振子を用い,本書で説明したパラメータ同定を実験を通じて学ぶ方法を示している.

第4章 システムの状態空間表現と安定性

永原 正章

前章までで見たように，倒立振子は連立された微分方程式によってモデル化される．これらの微分方程式の各変数は，互いに影響を及ぼしあい，一見すると非常に複雑な振る舞いをするように見える．しかし，本章で述べる状態空間表現を用いて微分方程式を表現しなおすことによって，システムに対する見通しがきわめてよくなる．また，状態空間表現は倒立振子だけでなく，非常に多くのシステムを統一的に記述する方法であり，これを学ぶことによって，さまざまなシステムの制御問題を同じ枠組みで議論することが可能となる．

本章では，システムの状態空間表現の方法と，それに基づいた安定性の定義，および安定判別法について述べる．

4.1 状態空間表現

3.1 節で考察したように，台車型倒立振子における台車の微分方程式は，(3.21) 式 (p.43) より以下で与えられる．

$$\ddot{z}(t) = -a_c \dot{z}(t) + b_c v(t) \tag{4.1}$$

初期値を $z(0) = \dot{z}(0) = 0$ とし，両辺を Laplace 変換して整理すると，

$$z(s) = \frac{b_c}{s(s+a_c)} v(s) \tag{4.2}$$

が得られる．これは，入力 (操作量) を速度指令電圧 $v(t)$，出力 (制御量) を台車の位置 $z(t)$ としたときの入出力表現であり，

$$\mathcal{P}(s) = \frac{b_c}{s(s+a_c)} \tag{4.3}$$

を**伝達関数**と呼ぶ．また，(3.25) 式 (p.44) より，振子の線形化モデルは

$$m_p l_p \ddot{z}(t) + (J_p + m_p l_p^2)\ddot{\theta}(t) = -\mu_p \dot{\theta}(t) + m_p g l_p \theta(t) \tag{4.4}$$

で与えられる．これも，初期値をすべて 0 とおいて，両辺を Laplace 変換し整理すると，つぎの入出力表現

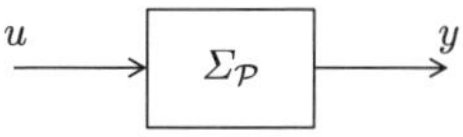

図 4.1 入力 u と出力 y をもつ線形システム $\Sigma_{\mathcal{P}}$

$$\theta(s) = \frac{-m_\mathrm{p} l_\mathrm{p} s^2}{(J_\mathrm{p} + m_\mathrm{p} l_\mathrm{p}^2)s^2 + \mu_\mathrm{p} s - m_\mathrm{p} g l_\mathrm{p}} z(s) \tag{4.5}$$

が得られる．ここで，入力は台車の位置 $z(t)$ であり，出力は振子の角度 $\theta(t)$ である．この入出力をもつシステムの伝達関数は

$$\mathcal{P}(s) = \frac{-m_\mathrm{p} l_\mathrm{p} s^2}{(J_\mathrm{p} + m_\mathrm{p} l_\mathrm{p}^2)s^2 + \mu_\mathrm{p} s - m_\mathrm{p} g l_\mathrm{p}} \tag{4.6}$$

となる．

一般に，図 4.1 に示すような入力 $u(t) \in \mathbb{R}$ と出力 $y(t) \in \mathbb{R}$ をもつ**線形時不変システム**[注1] $\Sigma_{\mathcal{P}}$ の微分方程式が次式で与えられたとする．

線形時不変システム $\Sigma_{\mathcal{P}}$ の微分方程式 (1 入力 1 出力)

$$\begin{aligned}y^{(n)}(t) + \alpha_{n-1} y^{(n-1)}(t) + \cdots + \alpha_1 \dot{y}(t) + \alpha_0 y(t) \\ = \beta_n u^{(n)}(t) + \beta_{n-1} u^{(n-1)}(t) + \cdots + \beta_1 \dot{u}(t) + \beta_0 u(t)\end{aligned} \tag{4.7}$$

ここで，$\alpha_0, \ldots, \alpha_{n-1}, \beta_0, \ldots, \beta_n$ は実数とする．入出力信号 $u(t), y(t)$ の Laplace 変換 $u(s), y(s)$ を用い，微分方程式 (4.7) の初期値をすべて 0 とすることにより，システムの入出力表現

線形時不変システム $\Sigma_{\mathcal{P}}$ の伝達関数表現 (1 入力 1 出力)

$$y(s) = \mathcal{P}(s)u(s), \quad \mathcal{P}(s) := \frac{\beta_n s^n + \beta_{n-1} s^{n-1} + \cdots + \beta_1 s + \beta_0}{s^n + \alpha_{n-1} s^{n-1} + \cdots + \alpha_1 s + \alpha_0} \tag{4.8}$$

が得られる．ここで，システム $\Sigma_{\mathcal{P}}$ の伝達関数は $\mathcal{P}(s)$ となる．伝達関数はシステムの入力と出力の関係だけを表現したものであり，図 4.1 の $\Sigma_{\mathcal{P}}$ のブロックの内部は考えない．このような意味で，伝達関数を**ブラックボックスモデル**とも呼ぶ．

一方，システムの入出力関係だけでなく，内部変数も考慮した**ホワイトボックスモデル**を考えることもできる．もともと，システム $\Sigma_{\mathcal{P}}$ は上で考察した台車型倒立振子のように，何らかの物理システムである場合が多く，物理法則に基づいて $\Sigma_{\mathcal{P}}$ の内部変数を含む数式モデルを得ることができることも多い．たとえば，図 1.12 (p.8) の台車型倒立振子の微分方程式 (4.1) 式および (4.4) 式では，$x_1(t) = z(t), x_2(t) = \theta(t), x_3(t) = \dot{z}(t),$ $x_4(t) = \dot{\theta}(t), u(t) = v(t)$ とおき，$x(t) = \begin{bmatrix} x_1(t) & x_2(t) & x_3(t) & x_4(t) \end{bmatrix}^\top$ というベクト

[注1] 線形時不変システムを略して **LTI (linear time-invariant)** システムとも呼ぶ．

ルを定義すれば，

$$\dot{x}(t) = \begin{bmatrix} 0 & 0 & 1 & 0 \\ 0 & 0 & 0 & 1 \\ 0 & 0 & -a_c & 0 \\ 0 & \dfrac{m_p g l_p}{J_p + m_p l_p^2} & \dfrac{a_c m_p l_p}{J_p + m_p l_p^2} & -\dfrac{\mu_p}{J_p + m_p l_p^2} \end{bmatrix} x(t) + \begin{bmatrix} 0 \\ 0 \\ b_c \\ -\dfrac{b_c m_p l_p}{J_p + m_p l_p^2} \end{bmatrix} u(t) \tag{4.9}$$

という表現が得られる．また，振子の角度 $\theta(t)$ を出力 $y(t)$ とすると，

$$y(t) = \begin{bmatrix} 0 & 1 & 0 & 0 \end{bmatrix} x(t) \tag{4.10}$$

と表現できる．同様に，入出力関係を表す n 階微分方程式 (4.7) 式，もしくは伝達関数 (4.8) 式が与えられたとき，その状態空間表現 (の一つ) は次式となる．

線形時不変システム $\Sigma_\mathcal{P}$ の状態空間表現 (1 入力 1 出力)

$$\dot{x}(t) = \begin{bmatrix} 0 & 1 & 0 & \cdots & 0 \\ 0 & 0 & 1 & \cdots & 0 \\ \vdots & \vdots & \ddots & \ddots & \vdots \\ 0 & 0 & \cdots & & 1 \\ -\alpha_0 & -\alpha_1 & -\alpha_2 & \cdots & -\alpha_{n-1} \end{bmatrix} x(t) + \begin{bmatrix} 0 \\ 0 \\ \vdots \\ 0 \\ 1 \end{bmatrix} u(t), \tag{4.11}$$

$$y(t) = \begin{bmatrix} \widetilde{\beta}_0 & \widetilde{\beta}_1 & \widetilde{\beta}_2 & \cdots & \widetilde{\beta}_{n-1} \end{bmatrix} x(t) + \beta_n u(t) \tag{4.12}$$

ただし，$\widetilde{\beta}_i = \beta_i - \alpha_i \beta_n$ $(i = 0, 1, \ldots, n-1)$, $x(t) = \begin{bmatrix} x_1(t) & \cdots & x_n(t) \end{bmatrix}^\top$ である．

上記のような線形微分方程式モデルは多くの制御システムに現れる．一般に，ベクトル値の変数 $x(t) \in \mathbb{R}^n$ と $u(t) \in \mathbb{R}^m$ に関する 1 階線形微分方程式

状態方程式

$$\dot{x}(t) = Ax(t) + Bu(t) \tag{4.13}$$

を**状態方程式**と呼ぶ．ただし，$A \in \mathbb{R}^{n \times n}$, $B \in \mathbb{R}^{n \times m}$ である．(4.13) 式の $x(t)$ を**状態ベクトル** (または単に**状態変数**) と呼び，$u(t)$ を入力ベクトル (または単に入力) と呼ぶ．一方，$y(t) \in \mathbb{R}^p$ として，方程式

出力方程式

$$y(t) = Cx(t) + Du(t) \tag{4.14}$$

を**出力方程式**と呼ぶ．ただし，$C \in \mathbb{R}^{p \times n}$, $D \in \mathbb{R}^{p \times m}$ である．(4.14) 式の $y(t)$ を出力ベクトル (または単に出力) と呼ぶ．また，(4.13) 式と (4.14) 式をあわせて，**状態空間表現**と呼ぶ．

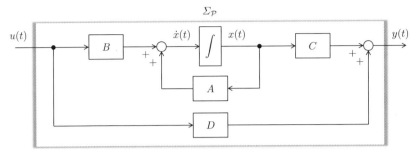

図 4.2　状態空間表現のブロック線図

(4.13) 式と (4.14) 式で与えられた状態空間表現は図 4.2 のようにブロック線図で表すことができる．ここで，$\int$ は積分器を表す．このブロック線図から状態空間表現のさまざまな性質がわかる．たとえば，以下のことが直感的にわかる．

- フィードバックループの中に行列 A があることから，システムの安定性は行列 A の性質に関係する (詳しくは 4.2 節 (p. 67) を参照)．
- 入力 $u(t)$ は行列 B を介して状態 $x(t)$ に影響を及ぼすので，可制御性は行列 A と B に関係する (可制御性については第 5 章 (p. 76) を参照)．
- 出力 $y(t)$ は行列 C により状態 $x(t)$ が変換されたものであるから，可観測性は行列 A と C に関係する (可観測性については第 7 章 (p. 106) を参照)．

以上のように，入出力の関係式から状態空間表現を求めることを**状態空間実現**または単に**実現**と呼ぶ (下記のコーヒーブレークを参照)．

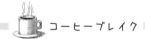コーヒーブレイク

(4.13) 式の状態方程式において，状態変数 $x(t)$ は入出力には直接現れてこないので内部変数とも呼ばれ，その属する空間を**状態空間**と呼ぶ．先に述べた台車型倒立振子の例であれば，状態空間は $\mathbb{R}^4$ である．一般に，状態空間を X，入力 $u(t)$ の属する空間を U，出力 $y(t)$ の属する空間を Y とおくと，状態空間表現では，図 4.3 のように状態空間 X を経由してシステムの入出力関係 $U \to Y$ を表現していることになる．ここで，$\mathcal{H}$ は入出力関係を表す作用素であり，Hankel 作用素（ハンケル）と呼ばれる．

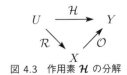

図 4.3　作用素 $\mathcal{H}$ の分解

入出力関係から状態空間を求めること，すなわち実現は，上記のような $\mathcal{H}$ の分解を求めることにほかならない[4]．状態空間 X の選び方の自由度と X の座標のとり方の自由度か

ら，$\mathcal{H}$ の分解 (すなわち状態空間表現) は無数に存在することがわかる．なお，X が有限次元の場合は，図 4.3 の写像 $\mathcal{R}$ と $\mathcal{O}$ の行列表現として，それぞれ**可制御性行列** M_c および**可観測性行列** M_o がとれることが知られている．なお，可制御性行列 M_c (p.77) については第 5 章「可制御性と状態フィードバック」を，可観測性行列 M_o (p.108) については第 7 章「可観測性とオブザーバ」を参照のこと．

逆に，状態空間表現が与えられたとき，その入出力表現 (すなわち伝達関数) を求めることもできる．まず，初期値を $x(0) = x_0$ とし，(4.13) 式の状態方程式の両辺を Laplace 変換すると

$$sx(s) - x_0 = Ax(s) + Bu(s) \tag{4.15}$$

が得られ，これを整理することにより，

$$x(s) = (sI - A)^{-1}x_0 + (sI - A)^{-1}Bu(s) \tag{4.16}$$

が得られる．これと (4.14) 式の出力方程式の Laplace 変換より，

$$\begin{aligned}y(s) &= Cx(s) + Du(s) \\ &= C(sI - A)^{-1}x_0 + \{C(sI - A)^{-1}B + D\}u(s)\end{aligned} \tag{4.17}$$

となることがわかる．ここで，(4.17) 式の右辺第 2 項の

状態空間表現の行列 A, B, C, D から伝達関数 $\mathcal{P}(s)$ への変換

$$\mathcal{P}(s) := C(sI - A)^{-1}B + D \tag{4.18}$$

がこのシステムの伝達関数である．すなわち，状態空間表現の行列 A, B, C, D が与えられれば，(4.18) 式により容易に伝達関数を得ることができる．

さらに，上記の Laplace 変換法を用いれば，(4.13) 式の状態方程式の解を容易に求めることができる．行列値複素関数 $(sI - A)^{-1}$ の逆 Laplace 変換が**行列指数関数** e^{At} で与えられること[注2]，および Laplace 変換領域での掛け算が時間領域では**畳み込み**になることを用いれば，(4.16) 式の両辺を逆 Laplace 変換することにより，(4.13) 式の状態方程式の解

状態方程式の解

$$x(t) = e^{At}x_0 + \int_0^t e^{A(t-\tau)}Bu(\tau)d\tau \quad (t \geq 0) \tag{4.19}$$

が得られ，また出力 $y(t)$ は，(4.14) 式より

[注2] 行列指数関数 $e^{At} := I + tA + \dfrac{t^2}{2!}A^2 + \cdots + \dfrac{t^k}{k!}A^k + \cdots$ を状態方程式 (4.13) 式の**状態遷移行列**と呼ぶ．$e^{At} = \mathcal{L}^{-1}\bigl[(sI - A)^{-1}\bigr]$ という関係がある．

4.1 状態空間表現

$$\begin{aligned}
y(t) &= Ce^{At}x_0 + \int_0^t Ce^{A(t-\tau)}Bu(\tau)d\tau + Du(t) \\
&= Ce^{At}x_0 + \int_0^t \underbrace{\{Ce^{A(t-\tau)}B + D\delta(t-\tau)\}}_{\psi(t-\tau)}u(\tau)d\tau \\
&= \underbrace{Ce^{At}x_0}_{\text{零入力応答}} + \underbrace{(\psi * u)(t)}_{\text{零状態応答}} \quad (t \geq 0)
\end{aligned} \tag{4.20}$$

となる.ただし,$t < 0$ で $u(t) = 0$ とする.ここで,$\delta(t)$ は Dirac のデルタ関数 (単位インパルス関数)[注3] である.また,$\psi(t)$ は (4.18) 式の伝達関数 $\mathcal{P}(s)$ の逆 Laplace 変換であり,システム $\Sigma_\mathcal{P}$ のインパルス応答と呼ばれる.また,$\psi * u$ はインパルス応答 $\psi(t)$ と入力 $u(t)$ との畳み込みを表す.(4.20) 式の $Ce^{At}x_0$ を零入力応答,$(\psi * u)(t)$ を零状態応答と呼び,以下の応答となる.

- 零入力応答:入力が $u(t) \equiv 0$ であるときのシステム $\Sigma_\mathcal{P}$ の応答である.
- 零状態応答:初期値が $x(0) = 0$ であるときのシステム $\Sigma_\mathcal{P}$ の応答である.

システム $\Sigma_\mathcal{P}$ は線形システムであるので,入力も初期値も 0 でないときの応答は,単にそれらの足し算となるという特徴がある.

線形システムのこの性質を MATLAB を使って調べてみよう.図 4.4 に示すように,(4.3) 式で定義した台車の伝達関数 $\mathcal{P}(s)$ に対して P 制御 $\mathcal{C}(s) = k_\mathrm{P}$ ($k_\mathrm{P} \in \mathbb{R}$:比例ゲイン) を施す.このときのフィードバック制御系

$$y(s) = \mathcal{G}(s)r(s), \quad \mathcal{G}(s) = \frac{\mathcal{P}(s)\mathcal{C}(s)}{1 + \mathcal{P}(s)\mathcal{C}(s)} = \frac{b_\mathrm{c}k_\mathrm{P}}{s^2 + a_\mathrm{c}s + b_\mathrm{c}k_\mathrm{P}} \tag{4.21}$$

の応答を考える.ただし,出力は台車位置 $y(t) = z(t)$,入力は台車位置の目標値 $r(t)$ とする.$\mathcal{G}(s)$ の状態空間実現の一つは,

$$\begin{cases} \dot{x}(t) = Ax(t) + Br(t) \\ y(t) = Cx(t) + Dr(t) \end{cases} \tag{4.22}$$

$$A = \begin{bmatrix} 0 & 1 \\ -b_\mathrm{c}k_\mathrm{P} & -a_\mathrm{c} \end{bmatrix}, \quad B = \begin{bmatrix} 0 \\ 1 \end{bmatrix}, \quad C = \begin{bmatrix} b_\mathrm{c}k_\mathrm{P} & 0 \end{bmatrix}, \quad D = 0$$

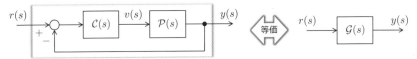

図 4.4 台車のフィードバック制御系

[注3] Dirac のデルタ関数は $\delta(t) = \begin{cases} \infty & (t = 0) \\ 0 & (t \neq 0) \end{cases}$,$\int_{-\infty}^{\infty} \delta(t)dt = 1$ と定義される.

で与えられる．パラメータを $a_c = 6.25$, $b_c = 4.36$, $k_P = 1$ とする．この状態空間モデルに対して，初期値を $x_0 = \begin{bmatrix} 1 & 1 \end{bmatrix}^\top$ としたときの零入力応答を $y_1(t)$，入力を正弦波

$$r(t) = 2\sin t \tag{4.23}$$

としたときの零状態応答を $y_2(t)$ とおく．また，初期値を $x_0 = \begin{bmatrix} 1 & 1 \end{bmatrix}^\top$，入力を (4.23) 式の正弦波としたときの応答を $y_3(t)$ とおく．システムの線形性から任意の $t \geq 0$ に対して

$$y_3(t) = y_1(t) + y_2(t) \tag{4.24}$$

が成り立つ．MATLAB では，関数 "initial" により零入力応答が，関数 "lsim" により初期状態 $x(0) = x_0$ と入力 $u(t)$ が与えられたときの時間応答 ((4.20) 式) が計算できる．そこで，(4.24) 式の成立を確認するために以下の M ファイルを実行すると，図 4.5 の結果が得られる．

M ファイル "p1c41_cdip_response.m"

```
1   cdip_para;                         ……… M ファイル "adip_para.m" の実行 ($a_c$, $b_c$ の値を定義)
2   % ------------------------
3   kP = 1;                            ……… 比例ゲイン $k_P = 1$
4   % ------------------------
5   A = [ 0     1                      ……… $A$, $B$, $C$, $D$ の定義：(4.22) 式の係数
6         -bc*kP -ac ];
7   B = [ 0
8         1 ];
9   C = [ bc*kP 0 ];
10  D = 0;
11  G = ss(A,B,C,D);                   ……… 状態空間表現 (4.22) 式の定義
12  % ------------------------
13  t = 0:0.01:10;                     ……… 時刻データの定義 ($t = 0, 0.01, 0.02, \ldots, 10$)
14  % ------------------------
15  x0 = [ 1; 1 ];                     ……… 初期状態 $x_0 = \begin{bmatrix} 1 & 1 \end{bmatrix}^\top$ の定義
16  y1 = initial(G,x0,t);              ……… 零入力応答：$y_1(t)$ ($x(0) = x_0$, $r(t) = 0$)
17  y2 = lsim(G,2*sin(t),t,[0; 0]);    ……… 零状態応答：$y_2(t)$ ($x(0) = 0$, $r(t) = 2\sin t$)
18  y3 = lsim(G,2*sin(t),t,x0);        ……… 時間応答：$y_3(t)$ ($x(0) = x_0$, $r(t) = 2\sin t$)
19  % ------------------------         $\Longrightarrow y_3(t) = y_1(t) + y_2(t)$
20  figure(1);                         ……… Figure 1 を指定
21  plot(t,y1,'r--',t,y2,'g:',t,y3,'b') ……… $y_1(t)$, $y_2(t)$, $y_3(t)$ の描画
22  xlabel('time [s]'); ylabel('position [m]')  ……… 横軸，縦軸のラベル
23  legend('y1(t)','y2(t)','y3(t)')    ……… 凡例の表示
```

確かに (4.24) 式の性質，すなわち出力 $y_3(t)$ が零入力応答 $y_1(t)$ と零状態応答 $y_2(t)$ との和になっている様子がわかる．

状態空間表現は，非線形システムに対しても定義することができる．たとえば，台車型倒立振子の非線形モデル (3.22) 式に対する状態空間表現は以下のように定義される．すなわち，線形システムの場合と同様に $x_1(t) = z(t)$, $x_2(t) = \theta(t)$, $x_3(t) = \dot{z}(t)$, $x_4(t) = \dot{\theta}(t)$, $u(t) = v(t)$ とおき，$x(t) = \begin{bmatrix} x_1(t) & x_2(t) & x_3(t) & x_4(t) \end{bmatrix}^\top$ というベクトルを定義すれば，

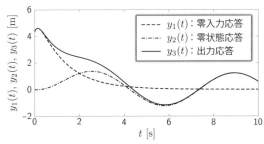

図 4.5 出力応答 $y_3(t)$ (実線) は零入力応答 $y_1(t)$ (破線) と零状態応答 $y_2(t)$ (一点鎖線) の和で与えられる

非線形状態方程式

$$\dot{x}(t) = f(x(t)) + g(x(t))u(t) \tag{4.25}$$

という 1 階のベクトル値非線形微分方程式 (**非線形状態方程式**) が得られる．ここで，$f(x(t))$ と $g(x(t))$ はそれぞれ

$$f(x(t)) = \begin{bmatrix} x_3(t) \\ x_4(t) \\ -a_c x_3(t) \\ f_4(x(t)) \end{bmatrix}, \quad g(x(t)) = \begin{bmatrix} 0 \\ 0 \\ b_c \\ -\dfrac{b_c m_p l_p \cos x_2(t)}{J_p + m_p l_p^2} \end{bmatrix} \tag{4.26}$$

$$f_4(x(t)) = \frac{m_p g l_p \sin x_2(t) + a_c m_p l_p x_3 \cos x_2(t) - \mu_p x_4(t)}{J_p + m_p l_p^2}$$

で定義される非線形関数である．本書では，(4.13) 式および (4.14) 式で表される線形の状態空間表現を主に扱うが，(4.25) 式のような非線形モデルに対する制御理論も盛んに研究されており，また応用上も重要である．このような非線形状態空間表現に基づく制御理論の基礎は，**発展編の第 3 章**「非線形制御」(p. 197) で学ぶことができる．

4.2 安定性

非線形状態方程式 (4.25) 式において，入力を $u(t) \equiv 0$ とした

自励系

$$\dot{x}(t) = f(x(t)), \quad x(0) = x_0 \in \mathbb{R}^n \tag{4.27}$$

を**自励系**と呼ぶ．本節では，この自励系の安定性を調べる．

まず，安定性を議論する前に，非線形システム (4.27) 式の平衡点を定義しよう．

> **定義 4.1** .... 平衡点
>
> 状態空間上の点 $x^* \in \mathbb{R}^n$ が非線形システム (4.27) 式の**平衡点**であるとは，点 $x^* \in \mathbb{R}^n$ が $f(x^*) = 0$ を満たすことである．

(4.27) 式の非線形微分方程式より，平衡点とは状態の微分 $\dot{x}(t)$ が 0 となる点であることがわかる．すなわち，$x(0) = x^*$ とすると，それ以降，(4.27) 式で定義される状態はずっとその点にとどまり続ける，そのような点を平衡点と呼ぶのである．たとえば図 1.2 (p. 3) の台車型倒立振子では，平衡点は無数にあり，振子が垂直で台車が静止している状態である．すなわち，(3.22) 式 (p. 43) の台車型倒立振子の微分方程式において，

$$\theta = 0, \pm\pi, \pm 2\pi, \ldots, \quad \dot{\theta} = 0, \quad z = 任意, \quad \dot{z} = 0, \tag{4.28}$$

となるような点が平衡点である．ここで，台車の位置を $z = 0$ に固定し移動しないようにしたときの $\theta = 0$ と $\theta = \pi$ の二つの平衡点を考えてみよう．図 4.6 にこの二つの状態を示す．容易に想像できるように，$\theta = 0$ という平衡点 (A) は，振子の角度 θ が少しでもずれれば，振子は倒れてしまう．一方，$\theta = \pi$ という平衡点 (B) では，角度が多少がずれても，平衡点の付近にとどまる．とくに摩擦がある場合（すなわち，$\mu_\mathrm{p} > 0$ の場合），時間が経つにつれ，$\theta = \pi$ の状態に限りなく近づく．このように平衡点には，**不安定な平衡点**と**安定な平衡点**があることが直感的にわかる．

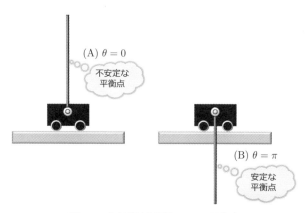

図 4.6 台車型倒立振子の二つの平衡点

厳密な安定性の定義はつぎのようになる．

> **定義 4.2** .... 安定性
>
> 自励系 (4.27) 式の平衡点の一つを x^* とおく．任意に与えられた $\varepsilon > 0$ に対して，ある $\delta > 0$ が存在して，$\|x_0 - x^*\| < \delta$ を満たす[注4]すべての初期値 $x_0 \in \mathbb{R}^n$

[注4] $\|\cdot\|$ は一つに固定すればどのようなノルムでもよい（たとえば，$x \in \mathbb{R}^n$ に対する Euclid ノルム $\|x\| = \sqrt{x^\top x}$ など）．

とすべての時刻 t $(0 \leq t < \infty)$ について $\|x(t) - x^*\| < \varepsilon$ となるとき,自励系 (4.27) 式の平衡点 x^* はLyapunov 安定または単に安定であるという.

定義 4.3 ··· 漸近安定性

自励系 (4.27) 式の平衡点 x^* が Lyapunov 安定で,かつある $\delta' > 0$ が存在して,$\|x_0 - x^*\| < \delta'$ となるすべての初期値 $x_0 \in \mathbb{R}^n$ に対して,

$$\lim_{t \to \infty} x(t) = x^* \tag{4.29}$$

が成り立つならば,平衡点 x^* は**漸近安定**であるという.

定義 4.4 ··· 不安定性

自励系 (4.27) 式の平衡点 x^* が Lyapunov 安定でないとき,その平衡点は**不安定**であるという[注5].

これらの定義によれば,位置 $z = 0$ で台車を固定したときの図 4.6 の平衡点 (B) は安定で,さらに摩擦があれば (すなわち $\mu_\mathrm{p} > 0$ であれば) 漸近安定であることがわかる.また,平衡点 (A) は摩擦の有無に関係なく不安定である.

4.3 安定判別法

入出力関係 (4.7) 式や伝達関数 (4.8) 式が与えられたとき,そのシステムの安定性を判別するには,Routh-Hurwitz の安定判別法[1),2)] や Nyquist の安定判別法[1)] があるが,ここでは,自励系の非線形状態方程式 (4.27) 式が与えられたときの Lyapunov の安定判別法と呼ばれる方法を説明する.ここでは,簡単のため,自励系 (4.27) 式の平衡点は $x^* = 0$ (原点) であるとし,原点の安定性について調べる.まず,正定関数を定義する.

定義 4.5 ··· 正定関数

Ω を原点を含む $\mathbb{R}^n$ の開集合とし,関数 $V : \Omega \to \mathbb{R}$ は Ω 上で連続,かつ,$V(0) = 0$ とする.

(i) 任意の $x \in \Omega$ $(x \neq 0)$ に対して $V(x) > 0$ が成り立つならば,$V(x)$ は Ω 上で**正定**であるという ($V(x)$ は正定関数).

(ii) 任意の $x \in \Omega$ に対して $V(x) \geq 0$ が成り立つならば,$V(x)$ は Ω 上で**半正定**であるという ($V(x)$ は半正定関数).

また,$-V(x)$ が正定のとき,$V(x)$ を**負定** ($V(x)$ は負定関数),$-V(x)$ が半正定

[注5] この不安定性の定義では,いわゆる**実用的安定**[3)],すなわち,平衡点を含むある有界閉集合へ収束する場合も不安定と判定されることに注意する.

のとき，$V(x)$ を**半負定** ($V(x)$ は半負定関数) とそれぞれ呼ぶ．

自励系 (4.27) 式に沿った正定関数 $V(x(t))$ の時間微分を求めると，

$$\frac{d}{dt}V(x(t)) := \nabla V(x(t))\dot{x}(t) = \nabla V(x(t))f(x(t)) \tag{4.30}$$

$$\nabla V(x) := \frac{\partial V(x)}{\partial x} = \left[\begin{array}{ccc} \frac{\partial V(x)}{\partial x_1} & \cdots & \frac{\partial V(x)}{\partial x_n} \end{array} \right]$$

となる．これより関数 $\dot{V}(x)$ を $\dot{V}(x) := \nabla V(x)f(x)$ と定義する．以上の準備のもとで，Lyapunov の**安定定理**は以下で与えられる．

定理 4.1 .... Lyapunov の安定定理

自励系 (4.27) 式の平衡点は原点であるとする．

(i) 原点を含む $\mathbb{R}^n$ の開集合 Ω と Ω 上で正定な関数 $V(x)$ が存在し，任意の $x \in \Omega$ に対して，

$$\dot{V}(x) \leq 0 \tag{4.31}$$

が成り立つならば，自励系 (4.27) 式の平衡点 (原点) は安定である．

(ii) 原点を含む $\mathbb{R}^n$ の開集合 Ω と Ω 上で正定な関数 $V(x)$ が存在し，任意の $x \in \Omega$ に対して，

$$\dot{V}(x) < 0 \quad (x \neq 0) \tag{4.32}$$

が成り立つならば，自励系 (4.27) 式の平衡点 (原点) は漸近安定である．

いずれの場合も，上記を満たす正定関数 $V(x)$ を自励系 (4.27) 式の **Lyapunov 関数**と呼ぶ．

Lyapunov の安定定理は幾何学的に考えれば理解しやすい．2 次元の場合を考えよう．Lyapunov 関数 $V(x)$ は図 4.7 に示すとおり，原点に接するお椀のような形をしている．もし，任意の $x \in \Omega$ に対して $\dot{V}(x) < 0$ (漸近安定) ならば，初期値 $x(0) = x_0 \in \Omega$ に対する状態の軌道について，$dV(x(t))/dt < 0$ が成り立つ．すなわち，初期値が $x(0) = x_0 \in \Omega$ であれば，$V(x_0)$ の位置からビー玉が $V(x)$ の曲面の上をコロコロと原点に向かって転がり落ちる．したがって，転がり落ちるビー玉の軌跡 $V(x(t))$ ($t \geq 0$) を状態空間 $\mathbb{R}^n$ に射影したものが状態 $x(t)$ の軌跡であり，確かに原点に収束していることがわかる．

自励系 (4.27) 式に対して，うまく Lyapunov 関数が見つかれば，(漸近) 安定性は示されるが，Lyapunov 関数が見つからないからといって，自励系 (4.27) 式の平衡点が不安定であると結論づけることは，一般にはできない．これは，上記の Lyapunov の安定定理が，安定性のための十分条件ではあるが，必要条件ではないためである．しかし，自

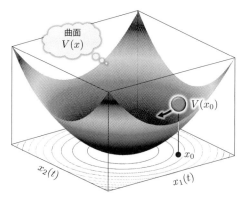

図 4.7 Lyapunov 関数 $V(x)$ (M ファイル "p1c43_lyapunov_func.m")

励系 (4.27) 式が線形時不変である場合には，以下のように必要十分条件が得られる．

定理 4.2 ·················· Lyapunov の安定定理と線形時不変システムに対する漸近安定性

線形システム

$$\dot{x}(t) = Ax(t), \quad x(0) = x_0 \in \mathbb{R}^n \qquad (4.33)$$

に対して，以下の四つは等価である．

(i) 原点は大域的に漸近安定である．すなわち，任意の初期値 $x_0 \in \mathbb{R}^n$ に対して，原点は Lyapunov 安定であり，かつ

$$\lim_{t \to \infty} x(t) = 0 \qquad (4.34)$$

が成り立つ．

(ii) 行列 A の固有値 (システムの極) を $\lambda_1, \lambda_2, \ldots, \lambda_n$ とおくと，

$$\mathrm{Re}[\lambda_i] < 0 \quad (i = 1, 2, \ldots, n) \qquad (4.35)$$

が成り立つ(注6)．このような行列 A は Hurwitz 安定と呼ばれる．

(iii) ある正定行列(注7) $Q \in \mathbb{R}^{n \times n}$ が存在して，行列 $P \in \mathbb{R}^{n \times n}$ に関する方程式

Lyapunov 方程式

$$PA + A^\top P = -Q \qquad (4.36)$$

(注6) 実部が負の極を**安定極**，実部が正の極を**不安定極**と呼ぶ．つまり，線形時不変システムが漸近安定であるための必要十分条件は，システムが安定極のみをもつ (極の実部がすべて負である) ことである．

(注7) 対称行列 $Q = Q^\top$ を用いてスカラ値関数 $W(x) = x^\top Q x$ を定義する．このとき，以下のように (半) 正定行列や (半) 負定行列が定義される．
- $W(x)$ が正定関数となるとき Q は**正定** (Q は**正定行列**) であるといい，$Q \succ 0$ と記述する．
- $W(x)$ が半正定関数となるとき Q は**半正定** (Q は**半正定行列**) であるといい，$Q \succeq 0$ と記述する．
- $W(x)$ が負定関数となるとき Q は**負定** (Q は**負定行列**)，$Q \prec 0$ と記述する．
- $W(x)$ が半負定関数となるとき Q は**半負定** (Q は**半負定行列**)，$Q \preceq 0$ と記述する．

が正定な一意解をもつ.

(iv) 任意の正定行列 $Q \in \mathbb{R}^{n \times n}$ に対して, Lyapunov 方程式 (4.36) は正定な一意解をもつ.

この定理より, 適当に決めた正定対称行列 $Q = Q^\top \in \mathbb{R}^{n \times n}$ (たとえば $Q = I_n$) に対して, (4.36) 式の Lyapunov 方程式を解き, もし正定対称な解 $P = P^\top$ が見つかれば, 原点は大域的に漸近安定であることがわかる[注8]. なお, このとき,

$$V(x) = x^\top P x \quad (x \in \mathbb{R}^n) \tag{4.37}$$

は線形システム (4.33) 式の Lyapunov 関数となることが簡単な計算よりわかる. また, 逆に, Lyapunov 方程式の解 P が正定でなければ, **定理 4.2** の (i) と (iv) の等価性より, 原点は漸近安定ではない (すなわち, Lyapunov の意味で安定であるか, または不安定である) こともわかる.

MATLAB で線形システム (4.33) の安定性を調べるには, **定理 4.2** より, 二つの方法がある. まずは, 行列 A の固有値をすべて求めてみて, 実部が正のものがあるかどうかを調べる方法である. コマンドウィンドウでの実行例を以下に示す (M ファイル "p1c43_stability1.m").

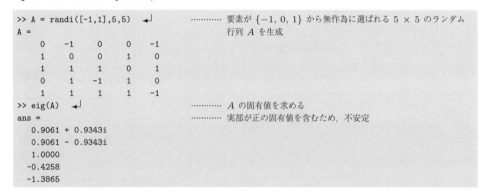

1 行目の "randi([-1,1],5,5)" は, 要素が $\{-1, 0, 1\}$ から無作為に選ばれる 5×5 のランダム行列を生成する. つぎの行の "eig(A)" で行列 A の固有値 (システムの極) をすべて計算する. この例では, 3 個の固有値 $0.9061 \pm 0.9343j$ と 1.0000 の実部が正であるので, 対応するシステムは不安定であることがわかる.

もう一つの方法は, 適当な正定行列 $Q = Q^\top$ を与えたときの Lyapunov 方程式 (4.36) 式を解いて, 解 $P = P^\top$ が正定であるかどうかを調べる方法である. コマンドウィンドウでの実行例を以下に示す (M ファイル "p1c43_stability2.m").

[注8] Q を対称行列に選ぶと P は対称行列となる.

4.3 安定判別法

```
>> A = randi([-1,1],5,5)              ……… 要素が {-1, 0, 1} から無作為に選ばれる 5 × 5 のランダム
A =                                         行列 A を生成
    -1    -1    -1    -1     0
     1    -1    -1     0    -1
     1     0     0    -1     0
     1    -1     1     0    -1
    -1     1    -1     1     0
>> P = lyap(A',eye(5))                ……… $Q = I$ とした (4.36) 式の Lyapunov 方程式の求解
P =
    9.1250  -14.2500   10.0000    2.2500  -10.6250
  -14.2500   26.0000  -21.2500    3.2500   14.5000
   10.0000  -21.2500   25.0000  -15.7500   -4.0000
    2.2500    3.2500  -15.7500   30.5000  -14.0000
  -10.6250   14.5000   -4.0000  -14.0000   19.1250
>> [R,r] = chol(P);                   ……… Lyapunov 方程式の解 P が正定かどうかを調べる
>> r                                  ……… "r = 0" なので正定 (正定ではない場合は "r" は正の整数)
r =
     0
```

要素が $\{-1, 0, 1\}$ の 5×5 のランダム行列が生成された後，"P = lyap(A',eye(5))" で Lyapunov 方程式

$$PA + A^\top P + I = 0 \tag{4.38}$$

の解を計算する．なお，"lyap" の引数が "A'"，すなわち実行列 A の転置 $A^\top$ となっているのは，関数 "lyap(M,Q)" が，$MP + PM^\top + Q = 0$ の解を求める関数であるからである．得られた Lyapunov 方程式の解 P が正定かどうかを調べるために，Cholesky^{コレスキー}分解の関数 "chol" を使う．入力引数である行列 P が与えられたとき，関数 "chol" の出力引数 "r" は以下のようになる．

- P が正定である場合，"r" は 0 となる．
- P が正定ではない場合，"r" は正の整数となる．

この例では，"r" は "0" であるので，行列 P は正定である．また，P は対称行列なので，その固有値は実数となり，その符号により以下のように正定かどうかを調べることもできる．

- P が正定である場合，P の固有値はすべて正である．
- P が正定ではない場合，P の固有値に負のものが含まれる．

行列 P の固有値を調べると，

```
>> eig(P)                             ……… P の固有値を求める
ans =                                 ……… P の固有値がすべて正であるので，P は正定
    0.5054
    0.6503
    2.2468
   45.2187
   61.1288
```

なので，行列 P は正定である．以上のように，この例では Lyapunov 方程式の対称解

P は正定なので，システムは安定であることがわかる．実際，上の行列 A の固有値を調べると，

```
>> eig(A)              ………… A の固有値を求める
ans =                  ………… A の固有値の実部がすべて負であるので安定
 -0.0220 + 1.8470i
 -0.0220 - 1.8470i
 -0.7737 + 1.5071i
 -0.7737 - 1.5071i
 -0.4085
```

となり，確かに安定であることがわかる．

最後に，台車を固定したときの振子（図 4.6 を参照）について，その線形化した状態空間表現の行列の固有値から安定性を判別してみよう．まず，図 4.8 のように，台車を固定したうえで $\theta = \pi$ の近傍で線形化する．(3.7) 式 (p.39) において，$\ddot{z} \equiv 0$，$\theta(t) = \phi(t) + \pi$ とした (3.44) 式 (p.50) を，$\phi = 0$ の近傍で線形化することにより，真下近傍のモデル

$$(J_\mathrm{p} + m_\mathrm{p} l_\mathrm{p}^2)\ddot{\phi}(t) = -\mu_\mathrm{p}\dot{\phi}(t) - m_\mathrm{p} g l_\mathrm{p} \phi(t) \tag{4.39}$$

が得られる．このとき，状態空間表現は $x(t) = \begin{bmatrix} \phi(t) & \dot{\phi}(t) \end{bmatrix}^\top$ とおいて

$$\dot{x}(t) = \begin{bmatrix} 0 & 1 \\ -\dfrac{m_\mathrm{p} g l_\mathrm{p}}{J_\mathrm{p} + m_\mathrm{p} l_\mathrm{p}^2} & -\dfrac{\mu_\mathrm{p}}{J_\mathrm{p} + m_\mathrm{p} l_\mathrm{p}^2} \end{bmatrix} x(t) \tag{4.40}$$

となる．(4.40) 式の右辺の行列の二つの固有値を λ_+, λ_- とおくと，

$$\lambda_\pm = (-\zeta_\mathrm{p} \pm \sqrt{\zeta_\mathrm{p}^2 - 1})\omega_\mathrm{np} \tag{4.41}$$

となる．ここで，ω_np と ζ_p はそれぞれ (3.36) 式で定義された固有角周波数と減衰係数，すなわち

$$\omega_\mathrm{np} = \sqrt{\dfrac{m_\mathrm{p} g l_\mathrm{p}}{J_\mathrm{p} + m_\mathrm{p} l_\mathrm{p}^2}}, \quad \zeta_\mathrm{p} = \dfrac{\mu_\mathrm{p}}{2\omega_\mathrm{np}(J_\mathrm{p} + m_\mathrm{p} l_\mathrm{p}^2)} \tag{4.42}$$

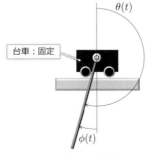

図 4.8　振子 (安定)

図 4.9　振子 (不安定)

である．(4.42) 式より ω_np と ζ_p はともに正であり，(4.41) 式より自励系 (4.40) 式の右辺の行列の固有値はともに負であることがわかる．したがって，**定理 4.2** より，自励系 (4.40) 式は漸近安定であることがわかる．

一方，図 4.9 のように $\theta = 0$ の近傍で線形化したモデルは，

$$(J_\mathrm{p} + m_\mathrm{p} l_\mathrm{p}^2)\ddot{\theta}(t) = -\mu_\mathrm{p}\dot{\theta}(t) + m_\mathrm{p} g l_\mathrm{p} \theta(t) \tag{4.43}$$

で与えられ，状態空間表現は $x(t) = \begin{bmatrix} \theta(t) & \dot{\theta}(t) \end{bmatrix}^\top$ として，

$$\dot{x}(t) = \begin{bmatrix} 0 & 1 \\ \dfrac{m_\mathrm{p} g l_\mathrm{p}}{J_\mathrm{p} + m_\mathrm{p} l_\mathrm{p}^2} & -\dfrac{\mu_\mathrm{p}}{J_\mathrm{p} + m_\mathrm{p} l_\mathrm{p}^2} \end{bmatrix} x(t) \tag{4.44}$$

で与えられる．このとき，(4.44) 式の右辺の行列の二つの固有値は

$$\lambda_\pm = \left(-\zeta_\mathrm{p} \pm \sqrt{\zeta_\mathrm{p}^2 + 1}\right)\omega_\mathrm{np} \tag{4.45}$$

となり，固有値 λ_+ は必ず正となる．したがって，**定理 4.2** より自励系 (4.44) 式は不安定であることがわかる．

第 4 章の参考文献

1) 井村順一：システム制御のための安定論，コロナ社 (2000)
2) 小郷　寛，美多　勉：システム制御理論入門，実教出版 (1979)
3) J. ラ サール, S. レフシェッツ 著 (山本　稔 訳)：リヤプノフの方法による安定性理論，産業図書 (1975)
4) E. D. Sontag: Mathematical Control Theory, 2nd Edition, Springer (1998) (available from http://www.sontaglab.org/FTPDIR/sontag_mathematical_control_theory_springer98.pdf)
5) J. C. Willems: The Behavioral Approach to Open and Interconnected Systems, IEEE Control Systems Magazine, Vol. 27, No. 6, pp. 46–99 (2007)

第 5 章

可制御性と状態フィードバック

浦久保 孝光

前章までに倒立振子などの制御対象に対するモデル化やその安定性について学んだ．つぎに，得られた対象のモデルに対して適切な操作量を加え，対象を自在に制御したい．しかし，その前に果たしてその対象は自在に制御できるのだろうか？ 制御できるとすれば，どのような操作量を構成すればよいだろうか？ 本章では，線形時不変システムに対する可制御性の概念やその判定方法，状態フィードバックによる操作量の構成法について説明する．

5.1 可制御性

5.1.1 可制御性の定義と判定法

つぎの線形時不変システムを制御対象として考えよう．

$$\dot{x}(t) = Ax(t) + Bu(t) \tag{5.1}$$

ここで，$x(t) \in \mathbb{R}^n$, $u(t) \in \mathbb{R}^m$, $A \in \mathbb{R}^{n \times n}$, $B \in \mathbb{R}^{n \times m}$ である．$u(t) = 0$ のとき，$x(t) = 0$ であれば $\dot{x}(t) = 0$ であり，$x = 0$ はシステム (5.1) 式における平衡点である．

このとき，可制御性の定義は以下のように与えられる[注1]．

定義 5.1 .... 可制御性の定義

(5.1) 式のシステムが**可制御**であるとは，任意の初期状態 $x(0) = x_0$ から，適当な有限時刻 $t_\mathrm{f} > 0$ まで適当な入力 $u(t)$ $(0 \leq t \leq t_\mathrm{f})$ を加えることで，$x(t_\mathrm{f}) = 0$ とできることである．

上記の定義は，"自在に制御できる" というイメージとは違うと感じる読者も多いのではないだろうか．$x(0) = 0$ から任意の $x(t_\mathrm{f}) = x_\mathrm{f}$ に移行可能な場合は**可到達**であるといわれる．線形時不変システムに対しては可制御性と可到達性は等価であり，結果として任意の初期状態 x_0 から任意の最終状態 x_f に到達可能となるため，自在に制御できるといえるであろう．ただし，可到達であれば $x(t_\mathrm{f}) = x_\mathrm{f}$ に移行可能であるが，その状

[注1] 線形時変システムや非線形システムに対しては可制御性の定義が上記とは異なる．それらは時間に依存した定義や状態に依存して局所的な定義となる[1]-[3]．

態で静止できるわけではないことに注意する．すなわち，$Ax_f + Bu_e = 0$ を満たす u_e が存在しなければ，$\dot{x}(t) = 0$ とすることはできず，状態 $x(t)$ は x_f を通過するのみである．上記の u_e が存在する場合には，$x'(t) = x(t) - x_f, u'(t) = u(t) - u_e$ と状態および入力を変換すれば，$\dot{x}'(t) = Ax'(t) + Bu'(t)$ が成り立ち，$x' = 0$，すなわち，$x = x_f$ を平衡点として扱うことができる．

線形時不変システムが可制御であるための必要十分条件は，以下のように与えられる．

定理 5.1 ·· 可制御性行列と可制御性の必要十分条件

(5.1) 式のシステムが可制御であるための必要十分条件は

$$\operatorname{rank} M_c = n \quad (M_c \text{ が行フルランク}) \tag{5.2}$$

である[注2]．ここで，M_c は**可制御性行列**と呼ばれ，次式で定義される．

可制御性行列

$$M_c = \begin{bmatrix} B & AB & \cdots & A^{n-1}B \end{bmatrix} \in \mathbb{R}^{n \times mn} \tag{5.3}$$

(5.2) 式より，行列 A および B が与えられると，機械的な計算で可制御性を調べることができる[注3]．このことから，システム (5.1) 式が可制御であることを，「(A, B) が可制御である」という．いくつかの例で可制御性の判定を行い，その意味を考えてみよう．

例 5.1 ·· 可制御なシステム (M ファイル "p1c511_ex1.m")

$x(t) = \begin{bmatrix} x_1(t) & x_2(t) \end{bmatrix}^\top \in \mathbb{R}^2, u(t) \in \mathbb{R}$ として，つぎの (A, B) で与えられるシステムを考える．

$$A = \begin{bmatrix} 1 & 0 \\ 1 & 1 \end{bmatrix}, \quad B = \begin{bmatrix} 1 \\ 1 \end{bmatrix} \implies \begin{cases} \dot{x}_1(t) = x_1(t) + u(t) \\ \dot{x}_2(t) = x_1(t) + x_2(t) + u(t) \end{cases} \tag{5.4}$$

このとき，$AB = \begin{bmatrix} 1 & 2 \end{bmatrix}^\top$ であるから，可制御性行列 M_c とそのランクは

$$M_c = \begin{bmatrix} B & AB \end{bmatrix} = \begin{bmatrix} 1 & 1 \\ 1 & 2 \end{bmatrix} \implies \operatorname{rank} M_c = 2 \tag{5.5}$$

と計算される ($n = 2$)．よって，**定理 5.1** よりこのシステムは可制御である[注4]．

[注2] 1 入力 ($m = 1$) であるとき，(5.2) 式は $|M_c| \neq 0$ ($M_c \in \mathbb{R}^{n \times n}$ が正則) と等価である．
[注3] **MATLAB/Control System Toolbox** では，関数 "`ctrb`" により可制御性行列 M_c が計算でき，関数 "`rank`" により行列のランクが計算できる．
[注4] 可制御性の定義においては，任意に大きな入力 $u(t)$ を使用可能なことが前提とされていることに注意する．すなわち，システムが可制御と判定されても入力 $u(t)$ の大きさに制約があれば，$x(t_f) = 0$ を実現できないこともある．たとえば，$x_1(0) = 1$ のとき，$|u(t)| < 1$ という制約があれば，$\dot{x}_1(t) = x_1(t) + u(t)$ より $x_1(t)$ は発散してしまう．

例 5.2 .... 不可制御なシステム (M ファイル "p1c511_ex2.m")

$x(t) = \begin{bmatrix} x_1(t) & x_2(t) & x_3(t) \end{bmatrix}^\top \in \mathbb{R}^3$, $u(t) \in \mathbb{R}$ として,つぎの (A, B) で与えられるシステムを考える.

$$A = \begin{bmatrix} a & 0 & 0 \\ 0 & 0 & 1 \\ 0 & 0 & 0 \end{bmatrix}, \quad B = \begin{bmatrix} 0 \\ 0 \\ 1 \end{bmatrix} \implies \begin{cases} \dot{x}_1(t) = ax_1(t) \\ \dot{x}_2(t) = x_3(t) \\ \dot{x}_3(t) = u(t) \end{cases} \quad (5.6)$$

ここで,a は実数の定数である.このとき,$AB = \begin{bmatrix} 0 & 1 & 0 \end{bmatrix}^\top$, $A^2 B = \begin{bmatrix} 0 & 0 & 0 \end{bmatrix}^\top$ であるから,可制御性行列 M_c とそのランクは

$$M_\mathrm{c} = \begin{bmatrix} B & AB & A^2B \end{bmatrix} = \begin{bmatrix} 0 & 0 & 0 \\ 0 & 1 & 0 \\ 1 & 0 & 0 \end{bmatrix} \implies \operatorname{rank} M_\mathrm{c} = 2 < n \quad (5.7)$$

と計算される ($n = 3$).したがって,**定理 5.1** よりこのシステムは不可制御である.

このシステムが不可制御であることを詳しく見てみよう.(5.6) 式からわかるように,$x_2(t)$ と $x_3(t)$ は入力 $u(t)$ により影響を受けるが,$x_1(t)$ は $u(t)$ に影響されずに自励系の微分方程式 $(\dot{x}_1(t) = ax_1(t))$ に従って遷移する.実際,$(x_2(t), x_3(t))$ を状態変数とする部分システムを考えると,**例 5.1** と同様に部分システムは可制御であることがわかる.すなわち,(5.6) 式の (A, B) で与えられるシステムにおいては,変数 $x_1(t)$ に関する部分システムが不可制御になっている.一般の線形時不変システムの場合でも,適切な座標変換を用いることで,このような不可制御な部分システムと可制御な部分システムに分割可能であることが知られている [5),6)].

さらに,$a < 0$ の場合を考えると,$t \to \infty$ において $x_1(t) \to 0$ となることがわかる.有限時間内での $x_1 = 0$ への到達はできないため不可制御であることに変わりはないが,$t \to \infty$ において $x(t) \to 0$ を達成することが可能である.このように $x = 0$ への安定化が可能である性質を**可安定性**と呼ぶ.

例 5.3 .... アーム型倒立振子の可制御性 (M ファイル "p1c511_ex3_adip.m")

つぎに,アーム型倒立振子の線形化モデル (3.60) 式 (p. 55) を考えよう.状態変数を $x(t) = \begin{bmatrix} \widetilde{\theta}_1(t) & \theta_2(t) & \dot{\widetilde{\theta}}_1(t) & \dot{\theta}_2(t) \end{bmatrix}^\top$ とまとめ,$u(t) = v(t)$ とおくと,(3.60) 式は (5.1) 式の形の状態方程式として表され,行列 A, B は以下のようになる.

$$A = \begin{bmatrix} 0 & 0 & 1 & 0 \\ 0 & 0 & 0 & 1 \\ 0 & 0 & -a_1 & 0 \\ 0 & \dfrac{\alpha_5}{\alpha_2} & \dfrac{\mu_2 + a_1\widetilde{\alpha}_3}{\alpha_2} & -\dfrac{\mu_2}{\alpha_2} \end{bmatrix}, \quad B = \begin{bmatrix} 0 \\ 0 \\ b_1 \\ -\dfrac{b_1\widetilde{\alpha}_3}{\alpha_2} \end{bmatrix} \quad (5.8)$$

ここで，$\widetilde{\alpha}_3 = \alpha_3 \cos\theta_{1e}$ である．上記の (A, B) に対する可制御性行列 M_c を計算し，その行列式を求めると，以下のとおりになる．

$$|M_c| = \frac{b_1^4 \alpha_5}{\alpha_2^4} \{(\alpha_2 + \widetilde{\alpha}_3)\mu_2^2 - \widetilde{\alpha}_3^2 \alpha_5\} \tag{5.9}$$

簡単のため関節摩擦が働かないとして $\mu_2 = 0$ の場合を考えると，

$$|M_c| = -\frac{b_1^4 \widetilde{\alpha}_3^2 \alpha_5^2}{\alpha_2^4} = -\frac{b_1^4 \alpha_3^2 \alpha_5^2}{\alpha_2^4} \cos^2\theta_{1e} \tag{5.10}$$

となる．このとき，$\theta_{1e} \neq \pm\pi/2$ であれば $|M_c| \neq 0$ なので (5.2) 式が成り立ち，線形化システムは可制御である (図 5.1 (a))．一方，$\theta_{1e} = \pm\pi/2$ であれば $|M_c| = 0$ となり，不可制御となる (図 5.1 (b))．1.2 節の図 1.7 (p.6) における説明にあるように，$\theta_{1e} = \pm\pi/2$ では振子に加わる横方向の力が 0 となり，振子の角度 $\theta_2(t)$ を制御できなくなることが理解できるであろう．

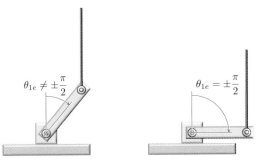

(a) 可制御な平衡状態　　(b) 不可制御な平衡状態

図 5.1　アーム型倒立振子における可制御性判定 ($\mu_2 = 0$：関節摩擦なしの場合)

例 5.4 ········ 台車型並列二重倒立振子の可制御性 (M ファイル "p1c511_ex4_cdip.m")

続いて，図 1.11 (p.7) に示された台車型並列二重倒立振子を考えよう．振子が一つの場合の線形化モデルは，(3.26) 式 (p.44) によって与えられている．二つの振子を振子 1，振子 2 と呼び，それぞれの質量や長さを表す記号に添え字 1 および 2 を付けるとすると，台車型並列二重倒立振子の線形化モデルは，$u(t) = v(t)$ とおいて以下のように表される．

$$\begin{cases} \ddot{z}(t) = -a_c \dot{z}(t) + b_c u(t) \\ \ddot{z}(t) + \alpha_1 \ddot{\theta}_1(t) = -\beta_1 \dot{\theta}_1(t) + g\theta_1(t) \\ \ddot{z}(t) + \alpha_2 \ddot{\theta}_2(t) = -\beta_2 \dot{\theta}_2(t) + g\theta_2(t) \end{cases} \tag{5.11}$$

ここで，

$$\alpha_i = \frac{J_{\mathrm{pi}} + m_{\mathrm{pi}} l_{\mathrm{pi}}^2}{m_{\mathrm{pi}} l_{\mathrm{pi}}}, \ \beta_i = \frac{\mu_{\mathrm{pi}}}{m_{\mathrm{pi}} l_{\mathrm{pi}}} \ (i = 1, 2) \tag{5.12}$$

である. (5.11) 式より, 状態変数を $x(t) = \begin{bmatrix} z(t) & \theta_1(t) & \theta_2(t) & \dot{z}(t) & \dot{\theta}_1(t) & \dot{\theta}_2(t) \end{bmatrix}^\top$ とまとめると, 例 5.3 と同様に行列 $A \in \mathbb{R}^{6 \times 6}$ および行列 $B \in \mathbb{R}^{6 \times 1}$ が得られる. 得られた A, B より可制御性行列 M_{c} を計算し, その行列式をつぎのように求めることができる.

$$|M_{\mathrm{c}}| = \frac{b_{\mathrm{c}}^6 g^5}{\alpha_1^6 \alpha_2^6} \{ g(\alpha_1 - \alpha_2)^2 + (\beta_1 - \beta_2)(\alpha_1 \beta_2 - \alpha_2 \beta_1) \} \tag{5.13}$$

この計算はやや煩雑であるが, 興味のある読者は, MATLAB/Symbolic Math Toolbox などを使って確認されたい.

(5.13) 式より, その右辺が 0 でない場合は線形化システムは可制御であり, 0 となる場合は不可制御である. すなわち, 二つの振子の物理パラメータが $|M_{\mathrm{c}}| = 0$ を満たすような特殊な関係をもつとき, 台車型並列二重倒立振子は不可制御となる.

具体的に, 振子 1 は 3.2 節の表 3.5 (a), (c) (p.44) に示されている振子のパラメータをもち, 振子 2 は振子 1 の長さが 1.2 倍になったとして, $J_{\mathrm{p2}} = (1.2)^3 J_{\mathrm{p1}}$, $m_{\mathrm{p2}} = 1.2 m_{\mathrm{p1}}, l_{\mathrm{p2}} = 1.2 l_{\mathrm{p1}}, \mu_{\mathrm{p2}} = \mu_{\mathrm{p1}}$ が成り立つとしよう. この場合, $|M_{\mathrm{c}}| \neq 0$ と計算され, 可制御となる (図 5.2 (a)).

また, 振子 2 が振子 1 と全く同一のパラメータをもつとすると, $\alpha_1 = \alpha_2, \beta_1 = \beta_2$ であり, (5.13) 式より $|M_{\mathrm{c}}| = 0$ となるため, 不可制御となる (図 5.2 (b)). すなわち, 同じ特性をもつ二つの振子を一つの入力 $u(t)$ では制御できないことになる. これは, (5.11) 式からもつぎのように確認できる. (5.11) 式の第 2 式から第 3 式を引くと, $\alpha_1 = \alpha_2, \beta_1 = \beta_2$ であるから,

$$\alpha_1(\ddot{\theta}_1(t) - \ddot{\theta}_2(t)) = -\beta_1(\dot{\theta}_1(t) - \dot{\theta}_2(t)) + g(\theta_1(t) - \theta_2(t)) \tag{5.14}$$

が成り立つ. すなわち, $\theta_1(t) - \theta_2(t)$ は入力 $u(t)$ によらずに (5.14) 式に応じて時間変化することとなり, 不可制御である.

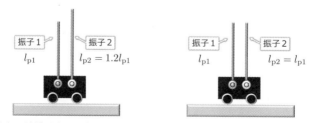

(a) 可制御な振子の組み合わせ例　　(b) 不可制御な振子の組み合わせ例

図 5.2　台車型並列二重倒立振子における可制御性判定

5.1 可制御性

これらの例のように (5.2) 式の必要十分条件によって可制御性を判定できる．それでは，なぜ (5.2) 式により可制御性が判定できるのだろうか．厳密な証明は文献 5)–7) などを参照いただくとして，ここでは可制御となるイメージを簡単に説明する．まず，状態方程式 (5.1) 式の解 $x(t)$ は，(4.19) 式 (p. 64) で述べられたように

$$x(t) = e^{At}x_0 + \int_0^t e^{A(t-\tau)}Bu(\tau)d\tau \tag{5.15}$$

のように表される．ここで，I を単位行列として，状態遷移行列 e^{At} が

$$e^{At} = I + At + \frac{t^2}{2!}A^2 + \cdots + \frac{t^k}{k!}A^k + \cdots \tag{5.16}$$

と書けること，さらに，Cayley-Hamilton（ケイリー・ハミルトン）の定理より A^l ($l \geq n$) は $I, A, \ldots, A^{n-1}$ の線形和で書ける[8)] ことを用いると，(5.15) 式は，

$$x(t) = e^{At}x_0 + Ba_1(t) + ABa_2(t) + \cdots + A^{n-1}Ba_n(t) \tag{5.17}$$

と書きなおせる．ここで，$a_i(t)$ ($i = 1, 2, \ldots, n$) は $u(\tau)$ の積分を含む係数である．つまり，(5.2) 式の条件は，うまく $u(\tau)$ を選んで $a_i(t)$ の値を自在に変えられれば，$x(t)$ を n 次元空間の任意の方向に変化可能であることを述べている．

5.1.2 可制御正準形

ここでは，可制御であるということをより理解するために，**可制御正準形**について触れてみよう．簡単のため，可制御な 1 入力の線形時不変システムの場合のみを考える．不可制御な部分システムを含む場合や多入力の場合については文献 5)–7) などを参照されたい．

定理 5.2 .... 可制御正準形

1 入力の線形時不変システム (5.1) 式が可制御である（可制御性行列 $M_c \in \mathbb{R}^{n \times n}$ が正則である）とき，正則な行列

$$T = (M_c U)^{-1} = U^{-1}M_c^{-1} \in \mathbb{R}^{n \times n} \tag{5.18}$$

$$|\lambda I - A| = \lambda^n + \alpha_{n-1}\lambda^{n-1} + \cdots + \alpha_1\lambda + \alpha_0$$

$$U = \begin{bmatrix} \alpha_1 & \alpha_2 & \cdots & \alpha_{n-1} & 1 \\ \alpha_2 & \alpha_3 & \cdot^{\cdot^{\cdot}} & 1 & 0 \\ \vdots & \cdot^{\cdot^{\cdot}} & \cdot^{\cdot^{\cdot}} & \cdot^{\cdot^{\cdot}} & \vdots \\ \alpha_{n-1} & 1 & \cdot^{\cdot^{\cdot}} & 0 & 0 \\ 1 & 0 & \cdots & 0 & 0 \end{bmatrix} \in \mathbb{R}^{n \times n}$$

によって $\xi(t) = Tx(t) \in \mathbb{R}^n$ と座標変換すると，(5.1) 式は

可制御正準形

$$\dot{\xi}(t) = \widehat{A}\xi(t) + \widehat{B}u(t) \tag{5.19}$$

$$\widehat{A} = TAT^{-1} = \begin{bmatrix} 0 & 1 & 0 & \cdots & 0 \\ 0 & 0 & 1 & \cdots & 0 \\ \vdots & \vdots & \ddots & \ddots & \vdots \\ 0 & 0 & \cdots & 0 & 1 \\ -\alpha_0 & -\alpha_1 & -\alpha_2 & \cdots & -\alpha_{n-1} \end{bmatrix}, \quad \widehat{B} = TB = \begin{bmatrix} 0 \\ 0 \\ \vdots \\ 0 \\ 1 \end{bmatrix}$$

に変換される[5),6),9)].

この定理より，座標変換後のシステムにおいては，

$$\dot{\xi}_1(t) = \xi_2(t), \ \dot{\xi}_2(t) = \xi_3(t), \ \ldots, \ \dot{\xi}_{n-1}(t) = \xi_n(t), \tag{5.20}$$

$$\dot{\xi}_n(t) = -\alpha_0\xi_1(t) - \alpha_1\xi_2(t) - \cdots - \alpha_{n-1}\xi_n(t) + u(t) \tag{5.21}$$

が成り立っている．状態変数 $\xi_n(t)$ は，係数 α_{i-1} によって状態変数 $\xi_i(t)$ の影響を受けるものの，入力 $u(t)$ によって直接その値を操作できることがわかる $(i = 1, \ldots, n)$．そして，状態変数 $\xi_{n-1}(t)$ は $\xi_n(t)$ を積分することで，状態変数 $\xi_{n-2}(t)$ は $\xi_{n-1}(t)$ を積分することで，といったぐあいに積分を繰り返すことによって，ほかの状態変数 $\xi_i(t)$ が決定される．入力 $u(t)$ によって $\xi_n(t)$ を操作すれば，その積分である $\xi_{n-1}(t)$ の値が操作できるし，そうすると $\xi_{n-1}(t)$ の積分である $\xi_{n-2}(t)$ の値も操作できる．さらに繰り返して，$\xi_1(t)$ の値も操作可能であることがわかるであろう．このように，可制御なシステムの本質的な構造は，入力によって直接操作される状態変数とそれを繰り返し積分することによって得られる状態変数から成っている．

例 5.5 ・・・・・・・・・・・・・・・・・・・・・・・・・・ 可制御正準形への変換 (M ファイル "p1c512_ex5.m")

例 5.1 (p.77) で示した可制御なシステム (5.4) 式に対して，定理 5.2 により可制御正準形に変換できることを確認しておこう．A の特性多項式および U, M_c は

$$|\lambda I - A| = \lambda^2 + \alpha_1\lambda + \alpha_0, \quad \alpha_1 = -2, \quad \alpha_0 = 1 \tag{5.22}$$

$$U = \begin{bmatrix} \alpha_1 & 1 \\ 1 & 0 \end{bmatrix} = \begin{bmatrix} -2 & 1 \\ 1 & 0 \end{bmatrix}, \quad M_c = \begin{bmatrix} B & AB \end{bmatrix} = \begin{bmatrix} 1 & 1 \\ 1 & 2 \end{bmatrix} \tag{5.23}$$

なので，変換行列 T および座標変換は

$$T = (M_c U)^{-1} = \begin{bmatrix} -1 & 1 \\ 0 & 1 \end{bmatrix} \tag{5.24}$$

$$\xi(t) = Tx(t) \quad \Longrightarrow \quad \begin{cases} \xi_1(t) = -x_1(t) + x_2(t) \\ \xi_2(t) = x_2(t) \end{cases} \tag{5.25}$$

となる．このとき，座標変換後の行列 $\widehat{A}$ および $\widehat{B}$ は

$$\widehat{A} = TAT^{-1} = \begin{bmatrix} 0 & 1 \\ -1 & 2 \end{bmatrix}, \quad \widehat{B} = TB = \begin{bmatrix} 0 \\ 1 \end{bmatrix} \tag{5.26}$$

のように計算される．すなわち，新しい座標では，

$$\begin{cases} \dot{\xi}_1(t) = \xi_2(t) \\ \dot{\xi}_2(t) = -\xi_1(t) + 2\xi_2(t) + u(t) \end{cases} \tag{5.27}$$

であり，可制御正準形となっていることが確認できる．

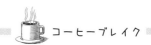

　上述のとおり，可制御な線形時不変システムでは，入力 u によって直接操作可能な状態変数の積分によってほかの状態変数の変化が決まるという構造をもつ．各状態変数は積分によって関係付けられているため，各時刻でそれぞれを独立に操作できるわけではない．直感的には，うまく入力を選べば，すべての状態変数を終端時刻で目標値に移動させることができそうだが，具体的にはどのように選べばよいだろうか？これはいい換えると，(5.17) 式において，係数 a_i の値を自由に操作することに対応する．たとえば，AB の方向に状態 $x(t)$ を移動させたければ，a_2 に値をもたせたいが，入力 u によって状態を変化させる限り B の方向にも (少なくとも一旦は) 動くはずである．どのような入力 $u(\tau)$ を選べば，係数 a_2 のみに値をもたせることができるかを幾何学的に考えてみよう．
　時刻 $t=0$ で $x(0) = x_0$ の状態から，ある一定の入力 u_0 を時間 Δt だけ加えた後，つづけて $-u_0$ を時間 Δt だけ加えるとする．(5.15) 式から，

$$x(\Delta t) = e^{A\Delta t}x_0 + Bu_0\Delta t + \frac{1}{2}ABu_0\Delta t^2 + O(\Delta t^3) \tag{5.28}$$

が得られ，同様に，

$$\begin{aligned} x(2\Delta t) &= e^{A\Delta t}x(\Delta t) - Bu_0\Delta t - \frac{1}{2}ABu_0\Delta t^2 + O(\Delta t^3) \\ &= e^{2A\Delta t}x_0 + ABu_0\Delta t^2 + O(\Delta t^3) \end{aligned} \tag{5.29}$$

と計算される．したがって，近似的に a_2 のみに値をもたせることができた．すなわち，$u = 0$ のときに $\dot{x} = Ax$ に従って初期値 x_0 から遷移する分 (零入力応答であり，(5.29) 式では $e^{2A\Delta t}x_0$ の項に対応する) を除いて，x を近似的に ABu_0 の方向に動かせたことになる．
　この様子の幾何学的なイメージ図を図 5.3 に示す．零入力応答の軌跡と比較すると，$0 \le t \le \Delta t$ では，入力 $u = u_0$ によって Bu_0 の方向に状態 x が変化する．この結果，$t = \Delta t$ では，Ax の項が，零入力応答の場合と比べて $ABu_0\Delta t$ だけ変化している．ここで，入力 $u = -u_0$ ($\Delta t \le t \le 2\Delta t$) によって $-Bu_0$ 方向に状態 x を戻すと，(5.29) 式に示したとおり，$ABu_0\Delta t^2$ の変化が残ることになる．同様な入力の切替を繰り返し行えば，A^kBu_0 の方向にも変化させることができる．すなわち，可制御性の条件である (5.2) 式が

成り立てば，n 次元空間の任意の方向に状態 x を移動可能となる．このような幾何学的な考え方は，Lie 括弧積を用いて非線形システムの可制御性を扱う場合と共通である[2),3)]．

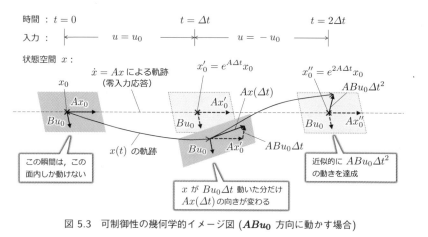

図 5.3 可制御性の幾何学的イメージ図 (ABu_0 方向に動かす場合)

5.2 状態フィードバック制御

5.2.1 フィードフォワード制御とフィードバック制御

線形時不変システム (5.1) 式が可制御であるとき，$x(t_f) = x_f \ (= 0)$ を達成するための操作量 $u(t)$ を構成する方法を考えよう．大きく分けて，二つの方法がある[4)]．

- フィードフォワード制御：解 $x(t)$ が (5.15) 式で与えられることから，$x(t_f)$ が目標値 $x_f \ (= 0)$ になる $u(t) \ (0 \le t \le t_f)$ をあらかじめ計算して制御対象に加える方法である (図 5.4)．モデル化誤差や外乱がなければ，目標値 x_f を達成できるが，通常は，誤差および外乱のため，目標値 x_f からずれてしまう．

図 5.4 フィードフォワード制御

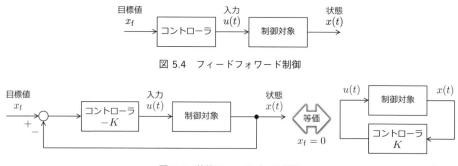

図 5.5 状態フィードバック制御

- **フィードバック制御**：制御対象をセンサ等で観測し，得られた観測量と目標状態からオンラインで操作量 $u(t)$ を構成する方法である．とくに，状態変数すべてを観測する場合を状態フィードバックという（図 5.5）．目標状態からのずれをフィードバックすることにより，モデル化誤差や外乱の影響をある程度抑制することが期待できる．

線形時不変システムの場合，コントローラである**状態フィードバック則**は，図 5.5 にも示したとおり，**フィードバックゲイン**と呼ばれる行列 $K \in \mathbb{R}^{m \times n}$ を用いて，つぎの形で与えられることが一般的である．

状態フィードバックコントローラ
$$u(t) = Kx(t) \tag{5.30}$$

このとき，(5.1) 式は以下のように書きなおせる．

$$\dot{x}(t) = \widetilde{A}x(t), \quad \widetilde{A} = A + BK \tag{5.31}$$

すなわち，フィードバック制御されたシステムは，4.3 節の (4.33) 式 (p.71) と同じ形の線形システムとなり，定理 4.2 (p.71) により大域的な漸近安定性が判別可能である．

5.2.2 極配置法

行列 $\widetilde{A}$ の固有値は**極**と呼ばれる．**極配置法**とは，制御系の安定性や応答を考えて，極を複素平面の左半平面上の適切な位置に配置するようゲイン K を選ぶことである．可制御なシステム (5.1) 式に対しては，つぎの定理が知られている[5),6)]．

定理 5.3 ……………………………………………………… 可制御性と $A+BK$ の極配置

線形時不変システム (5.1) 式において，(5.30) 式による状態フィードバックによって任意の極配置が可能である ($A+BK$ の固有値を任意に指定できる) ための必要十分条件は，システム (5.1) 式が可制御であることである．

ここで，行列 $\widetilde{A}$ の固有値について簡単に説明しておこう．行列 $\widetilde{A}$ の固有値は特性方程式 $|\lambda I - \widetilde{A}| = 0$ の解として得られる．すなわち，$\widetilde{A}$ の固有値を $\lambda = \lambda_1, \ldots, \lambda_n$ と表すと，

$$|\lambda I - \widetilde{A}| = (\lambda - \lambda_1) \cdots (\lambda - \lambda_n) \tag{5.32}$$

が成り立つ．固有値 λ_i $(i=1,\ldots,n)$ とその固有ベクトルが求まれば，微分方程式 $\dot{x}(t) = \widetilde{A}x(t)$ の解 $x(t) = e^{\widetilde{A}t}x_0$ を陽に表現可能である[5),8)]．$\widetilde{A}$ が対角化可能な場合は，$e^{\lambda_i t}$ の線形和で解が表されるし，$\widetilde{A}$ が対角化できない場合は，$e^{\lambda_i t}$, $te^{\lambda_i t}$ などの線形和で解が表される．いずれの場合でも，λ_i の実部が負であれば 0 に収束するため，$t \to \infty$ のとき，$x(t) \to 0$ が成り立ち，定理 4.2 (p.71) に述べられたとおり漸近安定となる．

上記の定理 5.3 は，(A, B) が可制御であれば，極 $\lambda_1, \ldots, \lambda_n$ を $s_1, \ldots, s_n$ にしたい場合，つぎの特性方程式を満たす行列 K が存在することを保証している．

$$|\lambda I - (A + BK)| = (\lambda - s_1) \cdots (\lambda - s_n) \tag{5.33}$$

本書では定理の証明は述べないが，1 入力の場合の可制御正準形 (5.19) 式に対しては，任意の極配置が可能であることを簡単に確認できる．状態フィードバックコントローラ

$$u(t) = \widehat{K}\xi(t), \quad \widehat{K} = \begin{bmatrix} \widehat{k}_1 & \cdots & \widehat{k}_n \end{bmatrix} \tag{5.34}$$

を施すと，システムの特性方程式は以下のように計算される．

$$|\lambda I - (\widehat{A} + \widehat{B}\widehat{K})| = \lambda^n + (\alpha_{n-1} - \widehat{k}_n)\lambda^{n-1} + \cdots + (\alpha_1 - \widehat{k}_2)\lambda + (\alpha_0 - \widehat{k}_1) \tag{5.35}$$

したがって，(5.35) 式の右辺の各係数を

$$(\lambda - s_1) \cdots (\lambda - s_n) = \lambda^n + \delta_{n-1}\lambda^{n-1} + \cdots + \delta_1\lambda + \delta_0 \tag{5.36}$$

の右辺の各係数が一致するように $\widehat{k}_i = \alpha_{i-1} - \delta_{i-1}$ $(i = 1, \ldots, n)$ と選べば，$\widehat{A} + \widehat{B}\widehat{K}$ の極を $s_1, \ldots, s_n$ に配置できる．定理 5.2 (p.81) に従い，可制御正準形への変換が $\xi(t) = Tx(t)$ で与えられるとすると，上記によって可制御正準形に対するゲイン $\widehat{K}$ を設計すれば，

$$u(t) = \widehat{K}\xi(t) = \widehat{K}Tx(t) \tag{5.37}$$

より元のシステムに対するゲインは $K = \widehat{K}T$ となる．このとき，

$$\begin{aligned} |\lambda I - (\widehat{A} + \widehat{B}\widehat{K})| &= |T\{\lambda I - (A + BK)\}T^{-1}| \\ &= |\lambda I - (A + BK)| \end{aligned} \tag{5.38}$$

であることより，元の $x(t)$ に対するシステムにおいても，同じ極をもつことが確認できる．したがって，可制御正準形でないシステムに対しても任意の極配置が可能である．

例 5.6 .... 極配置 (M ファイル "p1c522_ex6.m")

例 5.1 (p.77) で示した (5.4) 式のシステムで確認してみよう．$K = \begin{bmatrix} k_1 & k_2 \end{bmatrix}$ とおくと，(5.33) 式より

$$|\lambda I - (A + BK)| = \lambda^2 - (k_1 + k_2 + 2)\lambda + (1 + k_1) \tag{5.39a}$$
$$(\lambda - s_1)(\lambda - s_2) = \lambda^2 - (s_1 + s_2)\lambda + s_1 s_2 \tag{5.39b}$$

を得る．したがって，

$$k_1 + k_2 + 2 = s_1 + s_2, \quad 1 + k_1 = s_1 s_2 \tag{5.40}$$

となり，極を s_1, s_2 とするフィードバックゲインは

$$K = \begin{bmatrix} s_1 s_2 - 1 & s_1 + s_2 - s_1 s_2 - 1 \end{bmatrix} \quad (5.41)$$

と求められる.

このように, 1 入力の可制御な線形時不変システムに対しては, 指定した極から行列 K を一意に計算することができる. 可制御正準形に変換せずに K を計算する方法としては, Ackermann の方法が知られている [9),10]. MATLAB/Control System Toolbox では, Ackermann の方法による極配置を実現する関数として "acker" が用意されている. 一方, 一般の多入力システムに対しては, (5.33) 式からゲイン K が一意に決まらない. 多入力の場合を含めて K を計算する方法としては, 疋田らの方法 [5),11] や行列 A, B の誤差に対するロバスト性を考慮した方法 [12] が挙げられる. MATLAB では, 後者の方法に基づき, A, B および $s_1, \ldots, s_n$ を与えたときのゲイン K を計算する関数 "place" が用意されている.

例 5.7 アーム型倒立振子の極配置法によるコントローラ設計

例 5.3 のアーム型倒立振子の線形化システム (5.8) 式に対して, "place" を用いてゲイン K を設計する M ファイルは以下のようになる.

```
M ファイル "p1c522_ex7_adip_place.m"
1   adip_para           ……… 配布する "iptools" に含まれる M ファイル "adip_para.m" の実行
2   theta_1e = pi/4;    ……… 平衡点を θ_1e = π/4 に設定
3   A = [ 0  0  1  0
4         0  0  0  1
5         0  0 -a1 0
6         0  alpha5/alpha2  (mu2+a1*alpha3*cos(theta_1e))/alpha2  -mu2/alpha2 ];
7   B = [ 0                 ……… (5.8) 式 (p.78) の A の定義
8         0
9         b1
10       -b1*alpha3*cos(theta_1e)/alpha2 ];
11  s = [-2 -2.5 -3 -3.5];  ……… 極の指定
12  K = - place(A,B,s)      ……… ゲイン K の計算 ("place" の代わりに "acker" でもよい)
```

ここで, アームの平衡状態として $\theta_{1e} = \pi/4$ [rad] を考え, そのまわりでの線形化システムを対象とした. なお,

- 関数 "place", "acker" では本書での $-K$ が計算される
- 関数 "place" では B のランクを超える固有値の重複は許されない
- 関数 "acker" は 1 入力システムにしか利用できないが, 固有値の重複に制約はない

ことに注意する. M ファイル "p1c522_ex7_adip_place.m" を実行すると,

```
K =
    0.0824    8.3343    0.5223    1.2505
```

という結果が得られる.

図 5.6 極配置の指針

以上のように,可制御な線形時不変システムでは状態フィードバックによって任意の極配置が可能である.ただし,一般には行列 $\widetilde{A}$ の極 (固有値) を任意に配置できても,対応する固有ベクトルを任意に選べるわけではないことに注意する.たとえば,例 5.6 において,$s_1 = s_2 = -2$ と選んでも,$A + BK = -2I$ となることはなく,$A + BK$ は Jordan 標準形 (正準形) に相似な行列となる.すなわち,rank$\begin{bmatrix} B & AB \end{bmatrix} = 2$ で可制御になるというシステムの可制御構造は不変である.

このように極の値だけで制御されたシステムの挙動が決まるわけではないが,極の値を選ぶための一般的な指針は以下のとおりである.極の実部を負の大きな値に取れば,目標値への収束を速くすることができる (図 5.6).ただし,その分,ゲイン K が大きくなり,必要な入力 $u(t)$ が増大することが多い.一方,極の虚部によって,状態 $x(t)$ の振動的応答を操作できる.実部の大きさに対して虚部の大きさを小さくすることで過大なオーバーシュートを抑制できるが,ある程度の大きさの虚部を与えることで,出力など一部の状態変数の応答を速くすることが可能である[4].

5.2.3 最適レギュレータ

状態 $x(t)$ の目標値への収束を速くしつつ,入力 $u(t)$ の大きさも小さく抑えたい.極配置法では,シミュレーションや実験によって状態の応答や入力値を確認しながら状態フィードバック則を設計する必要があり,応答や入力の明確な評価に基づいた設計法とはいえない.これに対して,2 次形式評価関数

最適レギュレータ問題における評価関数

$$J = \int_0^\infty (x(t)^\top Q x(t) + u(t)^\top R u(t)) dt \tag{5.42}$$

を最小化する状態フィードバック則を求める問題は,**最適レギュレータ問題**と呼ばれる.(5.42) 式において,積分内部の第 1 項が状態 $x(t)$ の大きさを評価する項であり,第 2 項が入力 $u(t)$ の大きさを評価する項である.重み行列 $Q \in \mathbb{R}^{n \times n}, R \in \mathbb{R}^{m \times m}$ は正定

な定数対称行列であり[注5]，これら二つの評価に対する重みを与えるパラメータである．たとえば，$Q = \mathrm{diag}\{q_1, \ldots, q_n\}$ $(q_i > 0)$，$R = \mathrm{diag}\{r_1, \ldots, r_m\}$ $(r_i > 0)$ のように重み行列を対角行列に選んだ場合，$q_i > 0$ を大きくすれば $x_i(t)$ の二乗積分を，$r_i > 0$ を大きくすれば $u_i(t)$ の二乗積分を小さくすることを重視することになる．

この最適レギュレータ問題に対して以下の定理が知られている．

定理 5.4 .... 最適レギュレータの解

可制御な線形時不変システム (5.1) 式に対して，(5.42) 式の評価関数 J を最小にする入力 $u(t)$ は以下の状態フィードバック則として与えられる．

最適レギュレータによる状態フィードバックコントローラ
$$u(t) = Kx(t), \quad K = -R^{-1}B^\top P \tag{5.43}$$

ここで，$P = P^\top$ はつぎの Riccati 方程式（リカッチ）を満たす唯一の実正定対称行列である．

Riccati 方程式
$$A^\top P + PA - PBR^{-1}B^\top P + Q = 0 \tag{5.44}$$

また，(5.43) 式の $u(t)$ を用いたときの評価関数の値は，$J = x(0)^\top P x(0)$ となる．

Riccati 方程式の解 $P \succ 0$ が存在することは認めるとして，厳密さにこだわらずに上記の定理を説明しよう．まず，$V(x(t)) = x(t)^\top P x(t)$ なる正定関数を考えると，(5.43) 式の $u(t)$ を用いた場合，

$$\dot{V}(x) = x^\top (A^\top P + PA - 2PBR^{-1}B^\top P)x = x^\top(-Q - PBR^{-1}B^\top P)x \tag{5.45}$$

となり，$Q \succ 0, R \succ 0$ より $Q + PBR^{-1}B^\top P \succ 0$ なので，$\dot{V}(x)$ は負定関数となる．したがって，$V(x)$ は Lyapunov 関数であり，**定理 4.1** (p.70) より，$t \to \infty$ で $x(t) \to 0$ となる．つぎに，何らかの状態フィードバックにより $x(t) \to 0$ となると仮定すると，(5.42) 式は

$$J = x(0)^\top P x(0) + \int_0^\infty (u + R^{-1}B^\top Px)^\top R(u + R^{-1}B^\top Px)dt \tag{5.46}$$

のように書きかえることができる．ここで，(5.44) 式の Riccati 方程式を用いれば，

$$x^\top Qx + u^\top Ru = -\frac{d}{dt}(x^\top Px) + (u + R^{-1}B^\top Px)^\top R(u + R^{-1}B^\top Px) \tag{5.47}$$

となることを用いた．(5.46) 式より，(5.43) 式の $u(t)$ が J を最小化し，その値は $x(0)^\top P x(0)$ となることがわかる．

[注5] $(Q_\circ, A)$ が可観測となる $Q_\circ$ を用いて $Q = Q_\circ^\top Q_\circ$ のように重み行列を選んだ場合，$Q = Q^\top$ は正定でなくても半正定であればよい．なお，可観測性の判別条件については**第 7 章** (p.106) で説明する．

(5.43) 式により制御則を設計するためには，Riccati 方程式 (5.44) 式の解 P を求めればよい．MATLAB/Control System Toolbox には，P を計算してくれる関数 "care" やゲイン $K\ (= -R^{-1}B^\top P)$ を計算してくれる関数 "lqr" が用意されており，容易に最適レギュレータを構成することができる．

例 5.8 ·· アーム型倒立振子の最適レギュレータによる制御

極配置法のときと同様に，例 5.3 のアーム型倒立振子の線形化システム (5.8) 式に対して，関数 "lqr" を用いて最適レギュレータを設計しよう．そのための M ファイルを以下に示す．

```
M ファイル "p1c523_ex8_adip_lqr.m"
     ⋮    "p1c522_ex7_adip_place.m" (p.87) の 1〜10 行目と同様
 11  Q = diag([10 10 1 1]);   ········ Q = Q^⊤ = diag{10,10,1,1} ≻ 0 の設定
 12  R = 1;                   ········ R = 1 > 0 の設定
 13  K = - lqr(A,B,Q,R)       ········ ゲイン K の計算
```

M ファイル "p1c523_ex8_adip_lqr.m" を実行すると，以下の結果を得る．

```
K =
    3.1623   42.7134    2.6853    6.7722
```

この計算では，重み行列 Q を $\mathrm{diag}\{10, 10, 1, 1\}$ とし，重み R を 1 としている．また，関数 "place" や "acker" と同様に，関数 "lqr" では本書での $-K$ が計算されることに注意する．

それでは，最適レギュレータによるアーム型倒立振子の挙動を数値シミュレーションによって確認しておこう．とくに，重み Q, R を変化させることで，制御系の挙動が変化することを確認するため，以下の三つの場合を考える．

- Case 1 : $Q = \mathrm{diag}\{10, 10, 1, 1\}$, $R = 1$
  $\Longrightarrow K = \begin{bmatrix} 3.1623 & 42.7134 & 2.6853 & 6.7722 \end{bmatrix}$
- Case 2 : $Q = \mathrm{diag}\{10, 10, 1, 1\}$, $R = 10$
  $\Longrightarrow K = \begin{bmatrix} 1.0000 & 22.9454 & 1.3401 & 3.6184 \end{bmatrix}$
- Case 3 : $Q = \mathrm{diag}\{20, 10, 1, 1\}$, $R = 1$
  $\Longrightarrow K = \begin{bmatrix} 4.4721 & 48.0565 & 3.1726 & 7.6062 \end{bmatrix}$

Case 1 に対するゲイン K は上記で求めた．Case 2 は，Case 1 に対して重み R を 1 から 10 に変更した場合であり，Case 3 は，Case 1 に対して重み Q の (1,1) 成分を 10 から 20 に変更した場合であり，M ファイルを修正することで同様にゲイン K を求めることができる．それぞれの Case に対して非線形シミュレーション[注6]

[注6] アーム型倒立振子の非線形モデル (3.58) 式 (p.54) に対して，状態フィードバックコントローラ (5.43) 式を施し，Simulink により非線形シミュレーションを行っている．第 1 章で述べられたサンプリングなどの影響については，第 8 章 (p.119) を参照されたい．

を行った結果を図 5.7 に示す (M ファイル "p1c523_ex8_adip_lqr_plot.m").
ただし，初期状態は $x(0) = \begin{bmatrix} \tilde{\theta}_1(0) & \theta_2(0) & \dot{\tilde{\theta}}_1(0) & \dot{\theta}_2(0) \end{bmatrix}^\top = \begin{bmatrix} -\theta_{1e} & 0 & 0 & 0 \end{bmatrix}^\top$
($\begin{bmatrix} \theta_1(0) & \theta_2(0) & \dot{\theta}_1(0) & \dot{\theta}_2(0) \end{bmatrix}^\top = \begin{bmatrix} 0 & 0 & 0 & 0 \end{bmatrix}^\top$) と設定した．各 Case とも，$\theta_1(t)$
および $\theta_2(t)$ はそれぞれの目標状態である $\theta_{1e} = \pi/4\,[\mathrm{rad}] = 45\,[\mathrm{deg}]$ および 0 に
収束し，入力 $u(t)$ も状態の収束に伴い 0 に収束している．

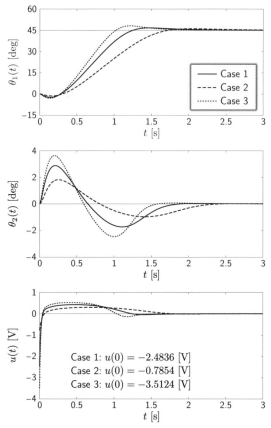

図 5.7　アーム型倒立振子の最適レギュレータによる制御 (非線形シミュレーション)

Case 1 (図 5.7 中の実線) と Case 2 (図 5.7 中の破線) を比較すると，R を大きくすることで，入力 $u(t)$ が小さく抑えられているが，一方で，状態 $x(t)$ の収束は遅くなっていることが確認できる．このように，状態 $x(t)$ の収束を速めることと入力 $u(t)$ の大きさを小さく抑えることはトレードオフの関係にあるが，最適レギュレータでは，それを重み Q と R を変更することで操作可能である．

Case 1 (図 5.7 中の実線) と Case 3 (図 5.7 中の点線) を比較すると，Q の $(1,1)$
成分を大きくすることで，$\theta_1(t)$ がより速く目標角度付近に到達しているが，一方

で，$\theta_2(t)$, $u(t)$ の変動が大きくなっていることがわかる．このように，重み Q の成分を変えることで，状態変数間の挙動に差を付けることも可能である．

このアーム型倒立振子の例では，あくまで線形化システムに対して最適レギュレータを構築していることに注意する．元のシステムは非線形であり，線形化システムはその目標状態である平衡点付近で元のシステムを近似したものである．よって，状態が平衡点から大きく離れた場合には，得られた制御系の挙動は期待どおりになるとは限らない．線形化システムに基づき制御系設計をする場合は，対象システムの非線形性の強さを考慮して，線形近似が有効となる状態変数の領域に注意する必要がある．

最適レギュレータのようにある評価関数を最小にする操作量を求める制御問題は**最適制御問題**と呼ばれ，**変分法**や**動的計画法**により定式化され広く研究されている[13]．線形システムに対しては，終端時刻固定や時変システムの場合にも制御系設計の理論が整理されている[5),6)]．さらに近年では，非線形システムに対する実時間最適制御もその理論と実践が進んでいる[14]．

第 5 章の参考文献

1) C.-T. Chen: Linear System Theory and Design, Holt, Rinehart & Winston (1984)
2) 石島辰太郎ほか：非線形システム論，コロナ社 (1993)
3) 美多 勉：非線形制御入門 ──劣駆動ロボットの技能制御論──，昭晃堂 (2000)
4) 杉江俊治，藤田政之：フィードバック制御入門，コロナ社 (1999)
5) 吉川恒夫，井村順一：現代制御論，コロナ社 (2014)
6) 有本 卓：岩波講座 応用数学 システムと制御の数理，岩波書店 (1999)
7) 鈴木 隆，板宮敬悦：例題で学ぶ現代制御の基礎，森北出版 (2011)
8) 笠原晧司：微分方程式の基礎，朝倉書店 (1982)
9) 川田昌克：**MATLAB/Simulink** による現代制御入門，森北出版 (2011)
10) J. E. Ackermann: On the Synthesis of Linear Control Systems with Specified Characteristics, Automatica, Vol. 13, No. 1, pp. 89–94 (1977)
11) 疋田弘光，小山昭一，三浦良一：極配置問題におけるフィードバックゲインの自由度と低ゲインの導出，計測自動制御学会論文集，Vol. 11, No. 5, pp. 556–560 (1975)
12) J. Kautsky, N. K. Nichols and P. Van Dooren: Robust Pole Assignment in Linear State Feedback, Int. J. Control, Vol. 41, No. 5, pp. 1129–1155 (1985)
13) A. E. Bryson, Jr. and Y.-C. Ho: Applied Optimal Control, Taylor & Francis (1975)
14) 大塚敏之：非線形最適制御入門，コロナ社 (2011)

第6章
内部モデル原理とサーボ系

澤田 賢治

制御工学が産業応用に多大な貢献を与えている技術の一つがサーボ技術である．本章では，サーボ系構築のための基礎理論である内部モデル原理の基礎を伝達関数表現と状態空間表現の両方から説明する．

6.1 制御技術としてのサーボ系

追従制御とは制御対象の出力 (制御量) を目標値に追従させることである．図 6.1 に示す自動車の例からわかるように，追従制御では目標値と制御量との差 (追従偏差) に注目し，定常状態の追従偏差 (定常偏差) を 0 にすることが望ましい．このとき，目標値がステップ信号やランプ信号のように線形微分方程式の基本解で表現されるような制御系を**サーボ系**と呼ぶ．サーボ系は工作機械やロボットアームの位置決め機構を実現するために必要不可欠な制御技術である．

理想的なサーボ系はフィードフォワード制御系である．図 6.2 の上側 (理想) において，操作量を制御対象の数式モデルに基づきコントローラに逆算させるとする．モデルが正確ならば，望ましいサーボ特性が期待できる．しかしながら，図 6.2 の下側 (現実) のように，制御対象のモデルには経年劣化などによるモデル化誤差が存在する．モデルに現れない外乱も存在し得る．これらの諸問題に対応するには，フィードバック型のサーボ系を構成する必要がある．その基礎を与えるのが**内部モデル原理**である．本章では倒立振子を題材に，サーボ系と内部モデル原理について説明する．

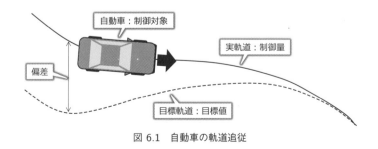

図 6.1　自動車の軌道追従

第 6 章 内部モデル原理とサーボ系

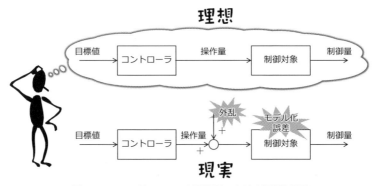

図 6.2 フィードフォワード制御系における理想と現実

6.2 伝達関数表現からのアプローチ

図 6.3 のフィードバック制御系によるサーボ問題を考える．ここで，$y(t), u(t)$ と $d(t)$ はそれぞれ制御対象 $\Sigma_\mathcal{P}$ の制御量，操作量と外乱である．また，コントローラ $\Sigma_\mathcal{C}$ は目標値 $r(t)$ と制御量 $y(t)$ との追従偏差 $e(t) := r(t) - y(t)$ をフィードバックし，制御系を内部安定化する．6.1 節で述べたようにサーボ系の目的は，

$$e_\infty := \lim_{t \to \infty} e(t) = 0 \tag{6.1}$$

を達成する，すなわち，定常偏差 e_∞ を 0 にすることである．

ある時間関数 $f(t)$ の定常状態は，$f(t)$ の Laplace 変換 $f(s) = \mathcal{L}[f(t)]$ を用いて Laplace の最終値の定理より

$$\lim_{t \to \infty} f(t) = \lim_{s \to 0} s f(s) \tag{6.2}$$

により求めることができる[注1]．図 6.3 において，制御対象の伝達関数表現を

外乱を考慮した制御対象の伝達関数表現 (1 入力 1 出力)

$$\Sigma_\mathcal{P} : y(s) = \mathcal{P}(s)(u(s) + d(s)) \tag{6.3}$$

とし，コントローラの伝達関数表現を

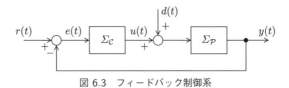

図 6.3 フィードバック制御系

[注1] $sf(s)$ が安定な伝達関数である必要がある．

$$\Sigma_{\mathcal{C}}: u(s) = \mathcal{C}(s)e(s) \tag{6.4}$$

とすると，目標値 $r(s)$ と外乱 $d(s)$ から追従偏差 $e(s)$ までの伝達特性は

$$e(s) = \frac{1}{1+\mathcal{P}(s)\mathcal{C}(s)}r(s) - \frac{\mathcal{P}(s)}{1+\mathcal{P}(s)\mathcal{C}(s)}d(s) \tag{6.5}$$

となる．(6.2) 式と (6.5) 式より，定常偏差 e_∞ が存在すれば，それは

定常偏差

$$e_\infty := \lim_{t\to\infty} e(t) = \lim_{s\to 0} se(s) = e_{\mathrm{r}} + e_{\mathrm{d}} \tag{6.6}$$

$$e_{\mathrm{r}} := \lim_{s\to 0} \frac{s}{1+\mathcal{P}(s)\mathcal{C}(s)}r(s), \quad e_{\mathrm{d}} := \lim_{s\to 0} \frac{s\mathcal{P}(s)}{1+\mathcal{P}(s)\mathcal{C}(s)}d(s)$$

により特徴付けられる[1]．

いま，サーボ問題として図 6.4 の台車の位置制御を考える．台車駆動系を簡略化した場合，モータードライバに加える指令電圧 $v(t)$ [V] と台車位置 $z(t)$ [m] の関係は

$$\ddot{z}(t) = -a_{\mathrm{c}}\dot{z}(t) + b_{\mathrm{c}}v(t)$$

である ((3.21) 式 (p. 43) を参照)．したがって，入力を $v(t) = u(t) + d(t)$，出力を $z(t) = y(t)$ と考えると，台車駆動系の伝達関数表現は

$$\Sigma_{\mathcal{P}}: y(s) = \mathcal{P}(s)(u(s) + d(s)) \tag{6.7}$$

$$\mathcal{P}(s) = \frac{1}{s}\frac{K}{Ts+1}, \quad T = \frac{1}{a_{\mathrm{c}}}, \quad K = \frac{b_{\mathrm{c}}}{a_{\mathrm{c}}}$$

となる．それでは，このシステムに対するサーボ系の例をとおして，内部モデル原理を説明していく．

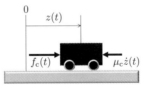

図 6.4　台車の位置制御

例 6.1 ・・・・・・・・・・・・・・・・・・・・・ $r(t) = r_0$, $d(t) = 0$ とした台車駆動系の P 制御の定常偏差
(M ファイル "p1c62_ex1_cart_p_step.m")

台車駆動系 (6.7) 式に対して，P コントローラ (比例コントローラ)

$$\mathcal{C}(s) = k_{\mathrm{P}} \tag{6.8}$$

による位置制御を考える．目標位置が定値 (r_0) の場合，図 6.3 の目標値 $r(t)$ はステップ信号

$$r(t) = r_0 \ (t \geq 0) \iff r(s) = r_0 \times \frac{1}{s} = \frac{r_0}{s} \quad (6.9)$$

で表現される．このとき，外乱がない状態 ($d(t) = 0$) での定常偏差 e_∞ を求める．定常偏差 e_∞ は (6.6) 式より計算でき，$d(t) = 0$ ($d(s) = 0$) より $e_\mathrm{d} = 0$ なので，

$$e_\infty = e_\mathrm{r} = \lim_{s \to 0} \frac{r_0}{1 + \mathcal{P}(s)\mathcal{C}(s)} \quad (6.10)$$

となる．ここで，(6.7) 式と (6.8) 式より

$$\mathcal{P}(s)\mathcal{C}(s) = \frac{1}{s} \frac{K k_\mathrm{P}}{Ts + 1} \quad (6.11)$$

なので，(6.10) 式と (6.11) 式より

$$e_\infty = \lim_{s \to 0} \frac{r_0 s(Ts + 1)}{Ts^2 + s + K k_\mathrm{P}} = 0 \quad (6.12)$$

を得る．比例ゲインを $k_\mathrm{P} = 10$，目標位置を $r_0 = 0.5\ [\mathrm{m}]$ としたときのシミュレーション結果を図 6.5 に示す．これよりステップ信号の目標値 (6.9) 式に対する定常偏差は $e_\infty = 0$ となることがわかる．

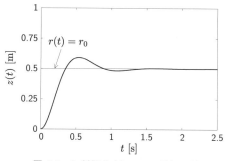

図 6.5　P 制御 ($r(t) = r_0,\ d(t) = 0$)

例 6.2 $r(t) = r_0 t,\ d(t) = 0$ とした台車駆動系の PI 制御の定常偏差
(M ファイル "p1c62_ex2_cart_pi_ramp.m")

台車駆動系 (6.7) 式に対して，PI コントローラ

$$\mathcal{C}(s) = k_\mathrm{P} + \frac{k_\mathrm{I}}{s} \quad (6.13)$$

による位置制御を考える．目標位置が時間に対して線形に増加する場合，図 6.3 の目標値 $r(t)$ はランプ信号

$$r(t) = r_0 t \ (t \geq 0) \iff r(s) = r_0 \times \frac{1}{s^2} = \frac{r_0}{s^2} \quad (6.14)$$

で表現される．このとき，外乱がない状態 ($d(t) = 0$) での定常偏差 e_∞ を求める．$e_\mathrm{d} = 0$ なので，定常偏差 e_∞ は (6.6) 式より

$$e_\infty = e_\mathrm{r} = \lim_{s \to 0} \frac{r_0}{s + s\mathcal{P}(s)\mathcal{C}(s)} \tag{6.15}$$

となる．ここで，(6.7) 式と (6.13) 式より

$$\mathcal{P}(s)\mathcal{C}(s) = \frac{1}{s^2}\frac{K(k_\mathrm{p}s + k_\mathrm{I})}{Ts + 1} \implies s\mathcal{P}(s)\mathcal{C}(s) = \frac{1}{s}\frac{K(k_\mathrm{p}s + k_\mathrm{I})}{Ts + 1} \tag{6.16}$$

なので，(6.15) 式と (6.16) 式より

$$e_\infty = \lim_{s \to 0} \frac{r_0 s(Ts + 1)}{Ts^3 + s^2 + Kk_\mathrm{p}s + Kk_\mathrm{I}} = 0 \tag{6.17}$$

を得る．比例ゲインを $k_\mathrm{P} = 10$，積分ゲインを $k_\mathrm{I} = 15$，目標位置の変化の割合を $r_0 = 0.1$ [m/s] としたときのシミュレーション結果を図 6.6 に示す．これよりランプ信号の目標値 (6.14) 式に対する定常偏差は $e_\infty = 0$ となることがわかる．

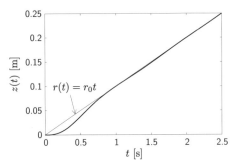

図 6.6 PI 制御 ($r(t) = r_0 t$, $d(t) = 0$)

例 6.1, 6.2 ではサーボ系の目的が達成されている．

- 例 6.1 の (6.11) 式より，ステップ信号の目標値 (6.9) 式に対するサーボ系の条件は『$\mathcal{P}(s)\mathcal{C}(s)$ が $s = 0$ に極をもつ』であることがわかる．これは，定値信号に対してサーボ系を構成するには，$\mathcal{P}(s)\mathcal{C}(s)$ がステップ信号 (6.9) 式と同一因子 $1/s$ をもつ必要があることを指す．
- 例 6.2 の (6.16) 式より，ランプ信号の目標値 (6.14) 式に対するサーボ条件は『$\mathcal{P}(s)\mathcal{C}(s)$ が $s = 0$ に極を二つもつ』ことである．すなわち，ランプ信号に対してサーボ系を構成するには，$\mathcal{P}(s)\mathcal{C}(s)$ がランプ信号 (6.14) 式と同一因子 $1/s^2$ をもつ必要がある．

以上より，外部信号（目標値）に対する定常偏差を 0 にするためには，制御系内部に外部信号のモデルと同一因子をもてばよい．このことを，内部に外部信号のモデルを含む

意味で**内部モデル原理**[2]と呼ぶ．

ここまでの議論では，外部信号として目標値 $r(t)$ のみを考えたが，内部モデル原理の指す外部信号とは目標値 $r(t)$ だけでなく外乱 $d(t)$ も含んだものである．また，制御系を設計するうえでは，外部信号のモデルはコントローラ側にもたせる方が適切である．このことを例をとおして説明しよう．

例 6.3 .... $r(t) = r_0$, $d(t) = d_0$ とした台車駆動系の P 制御の定常偏差
(M ファイル "p1c62_ex3_cart_p_step.m")

例 6.1 において，外乱 $d(t)$ としてステップ信号

$$d(t) = d_0 \ (t \geq 0) \iff d(s) = d_0 \times \frac{1}{s} = \frac{d_0}{s} \tag{6.18}$$

が加わった場合の定常偏差 e_∞ を求めてみよう．(6.6) 式より定常偏差 e_∞ は

$$e_\infty = \lim_{s \to 0} \left(\frac{r_0}{1 + \mathcal{P}(s)\mathcal{C}(s)} - \frac{d_0 \mathcal{P}(s)}{1 + \mathcal{P}(s)\mathcal{C}(s)} \right) \tag{6.19}$$

となる．ここで，(6.7) 式の $\mathcal{P}(s)$ に対して

$$\lim_{s \to 0} \frac{1}{\mathcal{P}(s)} = 0 \tag{6.20}$$

が成り立つ．したがって，(6.19) 式の分子分母を $\mathcal{P}(s)$ で割ったうえで，(6.8) 式と (6.20) 式を適用することで

$$e_\infty = -\lim_{s \to 0} \frac{d_0}{\frac{1}{\mathcal{P}(s)} + \mathcal{C}(s)} = -\frac{d_0}{k_\mathrm{P}} \tag{6.21}$$

を得る．比例ゲインを $k_\mathrm{P} = 10$，目標位置を $r_0 = 0.5\,[\mathrm{m}]$，外乱を $d_0 = 3\,[\mathrm{V}]$ としたときのシミュレーション結果を図 6.7 に示す．ただし，外乱 $d(t) = d_0$ は $t = 2.5\,[\mathrm{s}]$ で加えた．(6.21) 式より定常偏差は $e_\infty = -d_0/k_\mathrm{P} = -0.3\,[\mathrm{m}]$（制御量 $y(t)$ の

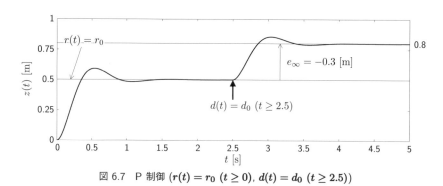

図 6.7 P 制御 $(r(t) = r_0\ (t \geq 0),\ d(t) = d_0\ (t \geq 2.5))$

定常値は $y_\infty = r_0 - e_\infty = 0.8$ [m]) となる．このように，P 制御では外乱を完全に除去することはできないので，目標値追従が実現できていない．

例 6.3 より，$\mathcal{P}(s)\mathcal{C}(s)$ が外部信号 (6.9) 式と (6.18) 式のモデル $1/s$ を有しているとしても，サーボ系を構成できるとは限らないことがわかる．この原因はステップ型外部信号に対するサーボ条件が間違っているからではなく，(6.21) 式に注目すると，以下のことがいえる．

- ステップ信号の目標値 (6.9) 式および外乱 (6.18) 式に対する定常偏差 e_∞ を 0 にするための条件は『$\mathcal{C}(s)$ が $s = 0$ において発散する』こと，いい換えると，『$\mathcal{C}(s)$ が $s = 0$ に極をもつ』ことである(注2)．すなわち，コントローラ側が外部信号 (6.9) 式と (6.18) 式のモデル $1/s$ をもつ必要があることがわかる．

このことを一般化すると，サーボ系における内部モデル原理は以下のとおりとなる．

定理 6.1 .... 内部モデル原理

目標値や外乱等の外部信号に対する定常偏差を 0 にするためには，コントローラが外部信号のモデルと同一因子をもつ必要がある．

例 6.4 .... $r(t) = r_0$, $d(t) = d_0$ とした台車駆動系の PI 制御の定常偏差
(M ファイル "p1c62_ex4_cart_pi_step.m")

例 6.4 において，P コントローラ (6.8) 式の代わりに PI コントローラ (6.13) 式を用いたときのシミュレーション結果を，図 6.8 に示す．ただし，比例ゲインを $k_P = 10$，積分ゲインを $k_I = 15$ とした．このとき，PI コントローラ (6.13) 式は制御系を内部安定化している．図 6.8 からわかるように，PI コントローラはオーバーシュートが大きいながらも，加わった外乱を除去し，最終的には目標位置に台車を移動させ，定常偏差 e_∞ を 0 にしていることがわかる．

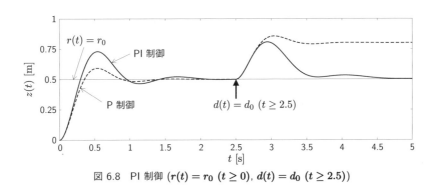

図 6.8 PI 制御 ($r(t) = r_0$ ($t \geq 0$), $d(t) = d_0$ ($t \geq 2.5$))

(注2) このとき，サーボ系は『$\mathcal{P}(s)\mathcal{C}(s)$ が $s = 0$ に極をもつ』というサーボ条件を満たすことがわかる．

6.3　状態空間表現からのアプローチ

ここでは状態空間表現に着目し，最適レギュレータに基づくサーボ系の構成方法について解説する(注3)．伝達関数表現に基づく方法は文献 3) を参照されたい．ここでは簡単のために 1 入力 1 出力系の制御対象を考える．可制御かつ可観測(注4)な制御対象 $\Sigma_\mathcal{P}$ の状態空間表現が

外乱を考慮した制御対象の状態空間表現 (1 入力 1 出力)

$$\Sigma_\mathcal{P}: \begin{cases} \dot{x}(t) = Ax(t) + B(u(t) + d(t)) \\ y(t) = Cx(t) \end{cases} \quad (6.22)$$

で与えられているとする．$x(t) \in \mathbb{R}^n$ は n 次元の状態変数，$y(t) \in \mathbb{R}$ は制御量，$u(t) \in \mathbb{R}$ は操作量，$d(t) \in \mathbb{R}$ は外乱である．また，追従すべき目標値 $r(t) \in \mathbb{R}$ および除去すべき外乱 $d(t)$ は定値 (ステップ信号) に限定する．**6.2 節**で説明した内部モデル原理から，サーボ系のコントローラは積分器を有する必要がある．コントローラ側の積分器は一般にサーボ補償器と呼ばれるものであり，その状態方程式は

$$\dot{w}(t) = e(t), \quad e(t) = r(t) - y(t) \quad (6.23)$$

で実現できる．補償器 (6.23) 式を制御対象 (6.22) 式に接続したものは拡大系と呼ばれ，状態 $\widetilde{x}(t) = [\, x(t)^\top \ w(t) \,]^\top$ を有する

$$\underbrace{\begin{bmatrix} \dot{x}(t) \\ \dot{w}(t) \end{bmatrix}}_{\dot{\widetilde{x}}(t)} = \underbrace{\begin{bmatrix} A & 0 \\ -C & 0 \end{bmatrix}}_{\widetilde{A}} \underbrace{\begin{bmatrix} x(t) \\ w(t) \end{bmatrix}}_{\widetilde{x}(t)} + \underbrace{\begin{bmatrix} B \\ 0 \end{bmatrix}}_{\widetilde{B}} u(t) + \begin{bmatrix} 0 \\ 1 \end{bmatrix} r(t) + \begin{bmatrix} B \\ 0 \end{bmatrix} d(t) \quad (6.24\text{a})$$

$$\underbrace{\begin{bmatrix} e(t) \\ w(t) \end{bmatrix}}_{\widetilde{y}(t)} = \underbrace{\begin{bmatrix} -C & 0 \\ 0 & 1 \end{bmatrix}}_{\widetilde{C}} \underbrace{\begin{bmatrix} x(t) \\ w(t) \end{bmatrix}}_{\widetilde{x}(t)} + \begin{bmatrix} 1 \\ 0 \end{bmatrix} r(t) \quad (6.24\text{b})$$

により記述することができる．拡大系だけではサーボ系の構成は終了していない．本章では，拡大系が内部安定化されるようなコントローラとして状態フィードバック

$$u(t) = K_1 x(t) + K_2 w(t) = \underbrace{[\, K_1 \ K_2 \,]}_{\widetilde{K}} \underbrace{\begin{bmatrix} x(t) \\ w(t) \end{bmatrix}}_{\widetilde{x}(t)} \quad (6.25)$$

を追加することを考える．(6.25) 式は

(注3) 最適レギュレータに関しては，**5.2.3 項** (p.88) を参照されたい．
(注4) 可制御性については **5.1 節** (p.76) を，可観測性については後述の **7.1 節** (p.106) を参照されたい．

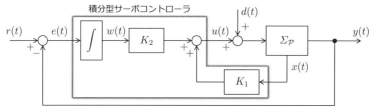

図 6.9 積分型サーボ系

積分型サーボコントローラ

$$u(t) = K_1 x(t) + K_2 \int_0^t e(\tau) d\tau \tag{6.26}$$

という形式であり(注5),積分型サーボ系の構造は図 6.9 で与えることができる.

状態フィードバック (6.25) 式を 5.2.3 項 (p. 88) で説明した最適レギュレータにより設計することを考える.最適レギュレータとは,可制御かつ可観測な線形システム

$$\begin{cases} \dot{\widetilde{x}}(t) = \widetilde{A}\widetilde{x}(t) + \widetilde{B}u(t) \\ \widetilde{y}(t) = \widetilde{C}\widetilde{x}(t) \end{cases} \tag{6.27}$$

に対して,2 次形式評価関数(注6)

$$J = \int_0^\infty \left(\widetilde{y}(t)^\top Q_y \widetilde{y}(t) + R u(t)^2 \right) dt \tag{6.28}$$

を最小化する操作量 (最適入力) $u(t)$ を決定する制御である.また,評価関数中の $Q_y = Q_y^\top$ は正定対称行列,R は正の実数である.このとき,最適入力は Riccati 方程式

$$\widetilde{A}^\top P + P \widetilde{A} - P \widetilde{B} R^{-1} \widetilde{B}^\top P + \widetilde{C}^\top Q_y \widetilde{C} = 0$$

を満たす正定対称行列 $P = P^\top$ を用いて,状態フィードバック

$$u(t) = \widetilde{K}\widetilde{x}(t), \quad \widetilde{K} = -R^{-1}\widetilde{B}^\top P \tag{6.29}$$

により与えられる.ここで,システム (6.27) 式は目標値を $r(t) = 0$,外乱を $d(t) = 0$ とした場合の拡大系 (6.24) 式に対応する.すなわち,$Q_y = \mathrm{diag}\{q_1, q_2\}$ $(q_1 > 0, q_2 > 0)$ とすると,評価関数 (6.28) 式は拡大系 (6.24) 式に対する評価関数

(注5) たとえば,$x(t) = \begin{bmatrix} z(t) & \phi(t) & \dot{z}(t) & \dot{\phi}(t) \end{bmatrix}^\top$, $y(t) = z(t)$, $K_1 = \begin{bmatrix} -k_\mathrm{P} & -k_{\mathrm{P}\phi} & -k_\mathrm{D} & -k_{\mathrm{D}\phi} \end{bmatrix}$, $K_2 = k_\mathrm{I}$ としたとき,(6.26) 式は

$$u(t) = -k_\mathrm{P} y(t) + k_\mathrm{I} \int_0^t e(\tau) d\tau - k_\mathrm{D} \dot{y}(t) - k_{\mathrm{P}\phi} \phi(t) - k_{\mathrm{D}\phi} \dot{\phi}(t)$$

となる.このように,状態空間表現に基づいて設計される積分型サーボコントローラ (6.26) 式は I–PD コントローラを拡張した形式となっている (2.3 節 (p. 34) 参照).

(注6) (5.42) 式 (p. 88) において $Q = \widetilde{C}^\top Q_y \widetilde{C}$ としたものに相当する.

$$J = \int_0^\infty \left(q_1 e(t)^2 + q_2 w(t)^2 + Ru(t)^2 \right) dt \tag{6.30}$$

としての意味を有することになる．第 1 項は追従偏差，第 2 項は積分補償，第 3 項は操作量の大きさの評価に対応する．また，評価関数 (6.30) 式を最小化する状態フィードバック (6.25) 式は (6.29) 式から求めることができる．

目標値 $r(t)$ や外乱 $d(t)$ がステップ信号 ($r(t) = r_0$, $d(t) = d_0$) であるときには，$r(t) = 0, d(t) = 0$ として設計された最適入力 (6.29) 式によりサーボ系が実現されていることを示すことができる．$r(t) = r_0, d(t) = d_0$ であるとき，(6.24a), (6.25) 式より

$$\underbrace{\begin{bmatrix} \dot{x}(t) \\ \dot{w}(t) \end{bmatrix}}_{\dot{\tilde{x}}(t)} = \underbrace{\begin{bmatrix} A + BK_1 & BK_2 \\ -C & 0 \end{bmatrix}}_{\widetilde{A} + \widetilde{B}\widetilde{K}} \underbrace{\begin{bmatrix} x(t) \\ w(t) \end{bmatrix}}_{\tilde{x}(t)} + \begin{bmatrix} Bd_0 \\ r_0 \end{bmatrix} \tag{6.31}$$

であるから，定常値 $x_\infty := \lim_{t\to\infty} x(t)$, $w_\infty := \lim_{t\to\infty} w(t)$ は

$$\begin{bmatrix} 0 \\ 0 \end{bmatrix} = \begin{bmatrix} A + BK_1 & BK_2 \\ -C & 0 \end{bmatrix} \begin{bmatrix} x_\infty \\ w_\infty \end{bmatrix} + \begin{bmatrix} Bd_0 \\ r_0 \end{bmatrix} \tag{6.32}$$

を満足する．ここで，$\widetilde{A} + \widetilde{B}\widetilde{K}$ の固有値の実部はすべて負なので，$\widetilde{A} + \widetilde{B}\widetilde{K}$ は正則であり，

$$\begin{bmatrix} x_\infty \\ w_\infty \end{bmatrix} = -\begin{bmatrix} A + BK_1 & BK_2 \\ -C & 0 \end{bmatrix}^{-1} \begin{bmatrix} Bd_0 \\ r_0 \end{bmatrix} \tag{6.33}$$

が得られる．したがって，定常偏差 e_∞ は

$$\begin{aligned}
e_\infty &= r_0 - y_\infty = r_0 - Cx_\infty = r_0 - \begin{bmatrix} C & 0 \end{bmatrix} \begin{bmatrix} x_\infty \\ w_\infty \end{bmatrix} \\
&= r_0 + \begin{bmatrix} C & 0 \end{bmatrix} \begin{bmatrix} A + BK_1 & BK_2 \\ -C & 0 \end{bmatrix}^{-1} \begin{bmatrix} Bd_0 \\ r_0 \end{bmatrix} \\
&= r_0 + \begin{bmatrix} 0 & -1 \end{bmatrix} \underbrace{\overbrace{\begin{bmatrix} A + BK_1 & BK_2 \\ -C & 0 \end{bmatrix}}^{[C\ 0]} \begin{bmatrix} A + BK_1 & BK_2 \\ -C & 0 \end{bmatrix}^{-1}}_{I} \begin{bmatrix} Bd_0 \\ r_0 \end{bmatrix} \\
&= r_0 + \begin{bmatrix} 0 & -1 \end{bmatrix} \begin{bmatrix} Bd_0 \\ r_0 \end{bmatrix} = 0
\end{aligned} \tag{6.34}$$

であり，r_0, d_0 の大きさによらず定常偏差は $e_\infty = 0$ であることがいえる．

例 6.5　.................... $r(t) = r_0$, $d(t) = d_0$ とした台車型倒立振子の積分型サーボ制御の定常偏差 (M ファイル "p1c63_ex5_cdip_lqr_servo.m")

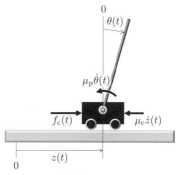

図 6.10　台車型倒立振子の位置制御

サーボ問題として図 6.10 の台車型倒立振子に対して，振子を $\theta(t) = 0$ 付近で倒立させたままでの位置制御を考える．3.1 節 (p.37) で説明したように，台車型倒立振子の設計モデル (線形化モデル) は (3.26) 式 (p.44) となる．この線形化モデルに対して，状態変数 $x(t)$, 操作量 $u(t)$, 制御量 $y(t)$ をそれぞれ

$$x(t) = \begin{bmatrix} x_1(t) & x_2(t) & x_3(t) & x_4(t) \end{bmatrix}^\top = \begin{bmatrix} z(t) & \theta(t) & \dot{z}(t) & \dot{\theta}(t) \end{bmatrix}^\top,$$
$$u(t) = v(t), \quad y(t) = z(t)$$

と定義すると，(6.27) 式に含まれる係数行列 A, B, C は次式で与えられる．

$$A = \begin{bmatrix} 0 & 0 & 1 & 0 \\ 0 & 0 & 0 & 1 \\ 0 & 0 & -a_c & 0 \\ 0 & a_1 & a_2 & a_3 \end{bmatrix}, \quad B = \begin{bmatrix} 0 \\ 0 \\ b_c \\ b_1 \end{bmatrix}, \quad C = \begin{bmatrix} 1 & 0 & 0 & 0 \end{bmatrix} \quad (6.35)$$

$$a_1 = \frac{m_p g l_p}{J_p + m_p l_p^2}, \quad a_2 = \frac{a_c m_p l_p}{J_p + m_p l_p^2}, \quad a_3 = -\frac{\mu_p}{J_p + m_p l_p^2},$$
$$b_1 = -\frac{b_c m_p l_p}{J_p + m_p l_p^2}$$

評価関数 (6.30) 式に対する重みを $q_1 = 8 \times 10^2$, $q_2 = 2 \times 10^4$, $R = 1$ と設定し，積分型サーボコントローラ (6.26) 式を設計すると，

$$K_1 = \begin{bmatrix} 95.7226 & 63.1560 & 31.0005 & 10.9140 \end{bmatrix}, \quad K_2 = -141.4214$$

となった．台車型倒立振子の非線形モデル (3.22) 式 (p.43) に対して，シミュレーションを行った結果を図 6.11 に示す．ただし，目標位置を $r_0 = 0.5$ [m]，外乱を $d_0 = 5$ [V] ($t \geq 2.5$) とした．図 6.11 からわかるように，台車はいったん左側に動

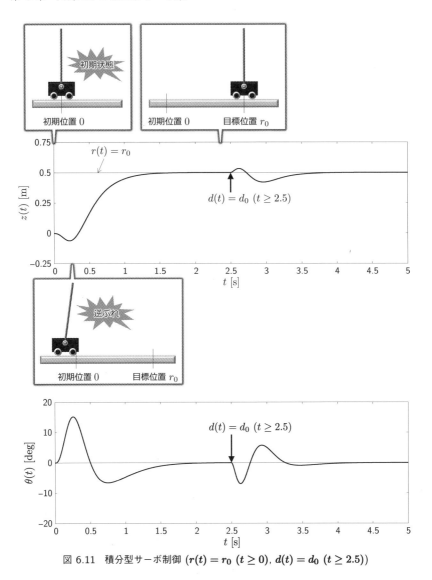

図 6.11 積分型サーボ制御 ($r(t) = r_0\ (t \geq 0)$, $d(t) = d_0\ (t \geq 2.5)$)

かすこと (**逆ぶれ**[注7]) により振子を時計回り側に傾け，その後，振子の倒立を維持したまま台車を目標位置まで右側に移動している．また，外乱 $d(t) = d_c$ が加わっても目標位置 $r(t) = r_c$ に台車を移動させていることがわかる．

なお，評価関数 (6.30) 式の重み q_2 を大きくすれば，積分補償により外乱の影響はさらに小さくなる．しかしながら，その分振子角度 $\theta(t)$ が大きく振れるような操作量が生成されることを注意しておく．

[注7] 台車型倒立振子は**不安定零点** (実部が正の零点) をもつ**非最小位相系**であるので，逆ぶれを生じる．

第 6 章の参考文献

1) 佐藤和也,平元和彦,平田研二:はじめての制御工学,講談社 (2010)
2) B. A. Francis and W. M. Wonham: The Internal Model Principle of Control Theory, Automatica, Vol. 12, No. 5, pp. 457–465 (1976)
3) 前田 肇,杉江俊治:アドバンスト制御のためのシステム制御理論,システム制御情報学会 (1990)
4) 池田雅夫,藤崎泰正:多変数システム制御,コロナ社 (2010)
5) 森 泰親:演習で学ぶ現代制御理論 新装版,森北出版 (2014)

　本章では,台車型倒立振子の制御をとおして内部モデル原理とサーボ系の基礎的な構成方法について説明した.なお,初学者を対象にしていることから,サーボ系における零点の影響については説明を省いている.また,積分型のサーボ系を構成するためには,可安定性と可検出性を考慮する必要がある.これらに関しては,文献 4) において詳細に解説されている.さらに,例をとおしてサーボ系を学ぶなら文献 5) が参考となる.

　実際の制御系では,制御対象の状態を直接測定できるとは限らない.最適レギュレータ型のサーボ系を構成するには,**第 7 章**で説明する状態を推定するためのオブザーバが必要となる.

第 7 章
可観測性とオブザーバ

國松 禎明

　第 5 章において，状態フィードバックを用いることで制御系全体の安定化が実現されることは理解されたであろう．ただし，状態フィードバックには一つ大前提がある．それはすべての状態を測定できるということである．しかし，すべての状態を測定できるとは限らない場合には，何らかの対処をする必要がある．その対処法が本章で説明するオブザーバを利用した方法である．簡潔にいえば，オブザーバによってすべての状態を推定し，その推定された状態を用いて状態フィードバックを行うのである．

　本章では，まず，どのような場合に推定可能なのかを調べるために，可観測性の概念とその判定方法を説明する．そして，オブザーバの構成法を示し，オブザーバと状態フィードバックを組み合わせたコントローラを利用した場合の安定性について説明する．

7.1 可観測性

　まず，「状態はどのような場合に推定可能なのか？」という疑問から考えてみよう．この疑問に答えを与えるのが「**可観測性**」という概念である．

　「可観測性」という言葉からは，文字どおり「状態を観測できる可能性」を指していそうだと連想できる．後に登場する定義に従えば，理論的には正しい理解である．しかし，この理解だとその可能性がわかったからといって何の役に立つのかが見えにくく，可制御性ほど意味が釈然としない．それでは，実用面において可観測性が具体的に何を意味しているのかを考えてみよう．機械やコンピュータなどが行う観測とはセンサで物理的な何かを測定することに相当するが，ここでの観測とは単に測定することだけではない．実は「観測」の中には「推定」という意味が隠れており，(理論的正確さを問わない) 実用上の「可観測性」とは「すべての状態を推定 (計算) できる可能性」といい換えるとわかりやすいであろう．これは最初の疑問への答えを与えている．すなわち「可観測ならばすべての状態は推定可能」ということである．

　このことを図 1.12 (p.8) の台車型倒立振子を例として考える．台車型倒立振子の状態方程式は台車の位置，速度および振子の角度，角速度の四つの状態から構成される．実は

倒立振子の場合，四つの状態すべてを測定することも不可能ではない[注1]．しかし，コストなどとの兼ね合いからすべての状態をセンサで測定することには一般的に限界があり，個別の状況に応じて測定する物理量が選択される．倒立振子においては角度と位置の二つを測定することが一般的である．詳しくは次節以降で説明するが，この二つの物理量を測定しておけば可観測となるため，残り二つ（角速度と速度）も推定可能となる．

制御対象として，(4.13) 式と (4.14) 式の出力方程式に入力 $u(t)$ からの直達成分 $Du(t)$ を加えたものをまとめて線形時不変システムとした次式を考える．

制御対象

$$\dot{x}(t) = Ax(t) + Bu(t) \tag{7.1a}$$
$$y(t) = Cx(t) + Du(t) \tag{7.1b}$$

ただし，$A \in \mathbb{R}^{n \times n}$, $B \in \mathbb{R}^{n \times m}$, $C \in \mathbb{R}^{p \times n}$, $D \in \mathbb{R}^{p \times m}$ である．また，$u(t) \in \mathbb{R}^m$：入力（操作量），$y(t) \in \mathbb{R}^p$：出力（観測量[注2]），$x(t) \in \mathbb{R}^n$：状態変数である．

さて，いったん原点に立ち戻って，可観測性の定義を確認しておこう．

定義 7.1 ··· 可観測性の定義

任意の時間 $t_f > 0$ に対して，有限時間区間 $0 \le t \le t_f$ の出力 $y(t)$ および入力 $u(t)$ から初期状態 $x(0)$ を一意に決定できるとき，システム (7.1) 式は**可観測**といい，それ以外の場合を**不可観測**という．

可観測という言葉から連想されることとは一見異なるかもしれないが，初期状態 $x(0)$ が特定できれば，その $x(0)$ と既知である $u(t)$ から

$$x(t) = e^{At}x(0) + \int_0^t e^{A(t-\tau)}Bu(\tau)d\tau \tag{7.2}$$

が決定できるので (4.1 節の (4.19) 式 (p. 64) を参照)，$x(0)$ が特定できることは $x(t)$ を観測できることを意味する．

つぎに可観測性を判定する方法を紹介しよう．可観測性を調べる方法はいくつか存在するが，実用上，数値的にも計算しやすい可観測性行列を用いる方法を紹介する．

定理 7.1 ··· 可観測性行列と可観測性の必要十分条件

システム (7.1) 式が可観測であるための必要十分条件は

$$\text{rank } M_o = n \quad (M_o \text{ が列フルランク}) \tag{7.3}$$

[注1] 図 1.12 (p. 8) の実験装置では，二つのロータリエンコーダにより台車位置と振子角度を検出しているが，二つのセンサを追加することで台車速度や振子角速度を検出することもできる．たとえば，右側のプーリ軸にタコジェネレータを取り付けることにより台車速度を検出できる．また，振子にジャイロセンサを取り付けることにより振子角速度を検出できる．

[注2] センサにより検出可能な量を観測量といい，制御量と一致するとは限らない．

である．ただし，M_o は**可観測性行列**と呼ばれ，次式で定義される．

> **可観測性行列**
>
> $$M_\mathrm{o} = \begin{bmatrix} C \\ CA \\ \vdots \\ CA^{n-1} \end{bmatrix} \in \mathbb{R}^{pn \times n} \tag{7.4}$$

とくに，システム (7.1) 式が 1 出力 ($p=1$) の場合，C が行ベクトルとなるため，M_o は $n \times n$ の正方行列となり，M_o の正則性と可観測性は等価となる．また，(7.4) 式からわかるように，可観測性はシステム (7.1) 式の A, C によって決定されることから，「(C, A) は可観測である」という表現もよく用いられ，以降ではこの表現を使用する．なお，MATLAB/Control System Toolbox では，関数 "obsv" を用いて M_o を簡単に計算することができ，得られた結果に関数 "rank" を適用することで，数値的に可観測性を確認できる．詳細は 7.4 節 (p. 113) を参照されたい．

これまで，「可観測ならばすべての状態は推定可能」という話のもと，可観測性の定義とその判定方法を紹介してきたが，推定にどのように役立つのかという点が明確ではない．そこで，つぎの等価条件を紹介する．

定理 7.2 ･･･ 可観測性と $A + LC$ の極配置

(C, A) が可観測であることと，行列 $L \in \mathbb{R}^{n \times p}$ を適当に選ぶことによって $A+LC$ の固有値を任意に指定できることは等価である．ただし，複素数の固有値を選ぶときはその共役複素数も選ぶ必要がある．

上記で $A + LC$ の固有値を指定することは極配置とも呼ばれる．$A + LC$ を任意に極配置できることは，次節で紹介するオブザーバの極を自由に設計できることを意味し，制御系設計における可観測性の役割が具体的な形で表に現れる．

7.2 オブザーバ

最初に述べたように，状態フィードバック制御を行うためには制御対象のすべての状態を測定できる必要がある．しかし，一部しか測定できない場合も現実には多々あり，測定できない状態は推定することによって補完されることになる．この状態推定ができることを保証する (十分) 条件こそが可観測という概念であることはこれまで説明してきたとおりである．しかし，可観測性はあくまで条件であり，状態推定を実現する手段ではない．この状態推定を実現する手法が，ここで紹介する**オブザーバ**である．

この (状態) オブザーバを日本語で表現すると**状態観測器**と訳されることが多いが，ここでも観測を推定に置き換えてみよう．そうすると，オブザーバは「状態推定器」となり，これまでの議論と合致するであろう．オブザーバのことを端的に説明すれば，制御対象から測定される出力信号 $y(t)$ と制御対象に与える入力信号 $u(t)$ を用いて状態 $x(t)$ の値を計算する推定器といえる．本章では，すべての状態を推定する**同一次元オブザーバ**についてのみ紹介する．直接観測できる状態以外を推定する**最小次元オブザーバ**やその一般形である Luenberger のオブザーバについては文献 1)–3) などを参照されたい．以降，特別な場合を除いて同一次元オブザーバのことを単にオブザーバと記述する．

本章では，制御対象 (7.1) 式に入力から出力への直達成分 D が存在する場合を含むオブザーバを構成する ($D \neq 0$ の構成で説明される場合が少ないため)．このとき，同一次元オブザーバは状態 $x(t)$ の推定値 $\widehat{x}(t) \in \mathbb{R}^n$ と出力 $y(t)$ の推定値 $\widehat{y}(t) \in \mathbb{R}^p$，および制御対象 (7.1) 式の入力 $u(t)$ と出力 $y(t)$ を用いて，次式のように表現できる．

同一次元オブザーバ

$$\dot{\widehat{x}}(t) = A\widehat{x}(t) + Bu(t) + L\bigl(\widehat{y}(t) - y(t)\bigr) \tag{7.5a}$$

$$\widehat{y}(t) = C\widehat{x}(t) + Du(t) \tag{7.5b}$$

上式において，オブザーバは制御対象 (7.1) 式の状態 $x(t)$ と出力 $y(t)$ をその推定値 $\widehat{x}(t)$ と $\widehat{y}(t)$ に置き換えたものに，出力推定誤差 $\widehat{y}(t) - y(t)$ を L 倍して (7.1) 式に加えた構成となっている．なお，この L のことを**オブザーバゲイン**と呼ぶ．(7.1b), (7.5b) 式より $L\bigl(\widehat{y}(t) - y(t)\bigr) = LC\bigl(\widehat{x}(t) - x(t)\bigr)$ と表現できるが，出力の測定値から状態を推定するため，$y(t)$ を陽に表現する必要があることに注意する．また，(7.5) 式は実装には向かない表現であることにも注意されたい．実装時には，制御対象とは逆の $u(t)$ を出力，$y(t)$ を入力とする出力フィードバックコントローラに変換して使用する方が簡単である (後述の (7.14) 式 (p. 112) を参照)．

それでは，オブザーバによって状態が推定できる理由を説明しよう．状態 $x(t)$ とその推定値 $\widehat{x}(t)$ の誤差を $\varepsilon(t) = \widehat{x}(t) - x(t)$ とおく．このとき，

$$\begin{aligned}\dot{\varepsilon}(t) &= \dot{\widehat{x}}(t) - \dot{x}(t) = A\widehat{x}(t) + Bu(t) + LC\bigl(\widehat{x}(t) - x(t)\bigr) - \bigl(Ax(t) + Bu(t)\bigr) \\ &= (A + LC)\varepsilon(t)\end{aligned} \tag{7.6}$$

となるため，

$$\varepsilon(t) = e^{(A+LC)t}\varepsilon(0) \tag{7.7}$$

を得る．ここで，$A + LC$ が安定行列ならば，任意の初期状態 $\varepsilon(0) = \widehat{x}(0) - x(0)$ に対して推定誤差 $\varepsilon(t)$ は $t \to \infty$ で $\varepsilon(t) \to 0$ となり，時間の経過とともに $\widehat{x}(t)$ は $x(t)$ に漸近していくことが確認できる．なお，通常 $x(0)$ は未知のため，オブザーバの初期状態 $\widehat{x}(0)$ は $\widehat{x}(0) = 0$ とおく．今確認したように，$A + LC$ が安定化できるかどうかが重要

であり，さらにいえば，推定値 $\widehat{x}(t)$ を真値 $x(t)$ の代わりに用いるため，$\varepsilon(t)$ が速やかに 0 へ収束することが望まれる[注3]．(C, A) が可観測ならば $A + LC$ の固有値を任意に指定可能なので，$A + LC$ を (任意の収束速度で) 安定化できる．以上がオブザーバによって推定できる理論的な理由である．

最後にオブザーバの直感的な解釈を与えておこう．(7.7) 式より，$\widehat{y}(t) - y(t)$ が大きな間は L による影響で誤差 $\varepsilon(t)$ が小さくなる．この $\varepsilon(t)$ が 0 に漸近すると，$L(\widehat{y}(t) - y(t))$ も 0 に漸近する．したがって，$\widehat{x}(t) \approx x(t), L(\widehat{y}(t) - y(t)) \approx 0$ を (7.5) 式に代入すると，オブザーバは制御対象の状態方程式にほぼ一致することになり，制御対象の状態を再現できるのである．

7.3 状態フィードバック・オブザーバ併合系

オブザーバによって状態を推定できることはわかったが，「推定値を用いた制御で大丈夫 (制御可能) なのか？」という疑問をもつ人も多いだろう．そこで，推定値 $\widehat{x}(t)$ を用いて擬似的な状態フィードバックを構成すること，すなわち，

$$u(t) = K\widehat{x}(t) \quad (K \in \mathbb{R}^{m \times n}) \tag{7.8}$$

として制御することによって，どのような影響があるのかを考えよう．これは**状態フィードバック・オブザーバ併合系**などと呼ばれ，図 7.1 の構成となる．図 7.1 における制御対象とオブザーバは，それぞれ (7.1) 式と (7.5) 式に対応する．実際，この構成によって安定化制御を実現することが可能であり，以下ではそれを示そう．

(7.8) 式を (7.1a) 式に代入すると次式を得る．

$$\dot{x}(t) = Ax(t) + BK\widehat{x}(t) \tag{7.9}$$

状態がすべて観測可能ならば，$\widehat{x}(t) = x(t)$ とすればよいので，

$$\dot{x}(t) = (A + BK)x(t) \tag{7.10}$$

となり，$A + BK$ の安定性だけを考えればよい．しかし，状態の一部しか観測できないときには $\widehat{x}(t)$ が混在するため，(7.9) 式だけでは安定性について議論できない．つまり，(7.9) 式とともに図 7.1 の閉ループ系を構成する (7.5) 式を考慮しなければならないのである．これらを図で説明しよう．図 7.2 の状態フィードバック制御系は，$x(t)$ のフィードバックのみでフィードバックループが完結しており，(7.10) 式に対応する．一

[注3] $A + LC$ のすべての固有値を過度に負側に大きく設定すると，以下のようになる．
  (i) オブザーバが微分器に近い動作になり，ノイズの影響を受けやすくなる[3]．
  (ii) 初期推定誤差 $\varepsilon(0)$ の値によっては初期時刻付近の誤差が非常に大きくなる場合がある[1],[3]．
したがって，実際には推定誤差 $\varepsilon(t)$ の収束速度を際限なく速くできるわけではない．

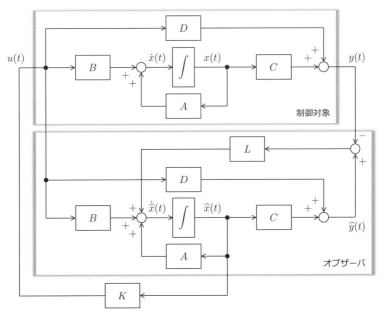

図 7.1 状態フィードバック・オブザーバ併合系

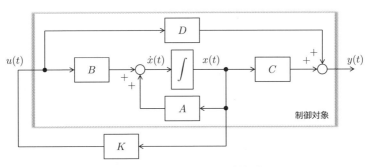

図 7.2 状態フィードバック制御系

方，図 7.1 では，$\dot{x}(t)$ は (7.9) 式に対応することが確認できるが，これだけでは左側の接続のみでフィードバックループが完結せず，$\hat{x}(t)$ が取り残されている．そこで，右側を接続するために，(7.5a) 式に (7.8), (7.1b), (7.5b) 式を代入して，$x(t)$ と $\hat{x}(t)$ の式として書き下すと，

$$\begin{bmatrix} \dot{x}(t) \\ \dot{\hat{x}}(t) \end{bmatrix} = \begin{bmatrix} A & BK \\ -LC & A+BK+LC \end{bmatrix} \begin{bmatrix} x(t) \\ \hat{x}(t) \end{bmatrix} \quad (7.11)$$

を得る．この (7.11) 式によって，図 7.1 のフィードバックループが完結し，状態フィードバック・オブザーバ併合系の安定性について議論可能となる．しかし，(7.11) 式では

安定性に関する見通しがよくないため，さらに，(7.11) 式に次式の状態変換を適用する．

$$\begin{cases} x(t) = x(t) \\ \varepsilon(t) = \widehat{x}(t) - x(t) \end{cases} \implies \begin{bmatrix} x(t) \\ \widehat{x}(t) \end{bmatrix} = \begin{bmatrix} I & 0 \\ I & I \end{bmatrix} \begin{bmatrix} x(t) \\ \varepsilon(t) \end{bmatrix} \quad (7.12)$$

このとき，つぎの状態方程式を得る．

$$\begin{bmatrix} \dot{x}(t) \\ \dot{\varepsilon}(t) \end{bmatrix} = \begin{bmatrix} A+BK & BK \\ 0 & A+LC \end{bmatrix} \begin{bmatrix} x(t) \\ \varepsilon(t) \end{bmatrix} \quad (7.13)$$

(7.13) 式から明らかなように，(7.13) 式で表現される閉ループ系の安定性は $A+BK$ と $A+LC$ がともに安定なことと等価である[注4]．

以上のように閉ループ系の安定性は (7.13) 式に集約される．したがって，オブザーバによる出力フィードバック制御を行ううえでは，可制御性だけでなく可観測性が重要な役割を果たすことが明白となった．

状態フィードバック・オブザーバ併合系の設計問題は $A+BK$ と $A+LC$ の極配置問題に帰着されることがわかったので，K と L の求め方について触れておこう．K の設計方法については 5.2.2 項 (p.85) を参照されたい．ここでは，オブザーバゲイン L の設計方法として，可制御性と可観測性の双対性を利用した簡単な方法のみを紹介する．

補題 7.1 .... 双対性

(C, A) が可観測であることと，$(A^\top, C^\top)$ が可制御であることは等価である．また，(A, B) が可制御であることと，$(B^\top, A^\top)$ が可観測であることは等価である．

この双対性を利用すると $A+LC$ の極配置問題は $A^\top + C^\top L^\top \;(= (A+LC)^\top)$ の極配置問題となる．MATLAB/Control System Toolbox では，関数 "`place`" を利用して，$A^\top + C^\top L^\top$ を任意に極配置した $L^\top$ を得ることができる (詳細は 7.4 節を参照)．ただし，関数 "`place`" では入力数より多い重複固有値を指定できないことに注意する．

オブザーバの説明でも触れたように，状態フィードバック・オブザーバ併合系の構成では実装のときわかりにくいので，実装に適した表現方法を導出しよう．オブザーバ (7.5) 式に (7.8) 式を代入することによって，出力フィードバックコントローラ

オブザーバ型出力フィードバックコントローラ

$$\begin{cases} \dot{\widehat{x}}(t) = A_\mathcal{C}\widehat{x}(t) + B_\mathcal{C}y(t) \\ u(t) = C_\mathcal{C}\widehat{x}(t) \end{cases} \quad (7.14)$$
$$A_\mathcal{C} = A + BK + LC + LDK, \quad B_\mathcal{C} = -L, \quad C_\mathcal{C} = K$$

に変換できる．制御対象 (7.1) 式を伝達関数で表すと，

[注4] 状態フィードバックとオブザーバを独立に設計可能であることから，**分離定理**と呼ばれる．

$$y(s) = \mathcal{P}(s)u(s), \quad \mathcal{P}(s) = C(sI - A)^{-1}B + D \tag{7.15}$$

となり，コントローラ (7.14) 式を伝達関数で表すと，

$$u(s) = -\mathcal{C}(s)y(s), \quad \mathcal{C}(s) = K\{sI - (A + BK + LC + LDK)\}^{-1}L \tag{7.16}$$

となるため，図 7.3 のような出力フィードバック制御系によって構成できることがわかる．

なお，(7.14) 式を状態フィードバックとオブザーバから導出したが，安定化コントローラの一般形 (Youla パラメトリゼーション) から導出できることも知られている．本章の範囲を超えるので，詳細は文献 4),5) などを参照されたい．

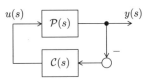

図 7.3 出力フィードバック制御系

7.4 台車型倒立振子の例

ここでは，図 1.12 (p.8) の台車型倒立振子を例として，オブザーバ型出力フィードバック制御系を設計する手順を示す．

例 7.1 ………………………… 台車型倒立振子のオブザーバ型出力フィードバック制御

図 1.12 (p.8) の台車型倒立振子の設計モデルは (3.26) 式 (p.44) で与えられている．ここでは，台車の位置 $z(t)$ と振子の角度 $\theta(t)$ はセンサ (ロータリエンコーダ) により測定でき，台車の速度 $\dot{z}(t)$ と振子の角速度 $\dot{\theta}(t)$ は測定できないとする．(3.26) 式において，状態変数 $x(t)$，操作量 $u(t)$，観測量 $y(t)$ をそれぞれ

$$x(t) = \begin{bmatrix} x_1(t) & x_2(t) & x_3(t) & x_4(t) \end{bmatrix}^\top = \begin{bmatrix} z(t) & \theta(t) & \dot{z}(t) & \dot{\theta}(t) \end{bmatrix}^\top,$$
$$u(t) = v(t), \quad y(t) = \begin{bmatrix} y_1(t) & y_2(t) \end{bmatrix}^\top = \begin{bmatrix} z(t) & \theta(t) \end{bmatrix}^\top$$

とすると，状態空間表現 (7.1) 式の係数行列 A, B, C, D は次式で与えられる．

$$A = \begin{bmatrix} 0 & 0 & 1 & 0 \\ 0 & 0 & 0 & 1 \\ 0 & 0 & -a_c & 0 \\ 0 & a_1 & a_2 & a_3 \end{bmatrix}, \quad B = \begin{bmatrix} 0 \\ 0 \\ b_c \\ b_1 \end{bmatrix} \tag{7.17}$$

$$C = \begin{bmatrix} 1 & 0 & 0 & 0 \\ 0 & 1 & 0 & 0 \end{bmatrix}, \quad D = \begin{bmatrix} 0 \\ 0 \end{bmatrix} \tag{7.18}$$

$$a_1 = \frac{m_p g l_p}{J}, \quad a_2 = \frac{a_c m_p l_p}{J}, \quad a_3 = -\frac{\mu_p}{J}, \quad b_1 = -\frac{b_c m_p l_p}{J},$$
$$J = J_p + m_p l_p^2$$

$\dot{z}(t)$ と $\dot{\theta}(t)$ は測定できないためオブザーバを構成する．このシステムの可観測性を調べるために，(7.4) 式の可観測性行列 $M_\mathrm{o} \in \mathbb{R}^{8\times 4}$ を計算すると次式を得る．

$$\begin{bmatrix} C \\ CA \end{bmatrix} = \begin{bmatrix} 1 & 0 & 0 & 0 \\ 0 & 1 & 0 & 0 \\ \hdashline 0 & 0 & 1 & 0 \\ 0 & 0 & 0 & 1 \end{bmatrix} \implies M_\mathrm{o} = \begin{bmatrix} C \\ CA \\ CA^2 \\ CA^3 \end{bmatrix} = \begin{bmatrix} I_4 \\ CA^2 \\ CA^3 \end{bmatrix} \quad (7.19)$$

(7.19) 式より物理パラメータの値によらず明らかに M_o は列フルランク ($\mathrm{rank}\, M_\mathrm{o} = 4$) であり，$(C, A)$ は可観測であることがわかる．したがって，$A + LC$ を任意に極配置可能である．一方，**定理 5.1** (p. 77) より可制御性行列 $M_\mathrm{c} \in \mathbb{R}^{4\times 4}$ は

$$M_\mathrm{c} = \begin{bmatrix} B & AB & A^2 B & A^3 B \end{bmatrix} \quad (7.20)$$

により計算できる．計算はやや煩雑であるが，$|M_\mathrm{c}| = -b_\mathrm{c}^4 m_\mathrm{p}^4 g^2 l_\mathrm{p}^4 / (J_\mathrm{p} + m_\mathrm{p} l_\mathrm{p}^2)^4 \neq 0$ が導出される (M ファイル "p1c74_ex1_cdip_Mc.m") ので，M_c は行フルランク ($\mathrm{rank}\, M_\mathrm{c} = 4$) である．したがって，$(A, B)$ は可制御であり，$A + BK$ も任意に極配置可能である．

一般に，オブザーバによって状態を推定した後，その推定値を用いて状態フィードバック制御を行うという考えから，複素平面上で，オブザーバの極は状態フィードバックの極より左側に配置されることが望ましい (そのためには，オブザーバの極を自由に極配置できる必要があり，可観測性が要求される)．そこで，$A + BK$ の固有値を $-6.5 \pm 1.5j, -4, -2.5$ に極配置するように K を設計し，$A + LC$ の固有値 ($A^\top + C^\top L^\top$ の固有値) を $A + BK$ の固有値の 4 倍の値に極配置するように L を設計する．さらに，設計された K, L からコントローラ (7.14) 式の係数行列 $A_\mathcal{C}, B_\mathcal{C}, C_\mathcal{C}$ を求める．そのための M ファイルを以下に示す．

M ファイル "p1c74_ex1_cdip_ob_design.m"

```
1   clear; format compact
2   format short e
3   % -----------------------------------
4   cdip_para              ……… 配布する "iptools" に含まれる M ファイル "cdip_para.m" の実行
5   % -----------------------------------
6   J  = Jp + mp*lp^2;                    ……… $J = J_\mathrm{p} + m_\mathrm{p} l_\mathrm{p}^2$
7   a1 =  mp*g*lp/J;  a2 =  ac*mp*lp/J;   ……… (7.17) 式の $a_1, a_2$ の定義
8   a3 =      -mup/J; b1 = -bc*mp*lp/J;   ……… (7.17) 式の $a_3, b_1$ の定義
9   % -----------------------------------
10  A = [ 0    0    1    0                ……… (7.17) 式の $A$ の定義
11        0    0    0    1
12        0    0   -ac   0
13        0    a1   a2   a3 ];
14  B = [ 0                                ……… (7.17) 式の $B$ の定義
15        0
16        bc
17        b1 ];
```

```
18   C = [ 1   0   0   0              ......... (7.18) 式の C の定義
19         0   1   0   0];
20   D = [ 0                          ......... (7.18) 式の D の定義
21         0 ];
22   % --------------------------------
23   Mc = ctrb(A,B);                  ......... 可制御性行列 Mc の算出
24   rank_Mc = rank(Mc)               ......... rank Mc の算出
25   pc = [ -6.5+1.5j                 ......... 配置する A+BK の固有値 pc の値を定義
26          -6.5-1.5j
27          -4
28          -2.5 ];
29   K = - place(A,B,pc)              ......... 極配置を実現する K の算出
30   % --------------------------------
31   Mo = obsv(A,C);                  ......... 可観測性行列 Mo の算出
32   rank_Mo = rank(Mo)               ......... rank Mo の算出
33   po = 4*pc;                       ......... 配置する A+LC の固有値を po = 4pc と定義
34   L = - (place(A',C',po))'         ......... 極配置を実現する L の算出
35   % --------------------------------
36   Ac = A + B*K + L*C + L*D*K       ......... (7.14) 式の Ac の定義
37   Bc = - L                         ......... (7.14) 式の Bc の定義
38   Cc = K                           ......... (7.14) 式の Cc の定義
39   % --------------------------------
40   format short
```

このように，先に述べた MATLAB 関数 "ctrb" や "obsv" により可制御性行列 M_c や可観測性行列 M_o が計算でき，"rank" によりこれらがフルランクかどうかを調べることができる．また，"place" によって極配置が実現できる．M ファイル "p1c74_ex1_cdip_ob_design.m" の実行結果を以下に示す．

```
rank_Mc =         ......... rank Mc = 4 (行フルランク)
    4
K =               ......... K
   3.0651e+00   1.2573e+01   4.3242e+00   2.1671e+00
rank_Mo =         ......... rank Mo = 4 (列フルランク)
    4
L =               ......... L
  -2.6021e+01  -3.9304e+00
  -3.0239e-01  -4.5697e+01
  -3.5454e+01  -2.9776e+01
  -1.6160e+02  -5.8321e+02
Ac =              ......... (7.14) 式の Ac
  -2.6021e+01  -3.9304e+00   1.0000e+00            0
  -3.0239e-01  -4.5697e+01            0   1.0000e+00
  -2.2090e+01   2.5041e+01   1.2604e+01   9.4484e+00
  -2.0696e+02  -7.3598e+02  -4.2781e+01  -3.2104e+01
Bc =              ......... (7.14) 式の Bc
   2.6021e+01   3.9304e+00
   3.0239e-01   4.5697e+01
   3.5454e+01   2.9776e+01
   1.6160e+02   5.8321e+02
Cc =              ......... (7.14) 式の Cc
   3.0651e+00   1.2573e+01   4.3242e+00   2.1671e+00
```

設計された状態フィードバック・オブザーバ併合系の非線形シミュレーションを行うため，図 7.4 の Simulink モデル "cdip_ofbk_sim.slx" を利用する．

116 第 7 章 可観測性とオブザーバ

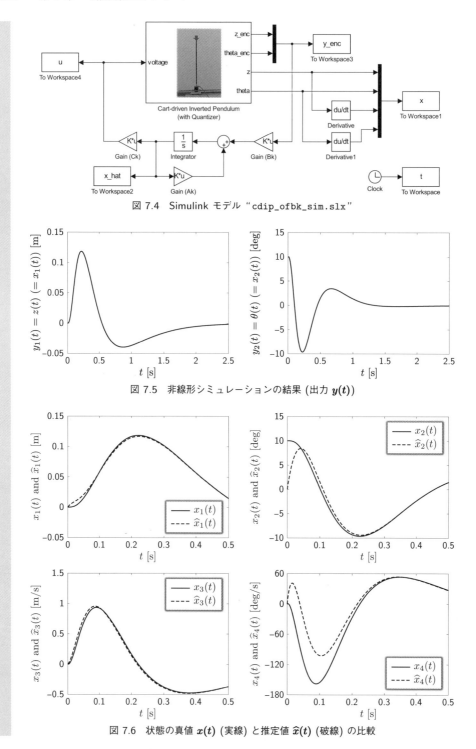

図 7.4 Simulink モデル "`cdip_ofbk_sim.slx`"

図 7.5 非線形シミュレーションの結果 (出力 $\bm{y(t)}$)

図 7.6 状態の真値 $\bm{x(t)}$ (実線) と推定値 $\bm{\widehat{x}(t)}$ (破線) の比較

初期状態を $x(0) = \begin{bmatrix} 0 & \theta(0) & 0 & 0 \end{bmatrix}^\top$ ($\theta(0) = 10\,[\mathrm{deg}]$), $\widehat{x}(0) = \begin{bmatrix} 0 & 0 & 0 & 0 \end{bmatrix}^\top$ として非線形シミュレーションを行った結果を図 7.5, 7.6 に示す (M ファイル "`p1c74_ex1_cdip_ob_plot.m`"). 図 7.5 からわかるように,台車の位置 $y_1(t) = z(t)$ と振子の角度 $y_2(t) = \theta(t)$ はともに 0 に収束していき,安定化を実現できていることが確認できる.また,図 7.6 より 0.3 [s] 付近から推定値が真値にほぼ一致していることがわかり,オブザーバが倒立振子の状態を推定できていることも確認できる.

最後に,台車型倒立振子において,$z(t)$ もしくは $\theta(t)$ のどちらか一方のみが観測可能な場合について考えてみよう.

例 7.2 ・・・・・・・・・・・・・・・・・ 不可観測な台車型倒立振子 (M ファイル "`p1c74_ex2_cdip_Mo.m`")

(1) $z(t)$ のみ観測可能な場合 ($y(t) = z(t)$), 状態空間表現 (7.1) 式の係数行列 A, B, C, D は (7.17) 式および $C = \begin{bmatrix} 1 & 0 & 0 & 0 \end{bmatrix}$, $D = 0$ として与えられ, 可観測性行列 $M_\mathrm{o} \in \mathbb{R}^{4 \times 4}$ は

$$M_\mathrm{o} = \begin{bmatrix} C \\ CA \\ CA^2 \\ CA^3 \end{bmatrix} = \begin{bmatrix} 1 & 0 & 0 & 0 \\ 0 & 0 & 1 & 0 \\ 0 & 0 & -a_\mathrm{c} & 0 \\ 0 & 0 & a_\mathrm{c}^2 & 0 \end{bmatrix} \tag{7.21}$$

となる.$|M_\mathrm{o}| = 0$ なので M_o は列フルランクではなく ($\mathrm{rank}\, M_\mathrm{o} = 2 \neq 4$), (C, A) は可観測ではない.

(2) $\theta(t)$ のみ観測可能な場合 ($y(t) = \theta(t)$), 状態空間表現 (7.1) 式の係数行列 A, B, C, D は (7.17) 式および $C = \begin{bmatrix} 0 & 1 & 0 & 0 \end{bmatrix}$, $D = 0$ として与えられる.この場合も同様に,可観測性行列 $M_\mathrm{o} \in \mathbb{R}^{4 \times 4}$ は

$$M_\mathrm{o} = \begin{bmatrix} C \\ CA \\ CA^2 \\ CA^3 \end{bmatrix} = \begin{bmatrix} 0 & 1 & 0 & 0 \\ 0 & 0 & 0 & 1 \\ 0 & a_1 & a_2 & a_3 \\ 0 & a_1 a_3 & a_2(a_3 - a_\mathrm{c}) & a_1 + a_3^2 \end{bmatrix} \tag{7.22}$$

となる.したがって,$|M_\mathrm{o}| = 0$ なので M_o は列フルランクではなく ($\mathrm{rank}\, M_\mathrm{o} = 3 \neq 4$), (C, A) は可観測ではない.

7.5 可検出性

前節の例において,$z(t)$ もしくは $\theta(t)$ のみが観測可能な場合は,(C, A) が可観測ではないため,$A + LC$ を任意に極配置できない.しかし,すでにお気付きの読者もいるか

と思うが，$A+LC$ を任意に極配置できない場合でも，$A+LC$ を安定化できる場合は存在する (たとえば，A が安定行列な場合，$L=0$ とすればよい)．このように，$A+LC$ が安定化可能である場合を「(C,A) は**可検出である**」という．この可検出性は H_∞ 制御を代表とする，より一般的な出力フィードバック制御を行ううえで重要な役割を果たすが，本書の範囲を超えるため，興味ある読者は文献 4),5) などを参照されたい．

なお，例 7.2 において，$z(t)$ もしくは $\theta(t)$ のみ観測可能な場合は，$A+LC$ の安定化すらできない (すなわち，(C,A) は可検出ではない) ことに注意されたい．

例 7.3 ・・・・・・・・・・・・・・・・・・・・・・・・・・・ 不可検出な台車型倒立振子
(M ファイル "p1c75_ex3_cdip_detectability.m")

(1) $z(t)$ のみ観測可能な場合 $(y(t)=z(t))$，$L=\begin{bmatrix} l_1 & l_2 & l_3 & l_4 \end{bmatrix}^\top$ とおくと，(7.17) 式および $C=\begin{bmatrix} 1 & 0 & 0 & 0 \end{bmatrix}$ より $A+LC$ の特性多項式が

$$|sI-(A+LC)| = (s^2 - a_3 s - a_1)\{s^2 + (a_c - l_1)s - l_1 a_c - l_3\} \quad (7.23)$$

のように因数分解できる．$a_1 > 0$ なので，$s^2 - a_3 s - a_1 = 0$ が必ず不安定根 (実部が正の根) をもち，$A+LC$ を安定化することができない．したがって，この場合，不可検出である．

(2) $\theta(t)$ のみ観測可能な場合 $(y(t)=\theta(t))$，$C=\begin{bmatrix} 0 & 1 & 0 & 0 \end{bmatrix}$ なので，同様の計算により特性多項式 $|A+LC|$ が s を因数としてもつ (特性方程式が 0 を根にもつ) ので，$A+LC$ を安定化することができない．したがって，この場合も不可検出である．

第 7 章の参考文献

1) 小郷　寛，美多　勉：システム制御理論入門，実教出版 (1979)
2) 吉川恒夫，井村順一：現代制御論，コロナ社 (2014)
3) 岩井善太，井上　昭，川路茂保：オブザーバ，コロナ社 (1988)
4) 美多　勉：H_∞ 制御，昭晃堂 (1994)
5) K. Zhou, J. C. Doyle and K. Glover: Robust and Optimal Control, Prentice Hall (1995) (原著) (劉　康志，羅　正華：ロバスト最適制御，コロナ社 (1997) (訳本))

第8章

コントローラの実装 — 離散化

永原 正章

前章で動的コントローラ (出力フィードバック形式のコントローラ) の設計法を学んだが、それは連続時間で動作するシステムである。一方、**第 1 章**で述べたように、実際の倒立振子におけるコントローラはディジタル機器に実装される。したがって、連続時間の微分方程式で表現された動的コントローラを離散時間の差分方程式に表現しなおす必要がある。このような操作を離散化と呼ぶ。本章では、離散化の方法として二つの代表的な手法である 0 次ホールドと双一次変換について説明する。

8.1 コントローラ実装

連続時間のコントローラ $\mathcal{C}(s)$ がすでに設計されているものとして、このコントローラをディジタル機器上に実装することを考えよう。ディジタル機器ではディジタル信号しか扱うことができないため、$\mathcal{C}(s)$ をそのままディジタル機器上に実装することはできない。このため、実際のコントローラ実装では、連続時間システムを離散時間システムに変換する**離散化**の操作が必要不可欠となる。なお、ディジタル実装では、このような時間軸の離散化だけでなく、値の離散化 (これを**量子化**と呼ぶ) も必要となるが、量子化については**発展編**の**第 2 章**で取り扱う。

ディジタル機器をコントローラとして使用する場合、まず、コントローラへの入力、すなわち制御対象の出力 $y(t)$ がサンプリング周期 $t_\mathrm{s} > 0$ [s] の**理想サンプラ** $\mathcal{S}$ により次式のように離散化される (図 8.1 を参照).

理想サンプラ
$$\mathcal{S}: y[k] = y(kt_\mathrm{s}) \quad (k=0,1,2,\ldots) \tag{8.1}$$

以降、変数に角括弧 [·] が付いたものは離散時間信号を表すものとする。たとえば、**1.3.3 項** (p. 10) で説明したロータリエンコーダは、理想サンプラでモデル化できる。つぎに、出力のサンプル値 $y[k]$ を入力とする離散時間コントローラ Σ_K を次式で定義する。

第 8 章 コントローラの実装 — 離散化

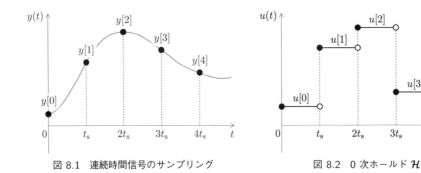

図 8.1　連続時間信号のサンプリング

図 8.2　0 次ホールド $\mathcal{H}$

離散時間コントローラ (出力フィードバック)

$$\Sigma_\mathcal{K}: \begin{cases} \widehat{\xi}[k+1] = A_\mathcal{K}\widehat{\xi}[k] + B_\mathcal{K}y[k] \\ u[k] = C_\mathcal{K}\widehat{\xi}[k] + D_\mathcal{K}y[k] \end{cases} \quad (k = 0, 1, 2, \ldots) \quad (8.2)$$

この離散時間コントローラの出力 $u[k]$ は離散時間信号であるが，制御対象は連続時間システムであるため，1.3.4 項 (p. 11) で考察したような D/A 変換を用いて離散時間信号を連続時間信号に変換しなければならない．ここでは D/A 変換として，次式で定義される 0 次ホールド $\mathcal{H}$ を考える (図 8.2 を参照)．

0 次ホールド

$$\mathcal{H}: u(t) = u[k] \quad (kt_s \leq t \leq kt_s + t_s, \quad k = 0, 1, 2, \ldots) \quad (8.3)$$

以上の仮定のもとで，(8.2) 式で与えられた離散時間コントローラは，理想サンプラ $\mathcal{S}$ と 0 次ホールド $\mathcal{H}$ により，図 8.3 のように実装される．

ディジタル実装における離散化の問題は以下のように定式化することができる．すなわち，状態空間表現をもつ連続時間コントローラ $\Sigma_\mathcal{C}$

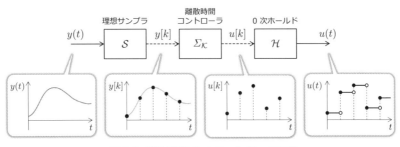

図 8.3　離散時間コントローラ $\Sigma_\mathcal{K}$ の実装

> **連続時間コントローラ (出力フィードバック)**
> $$\Sigma_\mathcal{C} : \begin{cases} \dot{\hat{x}}(t) = A_\mathcal{C}\hat{x}(t) + B_\mathcal{C}y(t) \\ u(t) = C_\mathcal{C}\hat{x}(t) + D_\mathcal{C}y(t) \end{cases} \quad (t \geq 0) \tag{8.4}$$

が与えられたとき，それを近似する離散時間コントローラ $\Sigma_\mathcal{K}$，すなわち何らかの意味で近似式

$$\Sigma_\mathcal{C} \approx \mathcal{H}\Sigma_\mathcal{K}\mathcal{S} \tag{8.5}$$

を満たす $\Sigma_\mathcal{K}$ を求める問題である．本章では，この問題への解として，二つの代表的な手法，すなわち 0 次ホールドによる離散化と双一次変換による離散化の手法を学ぶ．

8.2　Z 変換と離散時間システムの伝達関数

ここでは，具体的な離散化手法の説明に入る前に，準備として離散時間システムの伝達関数について学ぶ．

連続時間の場合と同じように，離散時間システムに対しても伝達関数や周波数応答が定義できれば便利である．連続時間システムでは，Laplace 変換を用いて伝達関数が定義された．離散時間システムでは，Z 変換と呼ばれる変換により伝達関数が同じように定義される．

まず，離散時間信号

$$f := \{f[0], f[1], f[2], \ldots\} \tag{8.6}$$

を考えよう．この離散時間信号に対して **Z 変換**を以下で定義する．

$$f(z) = \mathcal{Z}[f[k]] := \sum_{k=0}^{\infty} f[k]z^{-k} \tag{8.7}$$

この定義により，Z 変換は線形変換であることがわかる．さらに，

$$z^{-1}f(z) = \sum_{k=0}^{\infty} f[k]z^{-k-1} = \sum_{k=1}^{\infty} f[k-1]z^{-k} \tag{8.8}$$

が成り立つ．すなわち，z^{-1} を掛けることにより，離散時間信号 $\{f[0], f[1], f[2], \ldots\}$ が $\{0, f[0], f[1], f[2], \ldots\}$ に変換される．したがって，z^{-1} は 1 ステップの遅れを意味するため，**シフト作用素 (シフトオペレータ)** とも呼ばれる．

つぎに離散時間システム (8.2) 式について考える．このシステムの**伝達関数**を入力信号と出力信号それぞれの Z 変換の比として定義する．伝達関数を具体的に求めるには，**離散時間インパルス**

$$\delta[k] = \begin{cases} 1 & (k=0) \\ 0 & (k \neq 0) \end{cases} \tag{8.9}$$

を入力したときの出力 (これを**離散時間インパルス応答**と呼ぶ) を求め，その Z 変換を求めればよい．(8.2) 式で表される離散時間システムの伝達関数を求めてみよう．まず，(8.9) 式の離散時間インパルスの Z 変換は，(8.7) 式の定義より，容易に

$$\delta(z) = 1 \tag{8.10}$$

であることがわかる．離散時間信号 $\widehat{\xi}[k]$，$u[k]$ および $y[k]$ の Z 変換をそれぞれ $\widehat{\xi}(z)$，$u(z)$ および $y(z)$ とおく．差分方程式 (8.2) の第 1 式の両辺を Z 変換し，(8.8) 式および (8.10) 式を使い整理すると

$$\widehat{\xi}(z) = (zI - A_{\mathcal{K}})^{-1} B_{\mathcal{K}} \tag{8.11}$$

が得られる．これと (8.2) 式の第 2 式より，

$$u(z) = C_{\mathcal{K}}(zI - A_{\mathcal{K}})^{-1} B_{\mathcal{K}} + D_{\mathcal{K}} =: \mathcal{K}(z) \tag{8.12}$$

が得られる．このように定義される $\mathcal{K}(z)$ が (8.2) 式で表される離散時間システムの伝達関数である．

伝達関数 $\mathcal{K}(z)$ をもつシステムの**周波数応答**を $\mathcal{K}(e^{j\omega t_s})$ $(0 \leq \omega \leq 2\pi/t_s)$ で定義する．ここで，t_s はサンプリング周期である．この関数を周波数応答と呼ぶ理由は連続時間システムの場合と同じである．すなわち，周波数 ω $(0 \leq \omega \leq 2\pi/t_s)$ をもつ離散時間正弦波入力 $e^{j\omega t_s k}$ $(k = 0, 1, 2, \ldots)$ に対して，離散時間システム $\Sigma_{\mathcal{K}}$ の定常応答は $\mathcal{K}(e^{j\omega t_s})e^{j\omega t_s k}$ $(k = 0, 1, 2, \ldots)$ となる．詳しくは文献 6) の 3.5 節を参照されたい．

以上の準備のもとで，次節以降，連続時間システムの離散化の方法を学んでいこう．

8.3 0 次ホールドによる離散化

0 次ホールドによる離散化とは，連続時間コントローラ $\Sigma_{\mathcal{C}}$ を理想サンプラ $\mathcal{S}$ と 0 次ホールド $\mathcal{H}$ ではさんで図 8.4 のように構成する方法である．この離散化されたコントローラへの入出力は明らかに離散時間信号であるから，入出力関係を見れば確かに離散時間システムとなっていることがわかる．実際，この 0 次ホールドによる離散化コントローラは線形時不変の離散時間システムとなる．

図 8.4 連続時間コントローラ $\Sigma_{\mathcal{C}}$ の 0 次ホールドによる離散化

定理 8.1 .... 0 次ホールドによる離散化

状態空間表現 (8.4) 式をもつ連続時間コントローラ $\Sigma_\mathcal{C}$ の 0 次ホールドによる離散化 $\Sigma_\mathcal{K} = \mathcal{S}\Sigma_\mathcal{C}\mathcal{H}$ は線形時不変の離散時間システムであり，その状態空間表現は

0 次ホールドによる離散化

$$\Sigma_\mathcal{K}: \begin{cases} \widehat{\xi}[k+1] = A_\mathcal{K}\widehat{\xi}[k] + B_\mathcal{K}y[k] \\ u[k] = C_\mathcal{K}\widehat{\xi}[k] + D_\mathcal{K}y[k] \end{cases} \quad (k=0,1,2,\ldots) \tag{8.13}$$

$$A_\mathcal{K} = e^{A_\mathcal{C}t_\mathrm{s}}, \quad B_\mathcal{K} = \int_0^{t_\mathrm{s}} e^{A_\mathcal{C}t}dt B_\mathcal{C}, \quad C_\mathcal{K} = C_\mathcal{C}, \quad D_\mathcal{K} = D_\mathcal{C}$$

で与えられる．ただし，$\widehat{\xi}[k] = \widehat{x}(kt_\mathrm{s}), y[k] = y(kt_\mathrm{s}), u[k] = u(kt_\mathrm{s})$ である．

(証明)

まず，初期時刻を $t_0 \geq 0$ としたときの，連続時間コントローラ $\Sigma_\mathcal{C}$ の状態方程式である (8.4) 式の第 1 式の解は

$$\widehat{x}(t) = e^{A_\mathcal{C}(t-t_0)}\widehat{x}(t_0) + \int_{t_0}^t e^{A_\mathcal{C}(t-\tau)}B_\mathcal{C}y(\tau)d\tau \quad (t \geq t_0) \tag{8.14}$$

で与えられる．(8.14) 式に $t_0 = kt_\mathrm{s}$ および $t = kt_\mathrm{s} + t_\mathrm{s}$ $(k = 0, 1, 2, \ldots)$ を代入すると，

$$\widehat{x}(kt_\mathrm{s} + t_\mathrm{s}) = e^{A_\mathcal{C}t_\mathrm{s}}\widehat{x}(kt_\mathrm{s}) + \int_{kt_\mathrm{s}}^{kt_\mathrm{s}+t_\mathrm{s}} e^{A_\mathcal{C}(kt_\mathrm{s}+t_\mathrm{s}-\tau)}B_\mathcal{C}y(\tau)d\tau \tag{8.15}$$

が得られる．いま，$y(\tau)$ は 0 次ホールド $\mathcal{H}$ の出力なので，区間 $kt_\mathrm{s} \leq \tau < kt_\mathrm{s}+t_\mathrm{s}$ 上では $y(\tau)$ は一定値 $y[k]$ をとる．すなわち，

$$\widehat{x}(kt_\mathrm{s} + t_\mathrm{s}) = e^{A_\mathcal{C}t_\mathrm{s}}\widehat{x}(kt_\mathrm{s}) + \int_{kt_\mathrm{s}}^{kt_\mathrm{s}+t_\mathrm{s}} e^{A_\mathcal{C}(kt_\mathrm{s}+t_\mathrm{s}-\tau)}B_\mathcal{C}y[k]d\tau \tag{8.16}$$

が成り立つ．ここで，$t := kt_\mathrm{s} + t_\mathrm{s} - \tau$ と変数変換し整理すると，

$$\widehat{x}(kt_\mathrm{s} + t_\mathrm{s}) = e^{A_\mathcal{C}t_\mathrm{s}}\widehat{x}(kt_\mathrm{s}) + \int_0^{t_\mathrm{s}} e^{A_\mathcal{C}t}dt B_\mathcal{C}y[k] \tag{8.17}$$

が得られる．また，$\widehat{\xi}[k] := \widehat{x}(kt_\mathrm{s})$ と定義すれば，

$$\widehat{\xi}[k+1] = e^{A_\mathcal{C}t_\mathrm{s}}\widehat{\xi}[k] + \left(\int_0^{t_\mathrm{s}} e^{A_\mathcal{C}t}dt B_\mathcal{C}\right)y[k] \tag{8.18}$$

と表現される．つぎに，コントローラ $\Sigma_\mathcal{C}$ の出力 $u(t)$ は理想サンプラ $\mathcal{S}$ によりサンプリングされ，$u[k] = u(kt_\mathrm{s})$ となる．これとコントローラの状態空間表現 (8.4) 式の出力方程式より，

$$u[k] = C_{\mathcal{C}}\hat{x}(kt_\mathrm{s}) + D_{\mathcal{C}}y(kt_\mathrm{s}) = C_{\mathcal{C}}\widehat{\xi}[k] + D_{\mathcal{C}}y[k] \tag{8.19}$$

が得られる．(8.18) 式および (8.19) 式より，0 次ホールドによる離散化 $\varSigma_{\mathcal{K}} = \mathcal{S}\varSigma_{\mathcal{C}}\mathcal{H}$ は線形時不変の離散時間システムであり，その状態空間表現は (8.13) 式で与えられることがわかる． □

連続時間コントローラ $\varSigma_{\mathcal{C}}$ の 0 次ホールドによる離散化 $\varSigma_{\mathcal{K}}$ は，MATLAB 関数 "c2d" を用いれば容易に求められる．

例 8.1 .... 0 次ホールドによる離散化

連続時間コントローラが

$$\mathcal{C}(s) = \frac{1}{s^2 + s + 1} \tag{8.20}$$

で与えられたとき，サンプリング周期を $t_\mathrm{s} = 1$ [s] としたときの 0 次ホールドによる離散化を MATLAB により求めてみよう．M ファイル

M ファイル "p1c83_ex1_zero_order_hold.m"
```
1   s = tf('s');              ········ s を Laplace 演算子として定義
2   C = 1/(s^2 + s + 1);      ········ 連続時間コントローラの伝達関数 C(s) = 1/(s^2+s+1) の定義
3
4   ts = 1;                   ········ サンプリング周期を t_s = 1 [s] に設定
5   K = c2d(C, ts)            ········ 0 次ホールドにより離散時間コントローラの伝達関数 K(z) を算出
```

を作成し，実行すると，

```
K =
 
       0.3403 z + 0.2417
    -----------------------
    z^2 - 0.7859 z + 0.3679

サンプル時間:  1 seconds
離散時間の伝達関数です．
```

という結果が得られ，0 次ホールドにより離散化したコントローラ $\varSigma_{\mathcal{K}}$ の伝達関数が次式となることがわかる．

$$\mathcal{K}(z) = \frac{0.3403z + 0.2417}{z^2 - 0.7859z + 0.3679} \tag{8.21}$$

例 8.2 .... 台車型倒立振子の出力フィードバックコントローラの
0 次ホールドによる離散化

例 7.1 (p. 113) で設計した連続時間系のオブザーバ型出力フィードバックコントローラ (7.14) 式を，サンプリング周期 $t_\mathrm{s} = 0.01$ [s] で 0 次ホールドにより離散化するための M ファイルは以下のようになる．

8.3 0次ホールドによる離散化

M ファイル "p1c83_ex2_cdip_ob_design_zoh.m"

"p1c74_ex1_cdip_ob_design.m" (p.114) の 1～38 行目と同様

```
39  sys_Sigma_C = ss(Ac,Bc,Cc,zeros(1,2));   ……… 連続時間コントローラ Σ_C の定義
40  ts = 0.01;                                ……… サンプリング周期 t_s = 0.01 [s]
41  sys_Sigma_K = c2d(sys_Sigma_C, ts);       ……… 0 次ホールドによる離散時間コントローラ Σ_K
42  [Ak Bk Ck Dk] = ssdata(sys_Sigma_K);      ……… Σ_K (状態空間表現) の係数行列 A_K, B_K, C_K,
43  % ----------------------------------           D_K の抽出 ((8.13) 式)
44  format short
```

この M ファイルを実行すると，以下の結果が得られる．

```
................................................略.................................................
Ak =                                  ……… (8.13) 式の A_K
   7.6979e-01  -2.7056e-02   9.3656e-03   2.6975e-04
  -9.2183e-03   6.0904e-01  -1.7584e-03   6.6461e-03
  -2.9076e-01  -6.3427e-02   1.1131e+00   8.5915e-02
  -1.4694e+00  -4.9074e+00  -3.9323e-01   6.8285e-01
Bk =                                  ……… (8.13) 式の B_K
   2.3081e-01   2.9541e-02
   7.3943e-03   3.8475e-01
   4.1209e-01   5.7589e-01
   1.0612e+00   3.5129e+00
Ck =                                  ……… (8.13) 式の C_K
   3.0651e+00   1.2573e+01   4.3242e+00   2.1671e+00
Dk =                                  ……… (8.13) 式の D_K
        0            0
```

0 次ホールドによる離散化には以下の性質がある．

- 元の連続時間コントローラ $\Sigma_\mathcal{C}$ のステップ応答と 0 次ホールドによる離散化 $\Sigma_\mathcal{K}$ の (離散時間システムとしての) ステップ応答がサンプル点上で一致する．

いい換えれば，連続時間の単位ステップ信号を

$$\mathbf{1}(t) = \begin{cases} 1 & (t \geq 0) \\ 0 & (t < 0) \end{cases} \tag{8.22}$$

とおくと，等式

$$\Sigma_\mathcal{K} \mathcal{S} \mathbf{1} = \mathcal{S} \Sigma_\mathcal{C} \mathbf{1} \tag{8.23}$$

が成り立つ[注1]．この性質から，0 次ホールドによる離散化は**ステップ不変変換**とも呼ばれる．

コーヒーブレイク

ステップ応答ではなく，インパルス応答が不変であるような離散化の方法も存在し，**インパルス不変変換**と呼ばれる．(8.4) 式で与えられる連続時間コントローラ $\mathcal{C}(s)$ を考え，$D_\mathcal{C} = 0$ とする．$\mathcal{C}(s)$ のインパルス応答 $C_\mathcal{C} e^{A_\mathcal{C} t} B_\mathcal{C}$ $(t \geq 0)$ をサンプリング周期 $t_s > 0$

[注1] 文献 1) の 3.1 節を参照されたい．

でサンプリングした離散時間信号

$$C_\mathcal{C} e^{A_\mathcal{C} t_\mathrm{s} k} B_\mathcal{C} \quad (k = 0, 1, 2, \ldots) \tag{8.24}$$

を考える．これが (離散時間系としての) インパルス応答となるような離散時間系を求めるのがインパルス不変換法である．(8.24) 式からわかるように，インパルス不変変換によって離散化されたシステムの状態空間表現 (8.2) 式における行列はそれぞれ

$$A_\mathcal{K} = e^{A_\mathcal{C} t_\mathrm{s}}, \quad B_\mathcal{K} = e^{A_\mathcal{C} t_\mathrm{s}} B_\mathcal{C}, \quad C_\mathcal{K} = C_\mathcal{C}, \quad D_\mathcal{K} = C_\mathcal{C} B_\mathcal{C} \tag{8.25}$$

で与えられる．

なお，MATLAB では，関数 "c2d" を使って，c2d(C,ts,'imp') のように imp オプションを付ければ，インパルス不変変換が求められるが，得られた離散時間系は t_s 倍されることに注意する必要がある．これは，MATLAB における離散時間系のインパルス応答の定義が違うためである．

インパルス不変変換についての詳細は，文献 6) の 5.2 節を参照されたい．

8.4 双一次変換による離散化

本節では，0 次ホールドによる離散化に並ぶ代表的な離散化手法である**双一次変換による離散化** (Tustin 変換法) について説明する．

サンプリング周期を $t_\mathrm{s} > 0$ とし，連続時間コントローラの状態空間表現 (8.4) 式の第 1 式を考える．ただし，$\widehat{x}(0) = 0$ とする．この微分方程式の両辺を t で 0 から $k t_\mathrm{s}$ ($k = 0, 1, 2, \ldots$) まで積分すると，

$$\widehat{x}(k t_\mathrm{s}) = \int_0^{k t_\mathrm{s}} \bigl(A_\mathcal{C} \widehat{x}(t) + B_\mathcal{C} y(t)\bigr) dt \tag{8.26}$$

が得られる．これより，

$$\begin{aligned}
\widehat{x}(k t_\mathrm{s} + t_\mathrm{s}) &= \int_0^{k t_\mathrm{s} + t_\mathrm{s}} \bigl(A_\mathcal{C} \widehat{x}(t) + B_\mathcal{C} y(t)\bigr) dt \\
&= \int_0^{k t_\mathrm{s}} \bigl(A_\mathcal{C} \widehat{x}(t) + B_\mathcal{C} y(t)\bigr) dt + \int_{k t_\mathrm{s}}^{k t_\mathrm{s} + t_\mathrm{s}} \bigl(A_\mathcal{C} \widehat{x}(t) + B_\mathcal{C} y(t)\bigr) dt \\
&= \widehat{x}(k t_\mathrm{s}) + \int_{k t_\mathrm{s}}^{k t_\mathrm{s} + t_\mathrm{s}} \bigl(A_\mathcal{C} \widehat{x}(t) + B_\mathcal{C} y(t)\bigr) dt
\end{aligned} \tag{8.27}$$

となる．ここで，右辺第 2 項の積分を台形公式[3)]を用いて近似すると，

$$\begin{aligned}
&\int_{k t_\mathrm{s}}^{k t_\mathrm{s} + t_\mathrm{s}} \bigl(A_\mathcal{C} \widehat{x}(t) + B_\mathcal{C} y(t)\bigr) dt \\
&\quad \approx \frac{t_\mathrm{s}}{2} \bigl\{ \bigl(A_\mathcal{C} \widehat{x}(k t_\mathrm{s} + t_\mathrm{s}) + B_\mathcal{C} y(k t_\mathrm{s} + t_\mathrm{s})\bigr) + \bigl(A_\mathcal{C} \widehat{x}(k t_\mathrm{s}) + B_\mathcal{C} y(k t_\mathrm{s})\bigr) \bigr\}
\end{aligned} \tag{8.28}$$

となる．ここで，$\widehat{x}[k] = \widehat{x}(kt_s)$, $y[k] = y(kt_s)$ とおくと，微分方程式の差分近似式

$$\widehat{x}[k+1] = \widehat{x}[k] + \frac{t_s}{2}\left\{\left(A_\mathcal{C}\widehat{x}[k+1] + B_\mathcal{C}y[k+1]\right) + \left(A_\mathcal{C}\widehat{x}[k] + B_\mathcal{C}y[k]\right)\right\} \quad (8.29)$$

が得られる．(8.29) 式の両辺を Z 変換し，整理すると

$$\frac{2}{t_s}\frac{z-1}{z+1}\widehat{x}(z) = A_\mathcal{C}\widehat{x}(z) + B_\mathcal{C}y(z) \quad (8.30)$$

となる．これと状態空間表現 (8.4) 式の第 2 式より，$u[k] = u(kt_s)$ とおくと，関係式

$$u(z) = \left\{C_\mathcal{C}\left(\frac{2}{t_s}\frac{z-1}{z+1}I - A_\mathcal{C}\right)^{-1}B_\mathcal{C} + D_\mathcal{C}\right\}y(z) \quad (8.31)$$

が得られる．

以上の準備のもと，状態空間表現 (8.4) 式をもつ連続時間の伝達関数 $\mathcal{C}(s)$ の離散近似を求めてみよう．伝達関数 $\mathcal{C}(s)$ に

$$s = \frac{2}{t_s}\frac{z-1}{z+1} \quad (8.32)$$

を代入して得られる離散時間システムの伝達関数

$$\mathcal{K}(z) = \mathcal{C}\left(\frac{2}{t_s}\frac{z-1}{z+1}\right) \quad (8.33)$$

を考えると，上の考察からこれは連続時間システム $\mathcal{C}(s)$ の離散近似であるといえる．この離散化法を**双一次変換による離散化**，または **Tustin 変換法**と呼ぶ．

(8.32) 式を z について解くと

$$z = \frac{1 + (t_s/2)s}{1 - (t_s/2)s} \quad (8.34)$$

が得られる．この $s \in \mathbb{C}$ から $z \in \mathbb{C}$ への変換はMöbius（メビウス）**変換**または**双一次変換**と呼ばれるものである[5]．変数変換 (8.34) の重要な点は，複素平面上の開左半平面を開単位円板に移すことである（図 8.5 を参照）．実際，(8.34) 式より，$s = j\omega$ ($\omega \in \mathbb{R}$) に対しては，

$$z = \frac{1 + (t_s/2)j\omega}{1 - (t_s/2)j\omega} = e^{j\theta}, \quad \theta := 2\tan^{-1}\frac{t_s\omega}{2} \quad (8.35)$$

より，虚軸は単位円（ただし $z = -1$ の点は除く）に移る．また，(8.32) 式に $z = re^{j\theta}$ ($r > 0$, $-\pi \leq \theta < \pi$) を代入して整理すると，

$$s = \frac{2}{t_s}\left(\frac{r^2 - 1}{1 + r^2 + 2r\cos\theta} + j\frac{2r\sin\theta}{1 + r^2 + 2r\cos\theta}\right) \quad (8.36)$$

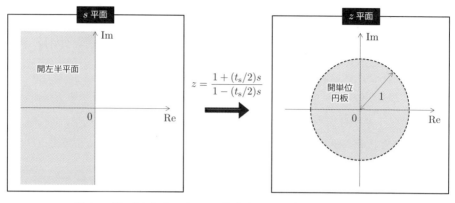

図 8.5 双一次変換 (8.34) により開左半平面が開単位円板に移される.

が得られる. $r > 0$ より, もし (8.36) 式の右辺の実部が負ならば, $r < 1$ でなければならない. 同様に, もし (8.36) 式の右辺の実部が正ならば, $r > 1$ である. これより, 双一次変換 (8.34) 式は開左半平面を開単位円板に移すことがわかる.

この双一次変換の性質より, 双一次変換による離散化ではコントローラの安定性や最小位相特性が保存されることがわかる. また, 離散時間システム $\mathcal{K}(z)$ の周波数応答 $\mathcal{K}(e^{j\omega t_s})$ $(-\pi/t_s \leq \omega < \pi/t_s)$ を計算すると

$$\mathcal{K}(e^{j\omega t_s}) = \mathcal{C}\left(\frac{2}{t_s} \cdot \frac{1 - e^{-j\omega t_s}}{1 + e^{-j\omega t_s}}\right) = \mathcal{C}\left(j \cdot \frac{2}{t_s} \tan \frac{\omega t_s}{2}\right) \quad (8.37)$$

となり, 周波数応答において $\omega = 0$ のときに

$$\mathcal{K}(e^{j0}) = \mathcal{C}(j0) \quad (8.38)$$

が成り立つことがわかる. すなわち, 双一次変換による離散化では $\omega = 0$ において周波数応答が一致するという性質がある.

双一次変換による離散時間コントローラの状態空間表現は以下の定理により得られる.

定理 8.2 .... 双一次変換による離散化

状態空間表現 (8.4) 式をもつ連続時間コントローラ $\Sigma_\mathcal{C}$ を考える. ただし, 初期値を $\widehat{x}(0) = 0$ とし, また行列 $A_\mathcal{C}$ は $2/t_s$ を固有値にもたないと仮定する. この連続時間コントローラの伝達関数 $\mathcal{C}(s)$ に対して (8.33) 式の双一次変換による離散化を行ったとき, 離散時間コントローラ $\mathcal{K}(z)$ の状態空間表現は

双一次変換による離散化

$$\Sigma_\mathcal{K} : \begin{cases} \widehat{\xi}[k+1] = A_\mathcal{K}\widehat{\xi}[k] + B_\mathcal{K}y[k] \\ u[k] = C_\mathcal{K}\widehat{\xi}[k] + D_\mathcal{K}y[k] \end{cases} \quad (k = 0, 1, 2, \ldots) \quad (8.39)$$

$$A_{\mathcal{K}} = \left(I + \frac{t_\mathrm{s}}{2}A_\mathcal{C}\right)\left(I - \frac{t_\mathrm{s}}{2}A_\mathcal{C}\right)^{-1}, \quad B_{\mathcal{K}} = \frac{t_\mathrm{s}}{2}\left(I - \frac{t_\mathrm{s}}{2}A_\mathcal{C}\right)^{-1}B_\mathcal{C},$$
$$C_{\mathcal{K}} = C_\mathcal{C}(A_{\mathcal{K}} + I), \quad D_{\mathcal{K}} = C_\mathcal{C}B_{\mathcal{K}} + D_\mathcal{C}$$

で与えられる. ただし,

$$\widehat{\xi}[k] = \frac{1}{2}\left(I - \frac{t_\mathrm{s}}{2}A_\mathcal{C}\right)\widehat{x}(kt_\mathrm{s}) - \frac{t_\mathrm{s}}{4}B_\mathcal{C}y[k] \tag{8.40}$$

および $y[k] = y(kt_\mathrm{s})$, $u[k] = u(kt_\mathrm{s})$ である.

(証明)

(8.29) 式を整理すると

$$\left(I - \frac{t_\mathrm{s}}{2}A_\mathcal{C}\right)\widehat{x}[k+1] - \frac{t_\mathrm{s}}{2}B_\mathcal{C}y[k+1] = \left(I + \frac{t_\mathrm{s}}{2}A_\mathcal{C}\right)\widehat{x}[k] + \frac{t_\mathrm{s}}{2}B_\mathcal{C}y[k] \tag{8.41}$$

となる. ただし, $\widehat{x}[k] = \widehat{x}(kt_\mathrm{s})$ である. 変数 $\widehat{\xi}[k]$ を (8.40) 式で定義する. この定義より,

$$\widehat{x}[k] = 2\left(I - \frac{t_\mathrm{s}}{2}A_\mathcal{C}\right)^{-1}\widehat{\xi}[k] + \frac{t_\mathrm{s}}{2}\left(I - \frac{t_\mathrm{s}}{2}A_\mathcal{C}\right)^{-1}B_\mathcal{C}y[k] \tag{8.42}$$

が得られる. (8.41) 式に (8.40) 式および (8.42) 式を代入して整理すると

$$\widehat{\xi}[k+1] = \underbrace{\left(I + \frac{t_\mathrm{s}}{2}A_\mathcal{C}\right)\left(I - \frac{t_\mathrm{s}}{2}A_\mathcal{C}\right)^{-1}}_{A_{\mathcal{K}}}\widehat{\xi}[k]$$
$$+ \frac{t_\mathrm{s}}{4}\left\{\left(I + \frac{t_\mathrm{s}}{2}A_\mathcal{C}\right)\left(I - \frac{t_\mathrm{s}}{2}A_\mathcal{C}\right)^{-1} + I\right\}B_\mathcal{C}y[k] \tag{8.43}$$

となる. ここで,

$$A_{\mathcal{K}} + I = \left(I + \frac{t_\mathrm{s}}{2}A_\mathcal{C}\right)\left(I - \frac{t_\mathrm{s}}{2}A_\mathcal{C}\right)^{-1} + I = 2\left(I - \frac{t_\mathrm{s}}{2}A_\mathcal{C}\right)^{-1} \tag{8.44}$$

が成り立つので,

$$\frac{t_\mathrm{s}}{4}\left\{\left(I + \frac{t_\mathrm{s}}{2}A_\mathcal{C}\right)\left(I - \frac{t_\mathrm{s}}{2}A_\mathcal{C}\right)^{-1} + I\right\}B_\mathcal{C} = B_{\mathcal{K}} \tag{8.45}$$

となることがわかる. つぎに $u[k] = u(kt_\mathrm{s})$ とおくと, 状態空間表現 (8.4) 式の第 2 式より

$$u[k] = C_\mathcal{C}\widehat{x}[k] + D_\mathcal{C}y[k] \tag{8.46}$$

が得られ，(8.42) 式および (8.44) 式を使って整理すれば

$$u[k] = 2C_\mathcal{C}\left(I - \frac{t_s}{2}A_\mathcal{C}\right)^{-1}\widehat{\xi}[k] + \left\{\frac{t_s}{2}C_\mathcal{C}\left(I - \frac{t_s}{2}A_\mathcal{C}\right)^{-1}B_\mathcal{C} + D_\mathcal{C}\right\}y[k]$$
$$= \underbrace{C_\mathcal{C}(A_\mathcal{K} + I)}_{C_\mathcal{K}}\widehat{\xi}[k] + \underbrace{(C_\mathcal{C}B_\mathcal{K} + D_\mathcal{C})}_{D_\mathcal{K}}y[k] \tag{8.47}$$

が得られる．$\mathcal{K}(z)$ の状態空間表現が (8.39) 式で与えられることがわかる． □

以下の例に示すように，双一次変換による離散化も MATLAB 関数 "c2d" により容易に計算できる．

例 8.3 ··· 双一次変換による離散化

サンプリング周期を $t_s = 1$ [s] とし，(8.20) 式の連続時間コントローラ $\mathcal{C}(s)$ を双一次変換により離散化してみよう．M ファイル

M ファイル "p1c84_ex3_bilinear.m"
```
1   s = tf('s');              ……… s を Laplace 演算子として定義
2   C = 1/(s^2 + s + 1);      ……… 連続時間コントローラの伝達関数 C(s) = 1/(s^2+s+1) の定義
3
4   ts = 1;                   ……… サンプリング周期を t_s = 1 [s] に設定
5   K = c2d(C, ts, 'tustin')  ……… 双一次変換により離散時間コントローラの伝達関数 K(z) を算出
```

を作成し，実行すると，

```
K =
 
  0.1429 z^2 + 0.2857 z + 0.1429
  ------------------------------
      z^2 - 0.8571 z + 0.4286

サンプル時間: 1 seconds
離散時間の伝達関数です．
```

のように，双一次変換による離散化された $\Sigma_\mathcal{K}$ の伝達関数

$$\mathcal{K}(z) = \frac{0.1429z^2 + 0.2857z + 0.1429}{z^2 - 0.8571z + 0.4286} \tag{8.48}$$

が得られる．これに $z = e^{j0} = 1$ を代入すると，確かに $\mathcal{K}(1) = 1 = \mathcal{C}(0)$ となっており，(8.38) 式が成り立つことが確認できる．

例 8.4 ················ 台車型倒立振子の出力フィードバックコントローラの
双一次変換による離散化

例 8.3 と同様，例 7.1 (p.113) で設計した連続時間系のオブザーバ型出力フィードバックコントローラ (7.14) 式を，サンプリング周期 $t_s = 0.01$ [s] で双一次変換により離散化してみよう．双一次変換による離散化を行うための M ファイルは以

下のようになる.

M ファイル "p1c84_ex4_cdip_ob_design_bilinear.m"

"p1c74_ex1_cdip_ob_design.m" (p.114) の 1 〜 38 行目と同様

```
39  sys_Sigma_C = ss(Ac,Bc,Cc,zeros(1,2));   ……… 連続時間コントローラ Σ_C の定義
40  ts = 0.01;                               ……… サンプリング周期 t_s = 0.01 [s]
41  sys_Sigma_K = c2d(sys_Sigma_C, ts, 'tustin');  ……… 双一次変換による離散時間コントローラ
42  [Ak Bk Ck Dk] = ssdata(sys_Sigma_K)                Σ_K (状態空間表現) とその係数行列 A_K,
43  % ----------------------------------                B_K, C_K, D_K の抽出 ((8.39) 式)
44  format short
```

この M ファイルを実行すると,

```
........................................ 略 .........................................
Ak =                          ……… (8.39) 式の A_K
    7.6863e-01  -2.8118e-02   9.3784e-03   2.6063e-04
   -8.2746e-03   6.0744e-01  -1.6102e-03   6.8600e-03
   -2.8513e-01  -3.7267e-02   1.1134e+00   8.5871e-02
   -1.4982e+00  -5.0651e+00  -3.9279e-01   6.8556e-01
Bk =                          ……… (8.39) 式の B_K
    2.3193e-01   3.0489e-02
    6.6111e-03   3.8688e-01
    4.0687e-01   5.5093e-01
    1.0897e+00   3.6699e-01
Ck =                          ……… (8.39) 式の C_K
    4.1865e-01   4.4932e+00   4.1480e+00   2.0555e+00
Dk =                          ……… (8.39) 式の D_K
    2.4574e+00   7.6465e-01
```

という結果が得られる.

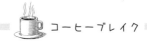
コーヒーブレイク

　双一次変換による離散化では周波数 $\omega = 0$ において周波数応答が一致する. ここで, $\omega = 0$ ではなく, ほかの周波数 $\omega = \omega_0$ (ただし, $0 < |\omega_0| < \pi/t_s$ とする) において誤差を 0 にしたい場合は, **プリワープ付き双一次変換**による以下の離散化を用いればよい.

$$\mathcal{K}(z) = \mathcal{C}\left(c(\omega_0) \frac{1-z^{-1}}{1+z^{-1}}\right), \quad c(\omega_0) := \omega_0 \left(\tan \frac{\omega_0 t_s}{2}\right)^{-1} \quad (8.49)$$

この変換により $\omega = \omega_0$ において周波数応答が一致する. すなわち,

$$\mathcal{K}(e^{j\omega_0 t_s}) = \mathcal{C}(j\omega_0) \quad (8.50)$$

が成り立つ.

　プリワープ付き双一次変換も MATLAB 関数の "c2d" で計算できる. たとえば, 周波数 $\omega_0 = 1.5$ でのプリワープ付き双一次変換は, c2d(C,ts,'prewarp',1.5) により計算できる.

8.5 サンプル値 H_∞ 制御理論による最適離散化

0 次ホールドによる離散化や双一次変換による離散化には，本章で述べたようにそれぞれいくつかのよい性質をもつ．しかし，それらの離散化により，もとのコントローラ $\Sigma_\mathcal{C}$ とディジタル実装された $\mathcal{H}\Sigma_\mathcal{K}\mathcal{S}$ との間に近似式である (8.5) 式が成り立つかどうか，いい換えればそれらのシステムの間の「誤差」が小さくなっているのかどうかは，実は何もいえていない．

この「誤差」を正しく見積もるためには，**サンプル値制御理論**の知識が必要となる．もし連続時間コントローラ $\Sigma_\mathcal{C}$ が安定ならば，サンプル値制御理論を援用して，評価関数

$$J(\Sigma_\mathcal{K}) = \|(\Sigma_\mathcal{C} - \mathcal{H}\Sigma_\mathcal{K}\mathcal{S})\mathcal{W}\|_\infty = \sup_{\substack{w \in L^2 \\ \|w\|_2 = 1}} \|(\Sigma_\mathcal{C} - \mathcal{H}\Sigma_\mathcal{K}\mathcal{S})\mathcal{W}w\|_2 \qquad (8.51)$$

を最小化する最適ディジタルコントローラ $\Sigma_\mathcal{K}$ を求めることが可能となる．ここで，$\mathcal{W}(s)$ は厳密にプロパーかつ安定な周波数重み伝達関数である．

サンプル値制御理論の基礎については，**発展編**の**第 2 章**で簡単に述べる．また，上記の最適ディジタルコントローラを求める方法の詳細については，文献 4) を参照されたい．さらに，スパースモデリング[7]のアイデアを導入して，離散化コントローラを低次元化する手法も近年，提案されている[8]．

第 8 章の参考文献

1) T. Chen and B. Francis: Optimal Sampled-data control systems, Springer (1995)
2) G. F. Franklin, J. D. Powerll, and M. L. Workman: Digital Control of Dynamic Systems, 3rd edition, Addison-Wesley (1998)
3) 川田昌克：**Scilab** で学ぶわかりやすい数値計算法，森北出版 (2008)
4) M. Nagahara and Y. Yamamoto: Optimal Discretization of Analog Filters via Sampled-data H^∞ Control Theory, The 2013 IEEE Multi-Conference on Systems and Control (MSC 2013), pp. 527–532 (2013)
5) T. ニーダム 著 (石田 久ら 訳)：ヴィジュアル複素解析，培風館 (2002)
6) 酒井英昭：信号処理，新世代工学シリーズ，オーム社 (1998)
7) 永原正章：スパースモデリング，コロナ社 (2017)
8) M. Nagahara and Y. Yamamoto: Sparse representation for sampled-data H^∞ filters, Athanasios Antoulas 70th Festschrift, Springer (2020; to appear)

本章では，連続時間コントローラのディジタル実装に必要な離散化の方法として，0 次ホールドによる離散化と双一次変換による離散化について説明した．**定理 8.1** の証明は文献 1) の 3.1 節を参考にした．また**定理 8.2** の証明は文献 2) の 6.1 節を参考にした．

第 II 部

発 展 編

　倒立振子は大学や高専における「制御工学」の講義内容の範囲を超えたアドバンストな制御理論，あるいは研究者が新しく提案した制御理論の有効性を検証するための実験装置としても利用されている．たとえば，本来，倒立振子は非線形システムであるが，第 I 部「基礎編」では，倒立振子の動作領域を限定することで近似的に線形システムと見なし，コントローラを設計した．しかし，非線形性を考慮していないため，振子の倒立状態を維持したままアーム角を大きな目標値に追従させたり，振子がぶら下がった状態から振り上げて安定化させることは困難である．このような問題に対処するためには，LMI に基づくゲインスケジューリング制御法や，さまざまな非線形制御法が有効である．

　第 II 部「発展編」では，アドバンストな制御理論のトピックスとして以下の三つを取り上げ，使うという立場から学習する．

- LMI による制御：多目的制御，最適制御，ロバスト制御，拘束系の制御，ゲインスケジューリング制御 ………………………………………………………… 第 1 章
- ディジタル制御：量子化入力制御，サンプル値制御 ……………………… 第 2 章
- 非線形制御：エネルギー法，スライディングモード制御，モデル予測制御
  ………………………………………………………………………………… 第 3 章

第1章

LMI と制御

市原 裕之・澤田 賢治

制御分野に現れる多くの問題は，解析や設計のための未知変数に関する線形行列不等式 (LMI: linear matrix inequality) で表すことができる．LMI は計算機で容易に解くことができ，未知変数の値を定めることができる．本章では，古典制御で学ぶ極と過渡応答の関係から LMI による多目的制御の必要性を述べる．また，現代制御で学ぶ最適制御に基づく多目的制御について述べる．さらに，LMI の特長を活かしたロバスト制御，操作量の大きさが拘束されるシステムの制御，非線形特性に対応できるゲインスケジューリング制御について述べる．

1.1 多目的制御

1.1.1 極と応答の関係

古典制御の教えるところによれば，安定な線形システムの過渡応答は，**代表極 (支配極)** によって特徴づけることができる[1],[2]．代表極は複素平面上で虚軸にもっとも近い実部をもつ極であり，実軸上に 1 個あるいは複素共役根として 2 個ある．そのため，古典制御では，これらの極のみを有する 1 次遅れ系あるいは 2 次遅れ系に関する極と過渡応答の関係を詳しく取り扱う．代表極としての 1 次遅れ系や 2 次遅れ系の応答は，高次遅れ系の応答を近似しているに過ぎない．しかし，1 次遅れ系あるいは 2 次遅れ系の応答特性に基づいて，高次遅れ系の望ましい応答を特徴づけることには意味がある．とくに，2 次遅れ系は振動的な応答となることがあるため，注目しておく必要がある．

そこで，つぎの伝達関数表現で記述される 2 次遅れ系について考えよう．

$$y(s) = \mathcal{P}(s)u(s), \quad \mathcal{P}(s) = \frac{\omega_n^2}{s^2 + 2\zeta\omega_n s + \omega_n^2} \tag{1.1}$$

ただし，$\omega_n > 0$ は固有角周波数，$0 < \zeta < 1$ は減衰係数である．この 2 次遅れ系に単位ステップ入力信号 $u(t) = 1$ $(t \geq 0)$ を加えたときの時間応答 $y(t)$ を図 1.1 に示す．応答から判断できる過渡特性の指標の一つに**整定時間**があり，**速応性**の目安として知られている．たとえば，5 % 整定時間は約 $3/(\zeta\omega_n)$ であるので，制御系に必要な整定時間 T_s を与えれば，$3/(\zeta\omega_n) < T_s$ を満たすことが望ましい．書き換えれば，

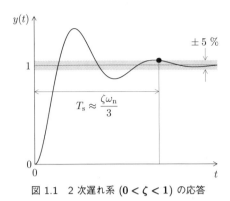

図 1.1　2 次遅れ系 ($0 < \zeta < 1$) の応答

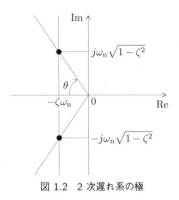

図 1.2　2 次遅れ系の極

$$\zeta\omega_n > \frac{3}{T_s} \tag{1.2}$$

である．また，過渡応答は振動的になることがあるが，

$$\zeta > \frac{1}{\sqrt{2}} \tag{1.3}$$

を満たすとき，振動が速やかに減衰することが知られている．減衰は**安定度**の目安となる．

制御系に対する速応性や安定度に関する要求は，代表極としての 2 次遅れ系の伝達関数の極として，図 1.2 に基づいて視覚的に表すことができる．$0 < \zeta < 1$ であるので，極は $\lambda = -\zeta\omega_n \pm j\omega_n\sqrt{1-\zeta^2}$ である．λ の実部に注目すれば，速応性に関する要求は，つぎのように表すことができる．

$$\lambda \in \mathcal{A}(\alpha) := \{\, \lambda \in \mathbb{C} \mid \mathrm{Re}[\lambda] < -\alpha \,\} \tag{1.4}$$

ここで，$\mathcal{A}(\alpha)$ は α-安定領域 (図 1.3)，つまり，複素平面で実部が $-\alpha$ より小さい領域を表す．(1.2) 式で表される 5 % 整定時間については，$\alpha = 3/T_s$ とすればよい．一方，実軸の負の方向から各極の方向へ角度 θ をとるとき，安定度に関する要求から，$\zeta > \cos\theta$ あるいは

$$\tan\theta > \frac{|\mathrm{Im}[\lambda]|}{|\mathrm{Re}[\lambda]|} = \frac{\sqrt{1-\zeta^2}}{\zeta}$$

を満たすことが望ましい．つまり，安定度に関する要求はつぎのように表すことができる．

$$\lambda \in \mathcal{S}(k) := \{\, \lambda \in \mathbb{C} \mid |\mathrm{Im}[\lambda]| < k|\mathrm{Re}[\lambda]|,\ \mathrm{Re}[\lambda] < 0,\ k = \tan\theta > 0 \,\} \tag{1.5}$$

ここで，$\mathcal{S}(k)$ は傾き k のセクタ領域 (図 1.4) を表す．応答の振動が速やかに減衰するためには，(1.3) 式から，$\zeta > \cos\theta = 1/\sqrt{2}$，つまり $k = 1$ であればよい．

また，設計問題を考えた場合，極を負側に大きくし過ぎないことが要求される．つまり，この要求は

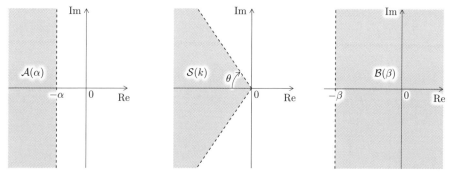

図 1.3　極領域 $\mathcal{A}(\alpha)$：α-安定領域　図 1.4　極領域 $\mathcal{S}(k)$ ($k = \tan\theta$)：セクタ領域　図 1.5　極領域 $\mathcal{B}(\beta)$

$$\lambda \in \mathcal{B}(\beta) := \{\lambda \in \mathbb{C} \mid \text{Re}[\lambda] > -\beta\} \tag{1.6}$$

のように表すことができる (図 1.5).

1.1.2 極配置

つぎの線形時不変系について考えよう.

$$\dot{x}(t) = Ax(t) + Bu(t),\ x(0) = x_0 \tag{1.7}$$
$$y(t) = Cx(t) \tag{1.8}$$

ただし, $x(t) \in \mathbb{R}^n$ は状態変数, $u(t) \in \mathbb{R}^m$ は入力, $y(t) \in \mathbb{R}^p$ は出力とする. また, (A, B, C) は最小実現とする. このとき, 行列 A の固有値 λ と伝達関数表現における極は一致する. システム (1.7) 式が仕様 (1.4) 式および (1.5) 式を満たすかどうかを, **線形行列不等式** (LMI: linear matrix inequality) を用いて判定しよう[注1].

仕様 (1.4) 式を表す LMI について, つぎの定理が成立する[3),4)].

定理 1.1 ……………………………… 極領域 $\mathcal{A}(\alpha)$ (α-安定領域) に関する LMI

与えられた行列 $A \in \mathbb{R}^{n \times n}$ と $\alpha \in \mathbb{R}$ に対し, つぎの (i) と (ii) は等価である.

(i) 行列 A の任意の固有値 λ に対して, $\lambda \in \mathcal{A}(\alpha)$ が成立する (図 1.3).

(ii) つぎの LMI を満たす n 次対称行列 $P \succ 0$ が存在する.

$$A^\top P + PA + 2\alpha P \prec 0 \tag{1.9}$$

この定理では, 行列 A の固有値 λ が α-安定領域に含まれるためには, 二つの LMI 条件 $P \succ 0$ および (1.9) 式を同時に満たす P が存在することが必要かつ十分であること

[注1] LMI について詳しくは次節で述べるが, **行列不等式**とは未知変数に依存した行列が正定 (あるいは負定) であることを示す関係式である. とくに, 未知変数に関して線形な行列不等式を LMI という.

を述べている．定理を利用する立場では，これらの LMI 条件を同時に満たす少なくとも一つの具体的な行列 P を見つけることができれば，行列 A の固有値が α-安定領域に含まれていると判定できる．

例 1.1 .... LMI 可解問題

A および P, α が以下のように与えられたとき，LMI 条件により行列 A の固有値が極領域 $\mathcal{A}(\alpha)$ (α-安定領域) に含まれているかどうかを調べてみよう．

$$A = \begin{bmatrix} 0 & 1 \\ -2.25 & -2.25 \end{bmatrix}, \quad P = \begin{bmatrix} \xi_1 & \xi_2 \\ \xi_2 & 1 \end{bmatrix}, \quad \alpha = 1 \quad (T_s = 3) \quad (1.10)$$

なお，A の固有値は $\lambda = (-9 \pm 3\sqrt{7}j)/8$ なので，その実部 $\mathrm{Re}[\lambda] = -9/8$ は $-\alpha = -1$ よりも小さい (A の固有値は極領域 $\mathcal{A}(\alpha)$ に含まれている)．

A の固有値が極領域 $\mathcal{A}(\alpha)$ に含まれているかどうかを判定するための LMI ($P \succ 0$ および (1.9) 式) はつぎのように表すことができる$^{(注2)}$．

$$P \succ 0 \implies \begin{bmatrix} \xi_1 & \xi_2 \\ \xi_2 & 1 \end{bmatrix} \succ 0 \quad (1.11)$$

$$A^\top P + PA + 2\alpha P \prec 0 \implies \begin{bmatrix} -8\xi_1 + 18\xi_2 & 9 - 4\xi_1 + \xi_2 \\ 9 - 4\xi_1 + \xi_2 & 10 - 8\xi_1 \end{bmatrix} \succ 0 \quad (1.12)$$

これらの LMI を同時に満たす (ξ_1, ξ_2) を**実行可能解**と呼ぶ．一般に，LMI に実行可能解が存在するかどうかを判定する問題は，**LMI 可解問題**と呼ばれる．この場合，すべての実行可能解は図 1.6 の破線による境界を含まない楕円内の集合となる．こ

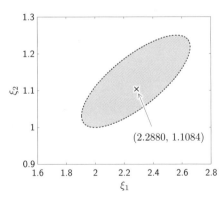

図 1.6　LMI 可解問題の実行可能領域

$^{(注2)}$ 本来は未知変数 ξ_3 を導入して $P = \begin{bmatrix} \xi_1 & \xi_2 \\ \xi_2 & \xi_3 \end{bmatrix}$ とするべきだが，この問題に限っては $\xi_3 = 1$ に固定しても α-安定領域の判定に影響しない．

れを実行可能領域と呼ぶ. (ξ_1, ξ_2) は領域として存在するので，問題は可解であり，λ は α-安定領域に含まれていると判定することができる．実行可能解を一つでも見つけることができれば問題は可解であり，そうでなければ問題は非可解である．

フリーウェアの LMI ソルバ SeDuMi (Ver. 1.32 (20130724)) と LMI パーサ YALMIP (Release 20150918) を利用し[注3]，$P \succ 0$ および (1.9) 式 ((1.11), (1.12) 式) を制約条件とする LMI 可解問題を解くための M ファイルは以下のようになる．

M ファイル "p2c112_ex1_alpha_stability.m"

```
1   clear; format compact          ……… 初期化
2   % ----------------------
3   A = [ 0      1                  ……… A = [ 0    1; -2.25  -2.25 ]
4           -2.25  -2.25 ];
5   n      = length(A);             ……… n : x(t) の次元
6   alpha = 1;                      ……… α = 1
7   ep    = 1e-6;                   ……… 十分小さな正数 ε = 10^{-6}
8   % ----------------------
9   xi1 = sdpvar(1); xi2 = sdpvar(1);
10  P = [ xi1 xi2                   ……… ξ_1, ξ_2 の定義し，P = [ ξ_1 ξ_2; ξ_2 1 ] とする[注4]
11        xi2 1 ];
12  % ----------------------
13  LMI = [ P >= ep*eye(n) ];       ……… P ⪰ εI (≻ 0) を制約条件に追加
14  LMI = LMI + [ A'*P + P*A + 2*alpha*P <= - ep*eye(n) ];
15  % ----------------------      ……… A^⊤P + PA + 2αP ⪯ −εI (≺ 0) を制約条件に追加
16  solvesdp(LMI)                   ……… LMI 可解問題の求解
17  % ----------------------
18  P = double(P)                   ……… 実行可能解 P を表示
```

YALMIP の最近のバージョンでは，LMI を等号が入った形式で記述しなければならない．そこで，十分小さな $\varepsilon > 0$ を用いて，$F(\xi) \succ 0$ を

$$F(\xi) \succeq \varepsilon I \ (\succ 0) \tag{1.13}$$

のように記述している．この M ファイル "p2c112_ex1_alpha_stability.m" を実行すると，

```
SeDuMi 1.32 by AdvOL, 2005-2008 and Jos F. Sturm, 1998-2003.
Alg = 2: xz-corrector, theta = 0.250, beta = 0.500
eqs m = 2, order n = 5, dim = 9, blocks = 3
nnz(A) = 7 + 0, nnz(ADA) = 4, nnz(L) = 3
 it :     b*y       gap    delta  rate   t/tP*  t/tD*  feas cg cg  prec
  0 :            9.31E+00 0.000
------------------------------------ 略 ------------------------------------
 15 :   0.00E+00 2.68E-12 0.000 0.0874 0.9900 0.9900  1.00  1  1  2.4E-10
```

[注3] SeDuMi は https://github.com/SQLP/SeDuMi/ から，YALMIP は https://yalmip.github.io/ から入手可能である．また，SeDuMi と YALMIP のインストール方法は https://bit.ly/3WGfxad を参照されたい．

[注4] $P = \begin{bmatrix} \xi_1 & \xi_2 \\ \xi_2 & \xi_3 \end{bmatrix}$ とする場合は，9〜11 行目の代わりに，P = sdpvar(n,n,'sy'); と記述する ('sy' は対称行列であることを意味する).

```
iter seconds digits        c*x               b*y
 15    0.4    2.6  6.9380042023e-13  0.0000000000e+00
|Ax-b| =   2.7e-13, [Ay-c]_+ =   0.0E+00, |x|=  2.4e-12, |y|=  2.5e+00

Detailed timing (sec)
    Pre          IPM          Post
4.601E-02    1.550E-01    2.100E-02
Max-norms: ||b||=0, ||c|| = 4.500000e+00,
Cholesky |add|=0, |skip| = 0, ||L.L|| = 2.269.
ans =
    yalmiptime: 0.6037
    solvertime: 0.2273
         info: 'Successfully solved (SeDuMi-1.3)'
      problem: 0        ……………  0 と表示されているので，実行可能解 P が得られている
P =
    2.2880    1.1084    ………… 実行可能解 $P = \begin{bmatrix} \xi_1 & \xi_2 \\ \xi_2 & 1 \end{bmatrix} = \begin{bmatrix} 2.2880 & 1.1084 \\ 1.1084 & 1 \end{bmatrix}$
    1.1084    1.0000
```

となり，実行可能解の一つとして $(\xi_1, \xi_2) = (2.2880, 1.1084)$ が得られる[注5]．この実行可能解は，図 1.6 において，実行可能領域に含まれている．

一方，仕様 (1.5) 式を表す LMI について，つぎの定理が成立する[3),4)]．

定理 1.2 ──────────────────── 極領域 $\mathcal{S}(k)$ (セクタ領域) に関する LMI

与えられた行列 $A \in \mathbb{R}^{n \times n}$ と $k > 0$ に対し，つぎの (i) と (ii) は等価である．

(i) 行列 A の任意の固有値 λ に対して，$\lambda \in \mathcal{S}(k)$ が成立する (図 1.4)．

(ii) つぎの LMI を満たす n 次対称行列 $P \succ 0$ が存在する．

$$\begin{bmatrix} k(A^\top P + PA) & PA - A^\top P \\ A^\top P - PA & k(A^\top P + PA) \end{bmatrix} \prec 0 \tag{1.14}$$

この定理では，行列 A の固有値 λ が傾き $k = \tan\theta$ のセクタ領域に含まれるためには，二つの LMI 条件 $P \succ 0$ および (1.14) 式を同時に満たす P が存在することが必要かつ十分であることを述べている．同様に，仕様 (1.6) 式を表す LMI について，つぎの定理が成立する．

定理 1.3 ──────────────────── 極領域 $\mathcal{B}(\beta)$ に関する LMI

与えられた行列 $A \in \mathbb{R}^{n \times n}$ と $\beta > 0$ に対し，つぎの (i) と (ii) は等価である．

(i) 行列 A の任意の固有値 λ に対して，$\lambda \in \mathcal{B}(\beta)$ が成立する (図 1.5)．

(ii) つぎの LMI を満たす n 次対称行列 $P \succ 0$ が存在する．

$$A^\top P + PA + 2\beta P \succ 0 \tag{1.15}$$

さらに，行列 A の固有値 λ が三つの極領域の共通部分に含まれる ($\lambda \in \mathcal{A}(\alpha) \cap \mathcal{S}(k) \cap$

[注5] LMI ソルバで採用されている解探索のアルゴリズムや探索条件によって，得られる実行可能解は異なる．

$\mathcal{B}(\beta))$ かを判定するためには，つぎの問題が可解であるかどうかを調べればよい[注6].

$$\text{find } P \text{ such that } P \succ 0, (1.9), (1.14) \text{ and } (1.15)$$

これも LMI 可解問題である．LMI は，計算量の許す限り連立することができるので，複数の仕様を同時に取り扱う**多目的制御**に適している[6].

1.2 LMI と最適制御

1.2.1 LMI

前節で導入した LMI を詳しく見ていこう．行列値関数 $F(\xi) \in \mathbb{R}^{n_F \times n_F}$ が正定となるつぎのような行列不等式は LMI である．

$$F(\xi) := F_0 + \xi_1 F_1 + \cdots + \xi_{n_\xi} F_{n_\xi} \succ 0 \tag{1.16}$$

ただし，$F_i \in \mathbb{R}^{n_F \times n_F}$ ($i = 0, \ldots, n_\xi$) は与えられた対称行列，$\xi = \begin{bmatrix} \xi_1 & \cdots & \xi_{n_\xi} \end{bmatrix}^\top \in \mathbb{R}^{n_\xi}$ は未知変数ベクトルである．$F(\xi)$ が ξ に関して線形であるため，LMI と呼ばれる．

例 1.2

(1.16) 式に従えば，例 1.1 (p.138) の (1.11), (1.12) 式はどちらも LMI である．たとえば，(1.12) 式はつぎのように表せることから，LMI であるとわかる．

$$\begin{bmatrix} 0 & 9 \\ 9 & 10 \end{bmatrix} + \xi_1 \begin{bmatrix} -8 & -4 \\ -4 & -8 \end{bmatrix} + \xi_2 \begin{bmatrix} 18 & 1 \\ 1 & 0 \end{bmatrix} \succ 0 \tag{1.17}$$

本節では (1.16) 式を LMI とするが，本章後半では等号が入る行列不等式 $F(\xi) \succeq 0$ を LMI として用いる．また，変数行列 $\mathcal{Q} \in \mathbb{R}^{n_F \times n_F}$ を導入すれば，$F(\xi) \succ 0$ は正定値制約 $\mathcal{Q} \succ 0$ ($F(\xi) \succeq 0$ は半正定値制約 $\mathcal{Q} \succeq 0$) および線形等式制約 $F(\xi) = \mathcal{Q}$ で表すこともできる．本章全体を通しては，このような (半) 正定値制約および線形等式制約からなる制約条件を LMI と呼ぶことにする．

LMI を満たす未知変数を求める問題は，LMI 可解問題であることをすでに述べた．図 1.6 で見たような LMI 可解問題の実行可能領域は，一般に**凸集合**[7)-9)] と呼ばれる集合となる．一方，LMI の実行可能領域の中で線形関数の下界値を与える実行可能解 ξ を求める問題は，**LMI 最適化問題**と呼ばれ，つぎのように表される．

$$\mu := \inf_{\xi} c^\top \xi \text{ subject to } F(\xi) \succ 0 \tag{1.18}$$

ただし，$c \in \mathbb{R}^{n_\xi}$ は与えられた定数ベクトル，$c^\top \xi$ は線形の**目的関数**である．実行可能

[注6] 本節では解析条件のみ述べたが，次節において，これらの仕様に関する設計条件を述べる．

領域に属する ξ については，$\mu < c^\top \xi$ が成り立つ．

例 1.3 ·· LMI 最適化問題

例 1.1 (p. 138) において，目的関数を $c^\top \xi$ ($c = \begin{bmatrix} 1 & 1 \end{bmatrix}^\top$) とした LMI 最適化問題の最適解 ξ を図 1.7 の × 印で表す．図 1.7 において最適解 ξ は，LMI の実行可能領域と直線 $c^\top \xi = \mu$ が接するように見える一点のみである[注7]．この LMI 最適化問題の最適解 ξ を求めるための M ファイルは以下のようになる．

```
M ファイル "p2c121_ex3_alpha_stability_opt.m"
    :        "p2c112_ex1_alpha_stability.m" (p. 139) の 1〜12 行目と同様
13  c   = [ 1 1 ]';                    ········ c = [ 1  1 ]^T
14  xi  = [ xi1 xi2 ]';                ········ ξ = [ ξ₁  ξ₂ ]^T
15  % ------------------------
16  LMI = [ P >= ep*eye(n) ];          ········ P ≻ εI (≻ 0) を制約条件に追加
17  LMI = LMI + [ A'*P + P*A + 2*alpha*P <= - ep*eye(n) ];
18  % ------------------------          ········ A^T P + PA + 2αP ⪯ −εI (≺ 0) を制約条件に追加
19  solvesdp(LMI,c'*xi)                ········ LMI 最適化問題の求解 (目的関数 c^T ξ を最小化)
20  % ------------------------
21  P   = double(P)
22  xi  = double(xi);                  ········ 最適解 P (ξ) および c^T ξ を表示
23  c'*xi
```

M ファイル "p2c121_ex3_alpha_stability_opt.m" を実行すると，

```
··········································· 略 ···········································
ans =
    yalmiptime: 0.3776
    solvertime: 0.1564
        info: 'Successfully solved (SeDuMi-1.3)'
     problem: 0    ············ 0 と表示されているので，最適解 P が得られている
P =
    1.9107    1.0185   ············ 最適解 P = [ ξ₁ ξ₂ ; ξ₂ 1 ] = [ 1.9107 1.0185 ; 1.0185 1 ]
    1.0185    1.0000
```

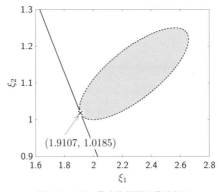

図 1.7 LMI 最適化問題の最適解 ξ

[注7] 後述するように，厳密には接することはできない．

```
ans =
    2.9292                  ............  c^⊤ξ = 2.9292
```

となり，最適解 $\xi = [\, \xi_1 \ \xi_2 \,]^\top = [\, 1.9107 \ 1.0185 \,]^\top$ を得る．このとき，$c^\top \xi = 2.9292$ であるので，最適値，つまり下界値 μ について，$\mu < 2.9292$ が成立する．

ところで，問題 (1.18) では，最小 (min) ではなく下界 (inf: infimum) をとっている[注8]．このように表す大まかな理由は，(1.16) 式で表される LMI が等号を含んでいないためである[注9]．詳しく述べると，LMI で表される制約条件のもとで最適化を行うと，最適解は実行可能領域の内側の点にならない性質がある．実行可能領域の境界上の点を最適解としたいところだが，その点は厳密には LMI を満たさない．このとき，実行可能領域は目的関数と接することはできないので，境界上で目的関数が実行可能解をもつことはない．つぎの問題で何が起こるか観察しよう．

$$\mu := \inf_{\xi} \xi \ \text{ subject to } \xi - 1 > 0$$

この問題の最適解は $\xi = 1 + \varepsilon\ (\varepsilon > 0)$，最適値は $\mu = 1$ となる．ε は正の範囲でいくらでも小さくできるので，最小値は定まらないが下界値は定まるという状況になる．その意味では最適解も定まらないが，数値計算を行うと十分小さい ε に基づいて何らかの値が最適解として得られる．また，目的関数が下界値に等しくなる $\xi\,(=1)$ は，制約条件を満たさないため実行可能解ではない．同様に考えれば，問題 (1.18) では厳密には下界をとることになる．以降ではわかりやすさを優先し，最適化問題において下界値あるいは上界値を探索する操作を単に最小化あるいは最大化と表すことにする．

1.2.2 最適制御

システム (1.7) 式に対し，評価関数

$$J = \int_0^\infty \bigl(x(t)^\top Q x(t) + u(t)^\top R u(t)\bigr) dt \tag{1.19}$$

を最小にする入力 $u(t)$ を求める**最適制御問題**を考える．ただし，重み行列については，$Q \succeq 0$ および $R \succeq 0$ とする[注10]．ここでは，最適制御が状態フィードバック制御則

$$u(t) = K x(t) \tag{1.20}$$

で与えられることを仮定し，状態フィードバックゲイン K を LMI に基づいて求めよう．$P \succ 0$ を未知の n 次の対称行列とするとき，評価関数について，つぎの関係が成立する．

[注8] 同様に，最大 (max) ではなく上界 (sup: supremum) をとる．
[注9] 制約条件に等号を含んでいる LMI があれば，inf を min とできることもある．
[注10] **基礎編**の **5.2.3 項** (p. 88) で説明した最適レギュレータのように，Riccati 方程式に基づく最適制御では，$R \succ 0$ とする必要がある．それに対して，LMI に基づく最適制御では，極配置の制約を加えることにより，$R \succeq 0$ のように条件を緩くすることができる．

$$J = \int_0^\infty \left\{ -\frac{d}{dt}(x^\top Px) + \frac{d}{dt}(x^\top Px) + x^\top Qx + u^\top Ru \right\} dt$$
$$= x_0^\top Px_0 + \int_0^\infty x^\top \left\{ (A+BK)^\top P + P(A+BK) + Q + K^\top RK \right\} x\, dt \quad (1.21)$$

ここで，$x_0 x_0^\top \succeq 0$ および $x_0^\top P x_0 = \mathrm{tr}(P x_0 x_0^\top) \leq \mathrm{tr}(P)\mathrm{tr}(x_0 x_0^\top)$ に注意して[注11]，つぎの最適化問題を考える．

$$\inf_{K,P} \mathrm{tr}(P) \text{ subject to}$$
$$P \succ 0 \quad (1.22\mathrm{a})$$
$$(A+BK)^\top P + P(A+BK) + Q + K^\top RK \prec 0 \quad (1.22\mathrm{b})$$

問題 (1.22) が可解であれば，(1.21) 式から，$J < x_0^\top P x_0 \leq \mathrm{tr}(P)\mathrm{tr}(x_0 x_0^\top)$ となり，任意の初期状態 $x_0 (\neq 0)$ に対して，$\mathrm{tr}(P)$ を最小化することで J が最小化できる．しかしながら，制約条件 (1.22b) 式は LMI ではない．なぜならば，未知変数 P と K の積に関する非線形項があるため，(1.16) 式のように表すことはできないからである．

そこで，新しい変数 $X = P^{-1}$ および $L = KX$ を導入し，問題 (1.22) を書き換えよう．制約条件 (1.22b) 式については，P を X^{-1} で置き換える．正定行列の逆行列は正定であるので，LMI 条件 $X (= P^{-1}) \succ 0$ を得る．制約条件 (1.22b) 式については，条件の左右から P^{-1} を掛けた後，$P^{-1} = X, KX = L$ の順に置き換えることで，つぎの行列不等式を得る[注12]．

$$(AX+BL)^\top + (AX+BL) + \begin{bmatrix} Q^{\frac{1}{2}}X \\ R^{\frac{1}{2}}L \end{bmatrix}^\top \begin{bmatrix} I_n & 0_{n\times m} \\ 0_{m\times n} & I_m \end{bmatrix}^{-1} \begin{bmatrix} Q^{\frac{1}{2}}X \\ R^{\frac{1}{2}}L \end{bmatrix} \prec 0$$

以上の操作は**変数変換**と呼ばれている．さらに，この行列不等式に Schur の補題[注13] を適用することで，L および X について，つぎの LMI 条件を得る．

$$\begin{bmatrix} (AX+BL)^\top + (AX+BL) & XQ^{\frac{1}{2}} & L^\top R^{\frac{1}{2}} \\ Q^{\frac{1}{2}}X & -I_n & 0_{n\times m} \\ R^{\frac{1}{2}}L & 0_{m\times n} & -I_m \end{bmatrix} \prec 0 \quad (1.23)$$

[注11] 正方行列 M に対して，$\mathrm{tr}(M)$ はトレース，$\|M\|_F$ は Frobenius ノルムを表す．行列ノルムの性質 $\|A_0 B_0\|_F \leq \|A_0\|_F \|B_0\|_F$ において，$X_0 = A_0^\top A_0$ および $Y_0 = B_0^\top B_0$ とすれば，$\mathrm{tr}(X_0 Y_0) \leq \mathrm{tr}(X_0)\mathrm{tr}(Y_0)$ が成立する．

[注12] $Q^{\frac{1}{2}}$ は $Q = (Q^{\frac{1}{2}})^\top Q^{\frac{1}{2}}$ を満足する正方行列である．

[注13] Schur の補題 [3],[10] とは，以下の三つの条件が等価であることをいう．

(i) $\begin{bmatrix} M_{11} & M_{12} \\ M_{12}^\top & M_{22} \end{bmatrix} \succ 0$

(ii) $M_{22} \succ 0$ かつ $M_{11} - M_{12} M_{22}^{-1} M_{12}^\top \succ 0$

(iii) $M_{11} \succ 0$ かつ $M_{22} - M_{12}^\top M_{11}^{-1} M_{12} \succ 0$

このとき，問題 (1.22) はつぎの LMI 最適化問題に書きなおすことができる．

$$\sup_{L, X} \text{tr}(X) \text{ subject to } X \succ 0 \text{ and } (1.23) \tag{1.24}$$

変数変換による問題 (1.22) の目的関数 $\text{tr}(X^{-1})$ は X に関する非線形関数であるため，直接的な最小化は難しい．そこで，問題 (1.24) では，$\text{tr}(X)$ について最大化することで，この困難を回避している．たとえば，より単純な問題

$$\inf_{P} \text{tr}(P) \text{ subject to } P \succ I$$

に対し，同じ変数変換 $X = P^{-1}$ を導入した問題

$$\sup_{X} \text{tr}(X) \text{ subject to } X \prec I$$

を考えよう．前者は P の最小固有値が制約され，後者は X の最大固有値が制約されている．行列 P の最小固有値を $\lambda_{\min}$ とすれば(注14)，$P = X^{-1}$ の関係から，行列 X の最大固有値は $1/\lambda_{\min}$ となる．したがって，両者は対応しており，本質的に最適化の意味は変わらない．問題 (1.22) および (1.24) についても，同様のことがいえる．

以上をまとめると，以下の結果を得る．

定理 1.4　　　　　　　　　　　　　　　　　　　　最適制御問題と LMI

システム (1.7) 式に対し，評価関数 (1.19) 式を最小にする状態フィードバック制御則 (1.20) 式におけるゲイン K は，問題 (1.24) の最適解 L, X を用いて，

$$K = LX^{-1} \tag{1.25}$$

で与えられる．このとき，$J < x_0^\top X^{-1} x_0$ が成立する．

問題 (1.24) において，関数を最大化することは，その関数に -1 を乗じた関数を最小化することであるので，$\sup \text{tr}(X)$ と $\inf(-\text{tr}(X))$ がもたらす最適化の結果は同じである．実際に問題 (1.24) を解く際には，このことを考慮して LMI ソルバを利用すればよい．

ところで，最適制御による制御系は，**円条件**(注15)に代表される優れた性質をもつことが知られている．しかし，重み行列 Q および R を意図的に選ばない限り，閉ループ系の極を指定した領域におさめることはできない[11),12)]．円条件の性質は多少犠牲になるかもしれないが，極による応答に関する仕様を加え，任意に選んだ $Q \succeq 0$ や $R \succeq 0$ に対し，評価関数を最小にする状態フィードバック制御則を直接的に設計することも LMI を利用すれば可能となる．

そのために，極配置に関する解析条件 (1.9), (1.14) 式および (1.15) 式を設計条件に書きなおそう．解析条件において，A を $A + BK$ に，P を X^{-1} に置き換え，条件 (1.9),

---

(注14) 行列 P は正定であるので，$\lambda_{\min} > 0$ であることに注意する．
(注15) 1 入力系については，位相余裕が 60 [deg] 以上，ゲイン余裕が ∞ となる．

(1.15) 式では X, 条件 (1.14) 式では blockdiag$\{X, X\}$ を左右からそれぞれ掛ける．最後に，KX を L で置き換えると，それぞれつぎの LMI (**極配置問題の LMI**) を得る．

$$(AX + BL)^\top + (AX + BL) + 2\alpha X \prec 0 \tag{1.26}$$

$$\begin{bmatrix} k\{(AX+BL)^\top + (AX+BL)\} & (AX+BL) - (AX+BL)^\top \\ (AX+BL)^\top - (AX+BL) & k\{(AX+BL)^\top + (AX+BL)\} \end{bmatrix} \prec 0 \tag{1.27}$$

$$(AX + BL)^\top + (AX + BL) + 2\beta X \succ 0 \tag{1.28}$$

以上から，システム (1.7) 式に対し，閉ループ極 ($A + BK$ の固有値) λ が

- ステップ応答に対する 5％ 整定時間が T_s 程度未満である ($\lambda \in \mathcal{A}(\alpha), \alpha = 3/T_s$)
- ステップ応答の過渡特性が振動的にならない ($\lambda \in \mathcal{S}(k)$)
- ゲイン K が過大とならない ($\lambda \in \mathcal{B}(\beta), \beta > \alpha$)

という極配置仕様を満足し，しかも，J を最小化する状態フィードバック制御則 (1.20) 式を設計する**多目的制御問題**は，つぎのように表すことができる．

$$\sup_{L, X} \mathrm{tr}(X) \text{ subject to } X \succ 0, \text{ (1.23), (1.26), (1.27) and (1.28)} \tag{1.29}$$

解いた後のゲイン K の構成や J が満たす条件については，**定理 1.4** に従えばよい．

例 1.4 ·· アーム型倒立振子の多目的制御

アーム型倒立振子に対し，アーム角度 $\theta_1(t)$ の目標値 $r(t)$ をステップ信号で与え，振子の倒立状態を維持するサーボ系(注16)を問題 (1.29) を解いて設計する．そのため，線形化モデル (**基礎編**の (3.60) 式 (p. 55) において，$\theta_{1e} = 0$, $x(t) = \begin{bmatrix} \theta_1(t) & \theta_2(t) & \dot\theta_1(t) & \dot\theta_2(t) \end{bmatrix}^\top$, $u(t) = v(t)$, $y(t) = \theta_1(t)$ とした状態空間表現)

$$\begin{cases} \dot x(t) = Ax(t) + Bu(t) \\ y(t) = Cx(t) \end{cases} \tag{1.30}$$

$$A = \begin{bmatrix} 0 & 0 & 1 & 0 \\ 0 & 0 & 0 & 1 \\ 0 & 0 & -a_1 & 0 \\ 0 & \dfrac{\alpha_5}{\alpha_2} & \dfrac{\mu_2 + a_1\alpha_3}{\alpha_2} & -\dfrac{\mu_2}{\alpha_2} \end{bmatrix}, \quad B = \begin{bmatrix} 0 \\ 0 \\ b_1 \\ -\dfrac{b_1\alpha_3}{\alpha_2} \end{bmatrix},$$

$$C = \begin{bmatrix} 1 & 0 & 0 & 0 \end{bmatrix}$$

に対して，積分器を導入したつぎの拡大系を構成する．

(注16) サーボ系設計については**基礎編**の 6.3 節 (p. 100) を参照されたい．

$$\overbrace{\begin{bmatrix} \dot{x}(t) \\ \dot{w}(t) \end{bmatrix}}^{\dot{\widetilde{x}}(t)} = \overbrace{\begin{bmatrix} A & 0 \\ -C & 0 \end{bmatrix}}^{\widetilde{A}} \overbrace{\begin{bmatrix} x(t) \\ w(t) \end{bmatrix}}^{\widetilde{x}(t)} + \overbrace{\begin{bmatrix} B \\ 0 \end{bmatrix}}^{\widetilde{B}} u(t) + \begin{bmatrix} 0 \\ 1 \end{bmatrix} r(t) \tag{1.31}$$

$$w(t) = \int_0^t e(\tau)d\tau, \quad e(t) = r(t) - y(t)$$

ただし，パラメータは**基礎編の表** 3.7 (a), (c) (p. 55) の値とし，評価関数

$$J = \int_0^\infty \left(\widetilde{x}(t)^\top Q \widetilde{x}(t) + R\widetilde{u}(t)^2 \right) dt \tag{1.32}$$

の重みを $Q = \mathrm{diag}\{0.1, 1, 0.001, 0.001, 4\}$, $R = 1$ とする．A, B, K をそれぞれ $\widetilde{A}, \widetilde{B}, \widetilde{K}$ に置き換え，問題 (1.24) を解くと (M ファイル "`p2c122_ex4_adip_oc_servo.m`")，積分型サーボコントローラ

$$u(t) = K_1 x(t) + K_2 \int_0^t e(\tau)d\tau \tag{1.33}$$

のゲイン $\widetilde{K} = LX^{-1} = \begin{bmatrix} K_1 & K_2 \end{bmatrix}$ が

$$K_1 = \begin{bmatrix} 2.2101 & 17.8037 & 1.5983 & 2.7952 \end{bmatrix}, \quad K_2 = -2.0000$$

のように得られ，最適レギュレータによる設計結果と一致する．このとき，目的関数は $\mathrm{tr}(X) = 3.8994 \times 10^3$ となる．

つぎに，極配置仕様を付加した問題 (1.29) を解く (M ファイル "`p2c122_ex4_adip_oc_multiobject_servo.m`")．ただし，ステップ応答の整定時間を $T_\mathrm{s} = 1.5$ [s] 程度以内 ($\alpha = 3/T_\mathrm{s} = 2$) とし，振動が起こらないようにする ($k = \tan(\pi/4) = 1$)．また，ゲインが過大とならないように $\beta = 8\alpha = 16$ とする．その結果，多目的制御における積分型サーボコントローラ (1.33) 式のゲイン

$$K_1 = \begin{bmatrix} 9.3021 & 37.8239 & 3.9823 & 5.9449 \end{bmatrix}, \quad K_2 = -10.3228$$

が得られ，閉ループ極 (図 1.8 (a) の × 印) は指定された極領域に配置される．なお，最適レギュレータの場合は閉ループ極 (図 1.8 (a) の ○ 印) がこの極領域に存在することは保証されていない．一方，目的関数は $\mathrm{tr}(X) = 3.8240 \times 10^3$ となり，極配置仕様を付加したため値が小さくなっている．このことは，最適レギュレータと比べて多目的制御の評価関数 J の値が大きい可能性があることを意味している[注17]．

[注17] 極配置仕様を付加したため J の値が大きくなると考えるのが自然である．しかし，J と最適化している関数は異なるため，$\mathrm{tr}(X)$ の大小関係のみから J の大小関係を断定することははできない．

アーム角度の目標値 $r(t) = 30$ [deg] $(t \geq 0)$ に対する応答を図 1.8 (b)〜(d) に示す．図 1.8 (b) からわかるように，多目的制御はアームの過渡応答に振動がなく，1.5 [s] 程度で整定している．また，図 1.8 (c) から，振子の角度は 0 [deg] 付近であることがわかる．

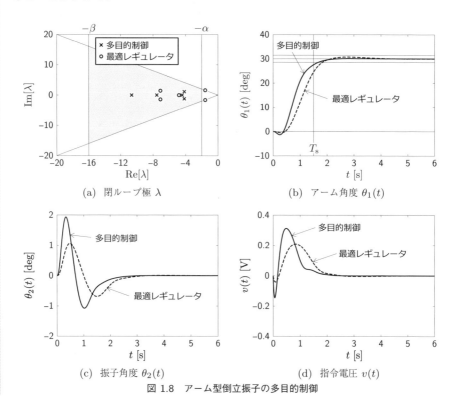

図 1.8　アーム型倒立振子の多目的制御

1.3　ロバスト制御

つぎのパラメータに依存する線形時不変系について考えよう．

$$\dot{x}(t) = A(\rho)x(t) + B(\rho)u(t) \tag{1.34}$$

ただし，$\rho = \begin{bmatrix} \rho_1 & \cdots & \rho_{n_\rho} \end{bmatrix}^\top \in \Omega$ はパラメータとする．また，Ω はパラメータがとる範囲を表し，つぎの超直方体で与えられるとする．

$$\Omega = \left\{ \rho \in \mathbb{R}^{n_\rho} \mid \underline{\rho}_i \leq \rho_i \leq \overline{\rho}_i,\ i = 1, \ldots, n_\rho \right\}$$

このとき，Ω を**パラメータボックス**と呼ぶ．パラメータボックスは，システムに含まれる物理定数の測定誤差や十分ゆっくりとした変動の範囲を表現するのに都合がよい[注18]．システム (1.34) 式の $A(\rho)$ および $B(\rho)$ はシステム行列がパラメータに依存することを意味する．ここでは，ρ に関して線形な行列値関数，すなわち，

$$\begin{bmatrix} A(\rho) & B(\rho) \end{bmatrix} = \begin{bmatrix} A_0 & B_0 \end{bmatrix} + \rho_1 \begin{bmatrix} A_1 & B_1 \end{bmatrix} + \cdots + \rho_{n_\rho} \begin{bmatrix} A_{n_\rho} & B_{n_\rho} \end{bmatrix}$$

としておく．

システム (1.34) 式において，与えられた範囲 Ω のすべてのパラメータ ρ に対し，(1.19) 式で与えられる評価関数 J を最小にする状態フィードバック制御則 (1.20) 式を設計しよう．パラメータの値によっては，J を小さくできないかもしれない．しかし，そのような意味で最悪の場合であっても，制御系を安定化し，J をできる限り小さくしたい．それには，つぎの**ロバスト最適制御問題**を考えればよい．

$$\sup_{L,X} \mathrm{tr}(X) \text{ subject to } \begin{cases} X \succ 0 \\ F_{\mathrm{LQ}}(\xi, \rho) \prec 0 \quad (\forall \rho \in \Omega) \end{cases} \tag{1.35}$$

$$F_{\mathrm{LQ}}(\xi, \rho) := \begin{bmatrix} (A(\rho)X + B(\rho)L)^\top + (A(\rho)X + B(\rho)L) & XQ^{\frac{1}{2}} & L^\top R^{\frac{1}{2}} \\ Q^{\frac{1}{2}} X & -I_n & 0_{n \times m} \\ R^{\frac{1}{2}} L & 0_{n \times m} & -I_m \end{bmatrix}$$

$F_{\mathrm{LQ}}(\xi, \rho) \prec 0$ は**パラメータ依存 LMI** (PDLMI: parameter-dependent LMI) と呼ばれる．問題 (1.35) の変数 L および X は，$\rho \in \Omega$ のそれぞれの値に対し，$X \succ 0$ および $F_{\mathrm{LQ}}(\xi, \rho) \prec 0$ を満たす必要がある．そのため，問題 (1.35) の実行可能領域は問題 (1.24) のそれよりも狭くなる．その結果，問題 (1.35) の最適な J の値は，問題 (1.24) のそれよりも大きくなる．

PDLMI を含む最適化問題は，LMI ソルバで直接的に解くことはできない．いまの場合，$A(\rho)$ が ρ に関して線形であるので，$F_{\mathrm{LQ}}(\xi, \rho)$ も ρ に関して線形である．この事実に着目すれば，PDLMI (1.24) 式はパラメータボックス Ω のすべての端点 $\mathrm{vert}\,\Omega$ に関する 2^{n_ρ} 個の連立 LMI と等価になる (理由は後述する)．たとえば，パラメータベクトルが $(n_\rho =) 2$ 次元であれば，長方形領域の $(2^{n_\rho} =) 4$ 個の頂点 $(\underline{\rho}_1, \underline{\rho}_2)$, $(\overline{\rho}_1, \underline{\rho}_2)$, $(\underline{\rho}_1, \overline{\rho}_2)$, $(\overline{\rho}_1, \overline{\rho}_2)$ が端点である．結局，問題 (1.35) の代わりに，LMI 最適化問題

$$\sup_{L,X} \mathrm{tr}(X) \text{ subject to } \begin{cases} X \succ 0 \\ F_{\mathrm{LQ}}(\xi, \rho) \prec 0 \quad (\forall \rho \in \mathrm{vert}\,\Omega) \end{cases} \tag{1.36}$$

を解けばよい．このとき，解いた後のゲイン K の構成と評価関数 J が満たす条件は，**定理 1.4** (p.145) に従う．同様に，たとえば，極配置仕様 $\lambda \in \mathcal{A}(\alpha) \cap \mathcal{B}(\beta)$ $(\forall \rho \in \Omega)$ を付加した

[注18] 制御対象の非線形特性を考慮することもできる[13]．

$$\sup_{L, X} \operatorname{tr}(X) \text{ subject to } \begin{cases} X \succ 0 \\ F_{\mathrm{LQ}}(\xi, \rho) \prec 0 & (\forall \rho \in \Omega) \\ F_\alpha(\xi, \rho) \prec 0 & (\forall \rho \in \Omega) \\ F_\beta(\xi, \rho) \succ 0 & (\forall \rho \in \Omega) \end{cases} \quad (1.37)$$

$$F_\alpha(\xi, \rho) := (A(\rho)X + B(\rho)L)^\top + (A(\rho)X + B(\rho)L) + 2\alpha X$$
$$F_\beta(\xi, \rho) := (A(\rho)X + B(\rho)L)^\top + (A(\rho)X + B(\rho)L) + 2\beta X$$

を考える場合，問題 (1.37) の代わりにつぎの LMI 最適化問題を解けばよい．

$$\sup_{L, X} \operatorname{tr}(X) \text{ subject to } \begin{cases} X \succ 0 \\ F_{\mathrm{LQ}}(\xi, \rho) \prec 0 & (\forall \rho \in \operatorname{vert} \Omega) \\ F_\alpha(\xi, \rho) \prec 0 & (\forall \rho \in \operatorname{vert} \Omega) \\ F_\beta(\xi, \rho) \succ 0 & (\forall \rho \in \operatorname{vert} \Omega) \end{cases} \quad (1.38)$$

PDLMI を端点に関する連立 LMI に置き換えることができる理由を考えるため，2 次元のパラメータベクトルの PDLMI

$$M_{\mathrm{a}}(\xi) + \rho_1 M_{\mathrm{b}1}(\xi) + \rho_2 M_{\mathrm{b}2}(\xi) \prec 0 \quad (\forall \rho \in \Omega) \quad (1.39)$$

を考えよう．ここで，

$$\Omega = \left\{ \rho \in \mathbb{R}^2 \mid \underline{\rho}_i \leq \rho_i \leq \overline{\rho}_i,\ i = 1, 2 \right\}$$

である．パラメータ ρ_i は，$0 \leq \alpha_i \leq 1$ に対し，$\rho_i \in \alpha_i \underline{\rho}_i + (1 - \alpha_i)\overline{\rho}_i$ のように $\underline{\rho}_i$ と $\overline{\rho}_i$ の凸結合 (convex combination) で表せることに注意しておく．いま，すべての端点に関する連立 LMI

$$\begin{cases} M_{\mathrm{a}}(\xi) + \underline{\rho}_1 M_{\mathrm{b}1}(\xi) + \underline{\rho}_2 M_{\mathrm{b}2}(\xi) \prec 0 \\ M_{\mathrm{a}}(\xi) + \overline{\rho}_1 M_{\mathrm{b}1}(\xi) + \underline{\rho}_2 M_{\mathrm{b}2}(\xi) \prec 0 \\ M_{\mathrm{a}}(\xi) + \underline{\rho}_1 M_{\mathrm{b}1}(\xi) + \overline{\rho}_2 M_{\mathrm{b}2}(\xi) \prec 0 \\ M_{\mathrm{a}}(\xi) + \overline{\rho}_1 M_{\mathrm{b}1}(\xi) + \overline{\rho}_2 M_{\mathrm{b}2}(\xi) \prec 0 \end{cases} \quad (1.40)$$

が成立する実行可能解 $\xi = \xi^*$ が存在すると仮定しよう．このとき，単位単体

$$\left\{ \delta \in \mathbb{R}^4 \mid \sum_{i=1}^4 \delta_i = 1,\ \delta_i \geq 0,\ i = 1, \ldots, 4 \right\}$$

を導入し，(1.40) 式の 4 個の LMI それぞれに $\delta_1, \delta_2, \delta_3, \delta_4$ を掛け，すべて加え合わせて整理すると，つぎのようになる．

$$M_{\mathrm{a}}(\xi^*) + (\delta_1 + \delta_3)\underline{\rho}_1 M_{\mathrm{b}1}(\xi^*) + (\delta_2 + \delta_4)\overline{\rho}_1 M_{\mathrm{b}1}(\xi^*)$$
$$+ (\delta_1 + \delta_2)\underline{\rho}_2 M_{\mathrm{b}2}(\xi^*) + (\delta_3 + \delta_4)\overline{\rho}_2 M_{\mathrm{b}2}(\xi^*) \prec 0 \quad (1.41)$$

ここで，$\alpha_1 = \delta_1 + \delta_3$, $\alpha_2 = \delta_1 + \delta_2$ として，$\delta_1 + \delta_2 + \delta_3 + \delta_4 = 1$, $0 \leq \alpha_i \leq 1$ ($i = 1, 2$) を考慮すると，$\xi = \xi^*$ は PDLMI (1.39) 式を満たすことがわかる．パラメータベクトルの次元が増えても同様に考えることができる．

例 1.5 ·· アーム型倒立振子の多目的ロバスト制御

例 1.4 (p. 146) で示したアーム型倒立振子の線形化モデル (1.30) 式における a_1, b_1 がそれらの**ノミナル値** (公称値) $a_{\text{nom1}} = 6.20$, $b_{\text{nom1}} = 15.8$ から ± 45 % の範囲で不確かであるとする．つまり，変動パラメータ $\rho = \begin{bmatrix} \rho_1 & \rho_2 \end{bmatrix}^\top = \begin{bmatrix} a_1 & b_1 \end{bmatrix}^\top$ が以下のように与えられているとする．

$$\Omega = \left\{ \rho \in \mathbb{R}^2 \mid \underline{\rho}_i \leq \rho_i \leq \overline{\rho}_i,\ i = 1,\ 2 \right\}$$

$$\begin{cases} \underline{\rho}_1 = 0.55 a_{\text{nom1}} = 3.41 \\ \overline{\rho}_1 = 1.45 a_{\text{nom1}} = 8.99 \end{cases}, \quad \begin{cases} \underline{\rho}_2 = 0.55 b_{\text{nom1}} = 8.69 \\ \overline{\rho}_2 = 1.45 b_{\text{nom1}} = 22.91 \end{cases}$$

このとき，問題 (1.37) を満足する (多目的ロバスト制御を実現する) 積分型サーボコントローラ (1.33) 式を設計する．ただし，例 1.4 と同様，問題 (1.37) における A, B をそれぞれ拡大系 (1.31) 式の係数行列 $\widetilde{A}, \widetilde{B}$ に置き換える．

評価関数 J の重みを $Q = \text{diag}\{0.1, 1, 0.001, 0.001, 4\}$, $R = 1$, 極配置仕様のパラメータを $\alpha = 3/T_\text{s} = 2$ ($T_\text{s} = 1.5$), $\beta = 20\alpha = 40$ として設計すると，ゲイン $\widetilde{K} = LX^{-1} = \begin{bmatrix} K_1 & K_2 \end{bmatrix}$ は

$$K_1 = \begin{bmatrix} 14.1596 & 53.8761 & 5.8466 & 8.4746 \end{bmatrix}, \quad K_2 = -15.9593$$

となる (M ファイル "`p2c13_ex5_adip_oc_robust_servo.m`")．このとき，四つの端点における閉ループ極 λ は図 1.9 のようになり，指定した極領域に配置されていることがわかる．つぎに，比較のため，以下の二つのコントローラを設計した．

- 多目的ロバスト制御と同じ重み Q, R と極領域仕様のパラメータ α, β を与えたときにノミナル値に対して設計された多目的制御 (M ファイル "`p2c13_`

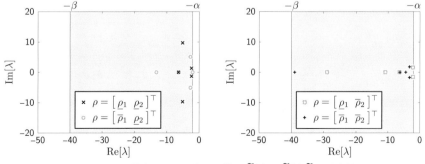

図 1.9　四つの端点における閉ループ極 ($\widetilde{A}(\rho) + \widetilde{B}(\rho)\widetilde{K}$ の固有値) λ

ex5_adip_oc_nominal_servo.m")

$$K_1 = \begin{bmatrix} 9.3081 & 37.8453 & 3.9846 & 5.9483 \end{bmatrix}, \quad K_2 = -10.3285$$

- 多目的ロバスト制御と同じ重み Q, R を与えたときにノミナル値に対して設計された最適レギュレータ (M ファイル "p2c13_ex5_adip_lqr_servo.m")

$$K_1 = \begin{bmatrix} 2.2101 & 17.8037 & 1.5983 & 2.7952 \end{bmatrix}, \quad K_2 = -2.0000$$

目標値を $r(t) = 30$ [deg] としたとき，四つの端点における応答を図 1.10 に示す．これより，ノミナル値に対して設計された多目的制御や最適レギュレータでは，振動

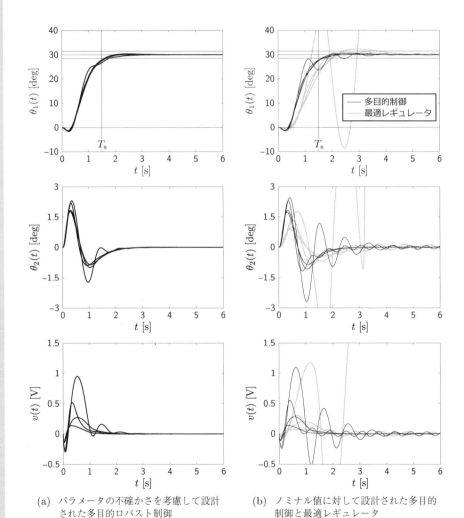

(a) パラメータの不確かさを考慮して設計された多目的ロバスト制御

(b) ノミナル値に対して設計された多目的制御と最適レギュレータ

図 1.10 アーム型倒立振子の多目的ロバスト制御

的な応答となる場合や不安定となる場合があるが，多目的ロバスト制御では，パラメータが大きく異なるにもかかわらず，振動が抑制された良好な制御性能であることが確認できる．なお，多目的ロバスト制御の目的関数の値は $\mathrm{tr}(X) = 5.3941 \times 10^2$ となり，多目的制御の目的関数の値 $\mathrm{tr}(X) = 3.8240 \times 10^3$ と比べて小さくなっている．したがって，ノミナル値に対しては，多目的制御よりも多目的ロバスト制御の方が評価関数 J の値が大きくなる可能性がある．

1.4 拘束系の制御

操作量 $v(t) = [\, v_1(t) \; \cdots \; v_m(t)\,]^\top \in \mathbb{R}^m$ が拘束されるつぎのシステム (拘束系) を考えよう．

$$\dot{x}(t) = Ax(t) + Bv(t), \quad v(t) = \varPhi(u(t)) \tag{1.42}$$

ここで，$\varPhi(u(t)) := [\, \phi(u_1(t)) \; \cdots \; \phi(u_m(t))\,]^\top \in \mathbb{R}^m$ における $\phi(u_i(t))$ は飽和要素であり，

$$\phi(u_i(t)) = \begin{cases} \sigma_i & (u_i(t) \geq \sigma_i) \\ u_i(t) & (-\sigma_i < u_i(t) < \sigma_i) \\ -\sigma_i & (u_i(t) \leq -\sigma_i) \end{cases}, \quad u(t) = \begin{bmatrix} u_1(t) \\ \vdots \\ u_m(t) \end{bmatrix} \tag{1.43}$$

を満たす．ただし，$\sigma_i > 0$ とする．(1.42) 式は，システムに加える操作量の大きさ $|v(t)|$ に考慮すべき制限がある場合に意味のあるシステム表現である．たとえば，モータに加える電圧や電流には超過すると危険な限界があり，ソフトウェア側で制限する状況が挙げられる．

システム (1.42) 式に対して飽和要素を考慮し，(1.19) 式の評価関数 J を最小にする状態フィードバック (1.20) 式のゲイン K を LMI を利用して設計しよう．図 1.11 の

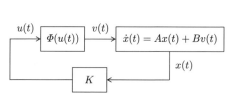

図 1.11 入力飽和を有するフィードバック制御系

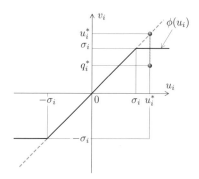

図 1.12 飽和要素の線分モデル

制御系における飽和要素については多くの取り扱い方が提案されている[14)-17)]．ここでは，その中から飽和要素を多面体にモデル化する手法[18)]を紹介する．まず，1 入力の場合から考える．飽和要素 $\phi(u_i)$ に関する線分モデルを図 1.12 に示す．図 1.12 において $\phi(u_i^*)$ は，入力 u_i^* と仮想入力 q_i^* から成る線分 $\rho_i u_i^* + (1-\rho_i) q_i^*$ に含まれている．ただし，$0 \le \rho_i \le 1, |q_i^*| \le \sigma_i$ とする．飽和要素がベクトルである場合も同様に考えれば，つぎの補題を得る．

補題 1.1

仮想入力を $q(t) = [\ q_1(t)\ \cdots\ q_m(t)\ ]^\top \in \mathbb{R}^m$ とするとき，つぎの関係が成立する．

$$\Phi(u(t)) \in \{\ \Theta(\rho)u(t) + (I_m - \Theta(\rho))q(t)\ |\ \rho \in \Omega\ \} \tag{1.44}$$

ただし，$\rho = [\ \rho_1\ \cdots\ \rho_m\ ]^\top \in \mathbb{R}^m$, $\Theta(\rho) = \mathrm{diag}\{\rho_1, \ldots, \rho_m\}$, $\Omega = \{\ \rho \in \mathbb{R}^m\ |\ 0 \le \rho_i \le 1,\ i = 1, \ldots, m\ \}$, $|q_i| \le \sigma_i\ (i = 1, \ldots, m)$ とする．

多面体モデル $\Theta(\rho)u(t) + (I_m - \Theta(\rho))q(t)$ は飽和要素 $\Phi(u(t))$ を含んでいることが，**補題 1.1** からわかる．多面体モデルを利用するために重要なことは，仮想入力 $q(t)$ の設計である．1 入力の場合，図 1.12 からわかるように，q_i^* を定数としていたのでは $\phi(u_i(t))$ を表現するための線分はかなり保守的になる場合がある[(注19)]．多入力となっても同様である．そこで，$u(t)$ について状態フィードバック制御則 (1.20) 式を設計するとともに，$q(t)$ についても仮想的な状態フィードバック制御則

$$q(t) = Hx(t) \tag{1.45}$$

を設計することで保守性を減らすことにする．ただし，$|q_i(t)| \le \sigma_i$ としているので，多面体モデルが有効な状態 $x(t)$ の範囲は限られており，つぎの集合で表すことができる．

$$\mathcal{M}(H) := \{\ x(t) \in \mathbb{R}^n\ |\ |H_i^\top x(t)| \le \sigma_i,\ i = 1, \ldots, m\ \} \tag{1.46}$$

ただし，$H = [\ H_1\ \cdots\ H_m\ ]^\top\ (H_i \in \mathbb{R}^n)$ である．仮想的な状態フィードバック制御則の設計は，いい換えれば，集合 $\mathcal{M}(H)$ を見積もることになる．ρ をロバスト制御におけるパラメータと見なすと，状態フィードバックを行うときの飽和要素に関して，つぎの関係を得る．

$$\Phi(Kx(t)) \in \{(\Theta(\rho)K + (I_m - \Theta(\rho))H)x(t)\ |\ (x(t), \rho) \in \mathcal{M}(H) \times \Omega\} \tag{1.47}$$

設計の目的は J を最小化することであるので，この関係を用いて (1.21) 式と同様に考えると，以下のようになる．

[(注19)] 飽和要素が出力する値を含む線分が長いほど保守的である．飽和要素を表すモデルが保守的だと飽和ではない要素もモデルとして表現することになるので，飽和要素に限定した場合の制御性能を改善しにくい．

$$J \leq x_0^\top P x_0 + \int_0^\infty x(t)^\top \{(A + BW(\rho))^\top P$$
$$+ P(A + BW(\rho)) + Q + W(\rho)^\top RW(\rho)\}x(t)\,dt \quad (\forall \rho \in \Omega) \quad (1.48)$$

ただし，$W(\rho) := \Theta(\rho)K + (I - \Theta(\rho))H$ である．(1.48) 式の右辺が $x_0^\top P x_0$ 未満となるような制約条件のもとでは，$J < x_0^\top P x_0$ が満たされる．

一方で，入力飽和のあるシステム (1.42) 式は，本質的に任意の初期状態に対し，(1.20) 式のような状態フィードバックで安定化できるとは限らない．とくに，行列 A に不安定極がある場合は，状態を原点方向に引き戻すのに必要な入力が飽和要素で制限されるため，初期状態によっては解軌道が発散する．そのため，ここで設計できるのは，取り得る状態の範囲が限られた制御系となる．そこで，状態の範囲を表す**不変集合**[19),20)] を導入しよう．システム (1.42) 式の不変集合を $\mathcal{E}$ とするとき，$\mathcal{E}$ はつぎの性質を満たす．

$$x_0 = x(0) \in \mathcal{E} \implies x(t) \in \mathcal{E} \quad (t > 0)$$

つまり，システムの解軌道がある時刻で $\mathcal{E}$ に入っていれば，その時刻以降は $\mathcal{E}$ から出ない．そのような $\mathcal{E}$ を不変集合と呼ぶ．ここでは，$\mathcal{E}$ を楕円体に限定し，つぎのように定義する[(注20)]．

$$\mathcal{E}(P) := \{ x(t) \in \mathbb{R}^n \mid x(t)^\top P x(t) \leq 1,\ P \succ 0 \} \quad (1.49)$$

1 次元および 2 次元システムに対して，$\mathcal{M}(H), \mathcal{E}(P), x_0$ の関係を図示すると，図 1.13 および 図 1.14 のように表すことができる．多面体モデルが有効である範囲 $\mathcal{M}(H)$ は不変集合 $\mathcal{E}(P)$ を含む必要がある，つまり $\mathcal{E}(P) \subseteq \mathcal{M}(H)$ である．また，不変集合 $\mathcal{E}(P)$ は初期状態 x_0 を含む必要があり，$x_0 \in \mathcal{E}(P)$ である．

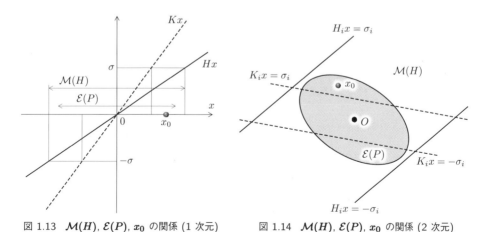

図 1.13　$\mathcal{M}(H), \mathcal{E}(P), x_0$ の関係 (1 次元)　　図 1.14　$\mathcal{M}(H), \mathcal{E}(P), x_0$ の関係 (2 次元)

[(注20)] 楕円体に限定すると，最大の不変集合に比べて小さな集合となる可能性があるが，最終的に得られる設計条件が LMI となる．

以上をまとめ，変数変換 $X = P^{-1}$, $L = KX$, $V = HX$ を施すと，拘束系に対するつぎの LMI 最適化問題を得ることができる．

$$\sup_{L,V,X} \text{tr}(X) \text{ subject to}$$

$$\begin{bmatrix} \begin{pmatrix} (AX + BG(\rho))^\top \\ + (AX + BG(\rho)) \end{pmatrix} & XQ^{\frac{1}{2}} & G^\top(\rho)R^{\frac{1}{2}} \\ Q^{\frac{1}{2}}X & -I_n & 0_{n \times m} \\ R^{\frac{1}{2}}G(\rho) & 0_{m \times n} & -I_m \end{bmatrix} \prec 0 \quad (\forall \rho \in \text{vert}\,\Omega) \quad (1.50\text{a})$$

$$\begin{bmatrix} X & V_i \\ V_i^\top & \sigma_i^2 \end{bmatrix} \succeq 0 \quad (i = 1, \ldots, m) \tag{1.50b}$$

$$\begin{bmatrix} X & x_0 \\ x_0^\top & 1 \end{bmatrix} \succeq 0 \tag{1.50c}$$

ただし，$G(\rho) = \Theta(\rho)L + (I - \Theta(\rho))V$, $V = \begin{bmatrix} V_1 & \cdots & V_m \end{bmatrix}^\top$ とする．(1.50a) 式は $J < x_0^\top X^{-1} x_0$ を，(1.50b) 式は $\mathcal{E}(P) \subseteq \mathcal{M}(H)$ を，(1.50c) 式は $x_0 \in \mathcal{E}(P)$ を満足させるための LMI である．問題 (1.50) を解いた後のゲイン K の構成については，**定理 1.4** (p. 145) に従えばよい．

問題 (1.50) に基づく設計では，状態フィードバックで生成される信号 $u(t)$ が飽和による限界に達しないように考慮するわけではない．前提として，フィードバック系に飽和要素があり，状態フィードバックで生成される信号 $u_i(t)$ は，飽和要素 $\phi(u_i(t))$ で定められた値 $\pm \sigma_i$ を超えれば整形される．したがって，$\phi(u_i(t))$ は σ_i や $-\sigma_i$ を出力し続けて構わない．むしろ，そのことを積極的に利用している．一方，**発展編**の 3.3 節 (p. 214) で説明する**モデル予測制御** [21] で考慮する入力制約では，未来の状態を予測し，限界に達することをできる限り回避する考え方に基づいている．

例 1.6 ·· 入力飽和を有するアーム型倒立振子の制御

モータの指令電圧 $v(t)$ に飽和のあるアーム型倒立振子

$$\dot{x}(t) = Ax(t) + Bv(t), \quad v(t) = \phi(u(t)) = \begin{cases} \sigma & (u(t) \geq \sigma) \\ u(t) & (-\sigma < u(t) < \sigma) \\ -\sigma & (u(t) \leq -\sigma) \end{cases} \quad (1.51)$$

に対し，(1.19) 式の評価関数 J を最小にする状態フィードバック (1.20) 式のゲイン K を設計する．ただし，システム行列 A, B は (1.30) 式 (p. 146) であり，入力飽和の大きさを $\sigma = 0.1$ [V]，初期状態を $x(0) = x_0 = \begin{bmatrix} \theta_1(0) & 0 & 0 & 0 \end{bmatrix}^\top$ ($\theta_1(0) = 10$ [deg])，重みを $Q = \text{diag}\{20, 10, 0.1, 0.1\}$, $R = 1$ とする．

以上の設定で問題 (1.50) を解くと，

$$K = \begin{bmatrix} 6.1055 & 168.4080 & 13.1531 & 26.3108 \end{bmatrix}$$
$$H = \begin{bmatrix} 0.0606 & 6.1289 & 0.4598 & 0.9638 \end{bmatrix}$$

が得られる (M ファイル "p2c14_ex6_adip_oc_saturation.m"). このときの目的関数は $\mathrm{tr}(X) = 3.0861$ となり, 評価関数 J については $J/\mathrm{tr}(x_0 x_0^\top) < \mathrm{tr}(X^{-1}) = 5.3741 \times 10^3$ が成立する. D/A 変換の出力レンジ, 分解能やロータリエンコーダの分解能を考慮したシミュレーション結果を図 1.15 に示す. 入力に飽和要素があっても, アーム角は収束に向かい, 振子は倒立を保っている. また, 飽和要素を通過した指令電圧 $v(t)$ は, 0.1 [V] と −0.1 [V] の間を交互に激しく繰り返す様子が見られる.

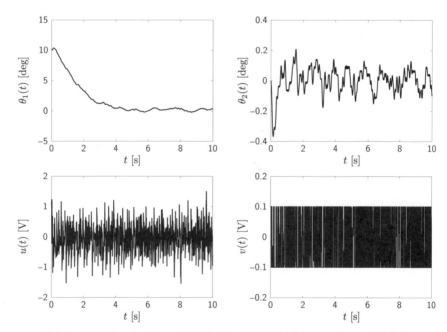

図 1.15　入力飽和を有するアーム型倒立振子の最適制御のシミュレーション結果 (D/A 変換の出力レンジ, 分解能やロータリエンコーダの分解能を考慮)

1.5　ゲインスケジューリング制御

システム (1.34) 式を再び考えよう. ただし, パラメータは時変 $\rho(t)$ であるとし, $(\rho(t), \dot{\rho}(t)) \in \Omega \times \Psi$ とする. $\rho(t)$ が

$$\Omega = \left\{ \rho(t) \in \mathbb{R}^{n_\rho} \mid \underline{\rho}_i \leq \rho_i(t) \leq \overline{\rho}_i, \ i = 1, \ldots, n_\rho \right\}$$

のように指定された範囲の値をとるパラメータであることは，ロバスト制御の場合と同様である．それに加え，ここではパラメータの時間変化 $\dot{\rho}(t)$ の範囲を考慮する．その範囲を Ψ とし，つぎのように与えておく．

$$\Psi = \{\dot{\rho}(t) \in \mathbb{R}^{n_\rho} \mid \underline{\psi}_i \leq \dot{\rho}_i(t) \leq \overline{\psi}_i,\ i=1,\ldots,n_\rho\}$$

このとき，(1.34) 式

$$\dot{x}(t) = A(\rho(t))x(t) + B(\rho(t))u(t) \tag{1.52}$$
$$\begin{bmatrix} A(\rho(t)) & B(\rho(t)) \end{bmatrix} = \begin{bmatrix} A_0 & B_0 \end{bmatrix} + \rho_1(t)\begin{bmatrix} A_1 & B_1 \end{bmatrix} + \cdots + \rho_{n_\rho}(t)\begin{bmatrix} A_{n_\rho} & B_{n_\rho} \end{bmatrix}$$

は**線形パラメータ変動** (LPV: linear parameter varying) **システム**と呼ばれる．LPV システムは，有限の範囲で時間変化するパラメータを含む線形時変システムである．動作範囲において比較的強い非線形特性を有するシステムに対し，非線形要素をパラメータと見なすことで，非線形システムを LPV モデルとすることができる．LPV システムは，線形システムに準じた取り扱いに基づいて制御系の解析や設計ができる．

LPV システム (1.52) 式において，与えられた範囲 $\Omega \times \Psi$ のすべての $(\rho(t), \dot{\rho}(t))$ に対し，(1.19) 式で与えられる評価関数 J を最小にする状態フィードバック制御則

$$u(t) = K(\rho(t))x(t) \tag{1.53}$$

を設計しよう．ロバスト制御と異なり，パラメータ $\rho(t)$ としてオンラインで計測と構成が可能な量を選び，フィードバックゲインを時刻に対して変化させることで，効果的な制御を期待できる．これを**ゲインスケジューリング制御**と呼ぶ．制御の効果をさらに高めるため，$\rho(t)$ に依存させた $n \times n$ の対称な行列値関数 $P(\rho(t))$ を導入し，すべての $\rho(t) \in \Omega$ において $P(\rho(t)) \succ 0$ とする．このとき，つぎの関係が成立する．

$$\begin{aligned}
J &= \int_0^\infty \left\{ -\frac{d}{dt}(x^\top P(\rho)x) + \frac{d}{dt}(x^\top P(\rho)x) + x^\top Q x + u^\top R u \right\} dt \\
&= x_0^\top P(\rho_0)x_0 + \int_0^\infty x^\top \left\{ \dot{P}(\rho) + (A(\rho) + B(\rho)K(\rho))^\top P(\rho) \right. \\
&\qquad\qquad \left. + P(\rho)(A(\rho) + B(\rho)K(\rho)) + Q + K^\top(\rho)RK(\rho) \right\} x\, dt \\
&\qquad\qquad\qquad (\forall (\rho_0, \rho, \dot{\rho}) \in \Omega_0 \times \Omega \times \Psi) \tag{1.54}
\end{aligned}$$

ただし，$\rho_0 = \begin{bmatrix} \rho_{01} & \cdots & \rho_{0n_\rho} \end{bmatrix}^\top = \rho(0)$ および

$$\Omega_0 = \{\rho_0 \in \mathbb{R}^{n_\rho} \mid \underline{\rho}_{0i} \leq \rho_{0i} \leq \overline{\rho}_{0i},\ i=1,\ldots,n_\rho\}$$

である．未知変数 $\gamma\ (>0)$ を導入し，すべての $\rho_0 \in \Omega_0$ において $x_0^\top P(\rho_0)x_0 < \gamma x_0^\top x_0$ とするとき，つぎの最適化問題を考える．

$$\inf_{K(\rho), P(\rho), \gamma} \gamma \text{ subject to}$$

$$P(\rho) \succ 0 \quad (\forall \rho \in \Omega) \tag{1.55a}$$

$$P(\rho_0) \prec \gamma I \quad (\forall \rho_0 \in \Omega_0) \tag{1.55b}$$

$$\dot{P}(\rho) + (A(\rho) + B(\rho)K(\rho))^\top P(\rho) + P(\rho)(A(\rho) + B(\rho)K(\rho))$$
$$+ Q + K^\top(\rho)RK(\rho) \prec 0 \quad (\forall (\rho, \dot{\rho}) \in \Omega \times \Psi) \tag{1.55c}$$

問題 (1.55) に対し, $n \times n$ の対称な行列値関数

$$X(\rho) = X_0 + \rho_1 X_1 + \cdots + \rho_{n_\rho} X_{n_\rho}$$

および $m \times n$ の行列値関数

$$L(\rho) = L_0 + \rho_1 L_1 + \cdots + \rho_{n_\rho} L_{n_\rho}$$

を導入し, 変数変換 $X(\rho) = P(\rho)^{-1}$ および $L(\rho) = K(\rho)X(\rho)$ を施すと, つぎの問題を得る[注21].

$$\inf_{L(\rho), X(\rho), \gamma} \gamma \text{ subject to}$$

$$X(\rho) \succ 0 \quad (\forall \rho \in \Omega) \tag{1.56a}$$

$$\begin{bmatrix} X(\rho_0) & I_n \\ I_n & \gamma I_n \end{bmatrix} \succ 0 \quad (\forall \rho_0 \in \Omega_0) \tag{1.56b}$$

$$\begin{bmatrix} \begin{pmatrix} -\dot{X}(\rho) + (A(\rho)X(\rho) + B(\rho)L(\rho))^\top \\ + (A(\rho)X(\rho) + B(\rho)L(\rho)) \end{pmatrix} & X(\rho)Q^{\frac{1}{2}} & L^\top(\rho)R^{\frac{1}{2}} \\ Q^{\frac{1}{2}} X(\rho) & -I_n & 0_{n \times m} \\ R^{\frac{1}{2}} L(\rho) & 0_{m \times n} & -I_m \end{bmatrix} \prec 0$$
$$(\forall (\rho, \dot{\rho}) \in \Omega \times \Psi) \tag{1.56c}$$

問題 (1.56) の制約条件は, いずれも未知変数に関して線形である. しかし, 制約条件 (1.56c) 式の $A(\rho)X(\rho)$ や $B(\rho)L(\rho)$ に現れるように, パラメータに関して線形ではない. そのため, パラメータ領域の端点に関する連立 LMI に置き換えることが可能かすぐにはわからない. PDLMI におけるパラメータの積に関する取り扱いには多くの方法がある[22]-[26]. ここでは, パラメータに関して半正定となる行列多項式を用い, LMI を介して問題 (1.56) を解く方法を紹介する[8],[27]-[29].

いくつかの行列多項式 $G_i(\rho)$ ($i = 1, \ldots, r$) とそれらの転置の積の和で,

$$F(\rho) = \sum_{i=1}^{r} G_i^\top(\rho) G_i(\rho) = G^\top(\rho) G(\rho)$$

と表すことができる対称行列多項式は**二乗和** (SOS: sum of squares) である. ただし,

[注21] $X(\rho)^{-1} X(\rho) = I$ の両辺を時間微分すると, $\dot{X}(\rho)^{-1} = -X(\rho)^{-1} \dot{X}(\rho) X(\rho)^{-1}$ となる.

$G(\rho) = \begin{bmatrix} G_1^\top(\rho) & \cdots & G_r^\top(\rho) \end{bmatrix}^\top$ とする.行列二乗和多項式に関しては,つぎに述べる二つの性質が知られている.

- 行列二乗和多項式 $F(\rho)$ は,すべてのパラメータに関して半正定となる.すなわち,つぎの式が成立する.

$$F(\rho) \succeq 0 \quad (\forall \rho \in \mathbb{R}^{n_\rho}) \tag{1.57}$$

- 行列二乗和多項式 $F(\rho) \in \mathbb{R}^{n_F \times n_F}$ は,パラメータに関する単項式ベクトル $z(\rho) \in \mathbb{R}^{n_z}$ とある半正定行列 $\mathcal{Q} \in \mathbb{R}^{n_z n_F \times n_z n_F}$ を使って,

$$F(\rho) = (I_{n_F} \otimes z(\rho))^\top \mathcal{Q} (I_{n_F} \otimes z(\rho)) \tag{1.58}$$

と表すことができる^(注22).$F(\rho)$ に対して $\mathcal{Q}$ は一意ではなく,いくらかの自由度がある.

これら二つの性質から,つぎの補題が成立する[30].

補題 1.2

対称行列多項式 $F(\rho) = \sum_{\alpha \in \mathcal{F}} F_\alpha \rho^\alpha$ が (1.58) 式で表されるための必要十分条件は,つぎの LMI が実行可能解をもつことである.

$$\mathcal{Q} \succeq 0, \quad \mathrm{tr}_{n_F}((I_{n_F} \otimes A_\alpha)\mathcal{Q}) = F_\alpha \quad (\forall \alpha \in \mathcal{F}) \tag{1.59}$$

ただし,$\mathcal{F}$ は単項式の次数に関する集合^(注23),$\rho^\alpha = \rho_1^{\alpha_1} \cdots \rho_{n_\rho}^{\alpha_{n_\rho}}$ は単項式,F_α は単項式に関する係数行列,$A_\alpha \in \mathbb{R}^{n_z \times n_z}$ は (1.58) 式の z に基づいて

$$z(\rho) z(\rho)^\top = \sum_{\alpha \in \mathcal{F}} A_\alpha \rho^\alpha$$

を満たす行列とする.また,$M \in \mathbb{R}^{n_z n_F \times n_z n_F}$ であり,$M_{(ij)} \in \mathbb{R}^{p \times p}$ に対し,

$$\mathrm{tr}_{n_F}(M) := \begin{bmatrix} \mathrm{tr} M_{(11)} & \cdots & \mathrm{tr} M_{(1 n_F)} \\ \vdots & \ddots & \vdots \\ \mathrm{tr} M_{(n_F 1)} & \cdots & \mathrm{tr} M_{(n_F n_F)} \end{bmatrix} \in \mathbb{R}^{n_F \times n_F}$$

である.

---

^(注22) $\otimes$ は Kronecker(クロネッカー)積を表し,行列 A と行列 B の Kronecker 積 $A \otimes B$ は次式で定義される.

$$A \otimes B = \begin{bmatrix} a_{11} B & \cdots & a_{1n} B \\ \vdots & \ddots & \vdots \\ a_{m1} B & \cdots & a_{mn} B \end{bmatrix}, \quad A = \begin{bmatrix} a_{11} & \cdots & a_{1n} \\ \vdots & \ddots & \vdots \\ a_{m1} & \cdots & a_{mn} \end{bmatrix}$$

^(注23) たとえば,$\rho \in \mathbb{R}^2$ に対して $\mathcal{F} = \{00, 01, 10, 11, 20\}$ であれば,$z(\rho)$ は単項式 $1, \rho_1, \rho_2, \rho_1 \rho_2, \rho_1^2$ を含むベクトルである.

補題 1.2 で述べていることは，与えられた多項式行列に対する LMI (1.59) 式が可解であれば，その多項式行列は二乗和ということである．このとき，すべてのパラメータに対して多項式行列は半正定である．(1.59) 式は半正定値制約と線形等式制約なので LMI であることがわかる．実際に計算する際は，与えられた多項式行列から YALMIP などの SOS パーサが LMI を生成するため，(1.59) 式の表現の煩雑さを意識する必要はない．

しかしながら，ここまでの議論では，まだ PDLMI (1.56c) 式を取り扱うことはできない．不足していることが二つある．一つは，PDLMI で定めたい変数が (1.57) 式に反映されていないことである．これについては，未知変数ベクトルを ξ とすれば，係数行列を $F_\alpha(\xi) = F_{\alpha,0} + \sum_i \xi_i F_{\alpha,i}$ として (1.59) 式に定めたい未知変数を反映することができる．もう一つは，(1.57) 式ではパラメータの範囲を制限していないことである．これについては，たとえば，パラメータの範囲を集合 $\Omega_{\mathrm{a}} = \{\rho \in \mathbb{R}^{n_\rho} \mid g_{\mathrm{a}}(\rho) \geq 0\}$ および $\Omega_{\mathrm{b}} = \{\rho \in \mathbb{R}^{n_\rho} \mid g_{\mathrm{b}}(\rho) \geq 0\}$ の両方に含まれる範囲で考えるとき，すなわち，

$$F(\rho) \succeq 0 \quad (\forall \rho \in \Omega_{\mathrm{a}} \cap \Omega_{\mathrm{b}}) \tag{1.60}$$

としたいとき，未知の行列二乗和多項式 $S_{\mathrm{a}}(\rho)$ および $S_{\mathrm{b}}(\rho)$ に対し，

$$F(\rho) - g_{\mathrm{a}}(\rho) S_{\mathrm{a}}(\rho) - g_{\mathrm{b}}(\rho) S_{\mathrm{b}}(\rho) \succeq 0 \quad (\forall \rho \in \mathbb{R}^{n_\rho}) \tag{1.61}$$

を (1.57) 式の代わりに考えればよい．ただし，$g_{\mathrm{a}}(\rho)$ および $g_{\mathrm{b}}(\rho)$ は多項式である．このとき，(1.61) 式が $F(\rho) \succeq g_{\mathrm{a}}(\rho) S_{\mathrm{a}}(\rho) + g_{\mathrm{b}}(\rho) S_{\mathrm{b}}(\rho)$ と表せるので，$\rho \in \Omega_{\mathrm{a}} \cap \Omega_{\mathrm{b}}$ に対して $F(\rho) \succeq 0$ となることがわかる．

以上のことを考慮して，つぎの LMI 最適化問題を考えよう．

$$\min_{L(\rho), X(\rho), \gamma, S_{1i}(\rho), S_{2i}(\rho_0), S_{3i}(\rho,\dot\rho)} \gamma \text{ subject to}$$

$$M_1(\rho) = S_{10}(\rho) \quad (\forall \rho \in \mathrm{vert}\, \Omega) \tag{1.62a}$$

$$\begin{bmatrix} M_{211}(\rho_0) & I_n \\ I_n & \gamma I_n \end{bmatrix} = S_{20}(\rho_0) \quad (\forall \rho_0 \in \mathrm{vert}\, \Omega_0) \tag{1.62b}$$

$$\begin{bmatrix} M_{311}(\rho,\dot\rho) & X(\rho) Q^{\frac{1}{2}} & L^\top(\rho) R^{\frac{1}{2}} \\ Q^{\frac{1}{2}} X(\rho) & I_n & 0_{n \times m} \\ R^{\frac{1}{2}} L(\rho) & 0_{m \times n} & I_m \end{bmatrix} = S_{30}(\rho,\dot\rho)$$
$$(\forall (\rho,\dot\rho) \in \mathbb{R}^{n_\rho} \times \mathbb{R}^{n_\rho}) \tag{1.62c}$$

ここで，

$$M_1(\rho) = X(\rho) - \sum_{i=1}^{n_\rho} g_i(\rho) S_{1i}(\rho) - \varepsilon I_n$$

$$M_{211}(\rho_0) = X(\rho_0) - \sum_{i=n_\rho+1}^{2n_\rho} g_i(\rho_0) S_{2i}(\rho_0) - \varepsilon I_n$$

$$M_{311}(\rho,\dot\rho) = \dot X(\rho) - (A(\rho)X(\rho) + B(\rho)L(\rho))^\top - (A(\rho)X(\rho) + B(\rho)L(\rho))$$
$$- \sum_{i=1}^{n_\rho} g_i(\rho)S_{3i}(\rho,\dot\rho) - \sum_{i=2n_\rho+1}^{3n_\rho} g_i(\dot\rho)S_{3i}(\rho,\dot\rho) - \varepsilon I_n$$
$$g_i(\rho) = (\rho_i - \underline{\rho}_i)(\overline{\rho}_i - \rho_i) \quad (i=1,\ldots,n_\rho)$$
$$g_i(\rho_0) = (\rho_{0i} - \underline{\rho}_{0i})(\overline{\rho}_{0i} - \rho_{0i}) \quad (i=n_\rho+1,\ldots,2n_\rho)$$
$$g_i(\dot\rho) = (\dot\rho_i - \underline{\psi}_i)(\overline{\psi}_i - \dot\rho_i) \quad (i=2n_\rho+1,\ldots,3n_\rho)$$

である.また,$S_{1i}(\rho)$ $(i=0,1,\ldots,n_\rho)$,$S_{2i}(\rho_0)$ $(i=0,n_\rho+1,n_\rho+2,\ldots,2n_\rho)$,$S_{3i}(\rho,\dot\rho)$ $(i=0,1,\ldots,n_\rho,2n_\rho+1,2n_\rho+2,\ldots,3n_\rho)$ は,行列二乗和多項式である.問題 (1.62) が可解であるとき,問題 (1.56) も可解である.このとき,コントローラゲインは $K(\rho) = L(\rho)X^{-1}(\rho)$ となる.

問題 (1.56) の可解性を調べるための LMI 最適化問題の定式化は一通りではない.問題 (1.62) は,行列二乗和多項式のサイズを小さくし,比較的計算量を少なくしている.実際は,問題 (1.55) の制約条件を行列二乗和多項式を用いた表現で書きなおし,その後に Schur の補題を適用している.下記のように,別の定式化を考えることもできる.

- 条件 (1.56a), (1.56b) 式はパラメータに関して線形であるので,この条件のみパラメータの端点に関する連立 LMI としてもよい.
- 条件 (1.56c) 式はパラメータの変化率に関しては線形であるので,パラメータの変化率の端点に関する連立行列二乗和条件とすることもできる.
- 条件 (1.56c) 式のパラメータの変化率に関しては,変化率の範囲を表す多項式 $g_i(\dot\rho) = (\dot\rho_i - \underline{\psi}_i)(\overline{\psi}_i - \dot\rho_i)$ を意図的に $g_{ai}(\dot\rho) = \dot\rho_i - \underline{\psi}_i$ と $g_{bi}(\dot\rho) = \overline{\psi}_i - \dot\rho_i$ に分け,$\dot\rho$ に依存しない行列二乗和多項式 $S_{3i}(\rho)$ $(i=1,\ldots,n_\rho)$ および $S_{a3i}(\rho)$, $S_{b3i}(\rho)$ $(i=2n_\rho+1,\ldots,3n_\rho)$ を使うことで計算量を減らすことができる[31].

二乗和を用いて問題を定式化すると,しばしば一般的な計算機で扱えないほど計算量が多くなることがあるので,このように定式化を工夫することが大切になる.

例 1.7 .... アーム型倒立振子のゲインスケジューリング制御

アーム型倒立振子に対し,アーム角度 $y(t) = \theta_1(t)$ の目標値 $r(t)$ をステップ状に変化する

$$r(t) = \begin{cases} r_{\mathrm{c}} & (0 \leq t < T_{\mathrm{c}}) \\ 0 & (t \geq T_{\mathrm{c}}) \end{cases}$$

としたとき,振子の倒立状態を維持するサーボ系を問題 (1.62) を解くことにより設計する.

基礎編の 3.3.1 項で示したアーム型倒立振子の非線形モデル (3.58) 式 (p.54) に

おいて，以下の二つを仮定する．

- 振子が倒立状態の近傍で動作する $(\sin\theta_2(t) \approx \theta_2(t), \cos\theta_{12}(t) \approx \cos\theta_1(t))$.
- 遠心力やコリオリ力に関する項が無視できる $(\alpha_3 \dot{\theta}_1(t)^2 \sin\theta_{12}(t) \approx 0)$.

このとき，

$$\begin{cases} \ddot{\theta}_1(t) = -a_1\dot{\theta}_1(t) + b_1 v(t) \\ \alpha_3 \cos\theta_1(t) \cdot \ddot{\theta}_1(t) + \alpha_2 \ddot{\theta}_2(t) = \alpha_5 \theta_2(t) + \mu_2 \dot{\theta}_1(t) - \mu_2 \dot{\theta}_2(t) \end{cases} \tag{1.63}$$

となるので，状態変数を $x(t) = \begin{bmatrix} \theta_1(t) & \theta_2(t) & \dot{\theta}_1(t) & \dot{\theta}_2(t) \end{bmatrix}^\top$，操作量を $u(t) = v(t)$，制御量を $y(t) = \theta_1(t)$，パラメータを $\rho(t) := 1 - \cos\theta_1(t)$ とおくと，LPVモデルが次式のように得られる．

$$\begin{cases} \dot{x}(t) = A(\rho(t))x(t) + B(\rho(t))u(t) \\ y(t) = Cx(t) \end{cases} \tag{1.64}$$

$$A(\rho(t)) = A_0 + \rho(t)A_1, \quad B(\rho(t)) = B_0 + \rho(t)B_1, \quad C = \begin{bmatrix} 1 & 0 & 0 & 0 \end{bmatrix}$$

$$\begin{bmatrix} A_0 \mid A_1 \end{bmatrix} = \begin{bmatrix} 0_{2\times 2} & I_2 & 0_{2\times 2} & 0_{2\times 2} \\ A_{210} & A_{220} & 0_{2\times 2} & A_{221} \end{bmatrix}, \quad \begin{bmatrix} B_0 \mid B_1 \end{bmatrix} = \begin{bmatrix} 0_{2\times 1} & 0_{2\times 1} \\ B_{20} & B_{21} \end{bmatrix}$$

ただし，

$$A_{210} = \begin{bmatrix} 0 & 0 \\ 0 & \dfrac{\alpha_5}{\alpha_2} \end{bmatrix}, \quad A_{220} = \begin{bmatrix} -a_1 & 0 \\ \dfrac{a_1\alpha_3 + \mu_2}{\alpha_2} & -\dfrac{\mu_2}{\alpha_2} \end{bmatrix}, \quad A_{221} = \begin{bmatrix} 0 & 0 \\ -\dfrac{a_1\alpha_3}{\alpha_2} & 0 \end{bmatrix}$$

$$B_{20} = \begin{bmatrix} b_1 \\ -\dfrac{b_1\alpha_3}{\alpha_2} \end{bmatrix}, \quad B_{21} = \begin{bmatrix} 0 \\ \dfrac{b_1\alpha_3}{\alpha_2} \end{bmatrix}$$

である．つぎに，積分器を導入したつぎの拡大系を構成する．

$$\overbrace{\begin{bmatrix} \dot{x}(t) \\ \dot{w}(t) \end{bmatrix}}^{\dot{\widetilde{x}}(t)} = \overbrace{\begin{bmatrix} A(\rho(t)) & 0 \\ -C & 0 \end{bmatrix}}^{\widetilde{A}(\rho(t))} \overbrace{\begin{bmatrix} x(t) \\ w(t) \end{bmatrix}}^{\widetilde{x}(t)} + \overbrace{\begin{bmatrix} B(\rho(t)) \\ 0 \end{bmatrix}}^{\widetilde{B}(\rho(t))} u(t) + \begin{bmatrix} 0 \\ 1 \end{bmatrix} r(t) \tag{1.65}$$

$$\widetilde{A}(\rho(t)) = \widetilde{A}_0 + \rho(t)\widetilde{A}_1, \quad \widetilde{B}(\rho(t)) = \widetilde{B}_0 + \rho(t)\widetilde{B}_1$$

$$\widetilde{A}_0 = \begin{bmatrix} A_0 & 0 \\ -C & 0 \end{bmatrix}, \quad \widetilde{A}_1 = \begin{bmatrix} A_1 & 0 \\ 0 & 0 \end{bmatrix}, \quad \widetilde{B}_0 = \begin{bmatrix} B_0 \\ 0 \end{bmatrix}, \quad \widetilde{B}_1 = \begin{bmatrix} B_1 \\ 0 \end{bmatrix}$$

評価関数 (1.32) 式 (p.147) における重みを $Q = \mathrm{diag}\{0.1, 1, 0.001, 0.001, 4\}$，$R = 1$ とする．また，目標値 $r(t)$ の大きさ $|r_c|$ を 60 [deg] としたときのオーバーシュートが 5 [deg] 以内であると想定し，パラメータとその変化率の範囲を

$$\Omega = \{\rho \in \mathbb{R} \mid \underline{\rho} \leq \rho \leq \overline{\rho}\}, \quad \underline{\rho} = 0, \quad \overline{\rho} = 1 - \cos(65\pi/180)$$

$$\Omega_0 = \{\, \rho_0 \in \mathbb{R} \mid \underline{\rho}_0 \leq \rho_0 \leq \overline{\rho}_0 \,\}, \quad \underline{\rho}_0 = 0, \quad \overline{\rho}_0 = 1 - \cos(65\pi/180)$$
$$\Psi = \{\, \dot{\rho} \in \mathbb{R} \mid \underline{\psi} \leq \dot{\rho} \leq \overline{\psi} \,\}, \quad \underline{\psi} = -0.75, \quad \overline{\psi} = 0.75$$

のように与える．$A(\rho), B(\rho), K(\rho)$ をそれぞれ $\widetilde{A}(\rho), \widetilde{B}(\rho), \widetilde{K}(\rho)$ に置き換え，問題 (1.62) を解く．ただし，$X(\rho), L(\rho)$ は

$$X(\rho) = X_0 + \rho X_1 + \rho^2 X_2, \quad L(\rho) = L_0 + \rho L_1 + \rho^2 L_2$$

のように ρ に関する 2 次の行列多項式とする．このとき，

$$\dot{X}(\rho) = \dot{\rho} X_1 + 2\rho \dot{\rho} X_2$$

は $\dot{\rho}$ に関して線形である．また，パラメータの変動範囲を示す多項式を

$$g_1(\rho) = (\rho - \underline{\rho})(\overline{\rho} - \rho), \quad g_2(\rho_0) = (\rho_0 - \underline{\rho}_0)(\overline{\rho}_0 - \rho_0),$$
$$g_{\mathrm{a}3}(\dot{\rho}) = \overline{\psi} - \dot{\rho}, \quad g_{\mathrm{b}3}(\dot{\rho}) = \dot{\rho} - \underline{\psi}$$

とし，

$$S_{11}(\rho) = (I_5 \otimes z_1(\rho))^\top \mathcal{Q}_{11}(I_5 \otimes z_1(\rho)), \quad z_1(\rho) = \begin{bmatrix} 1 & \rho \end{bmatrix}^\top$$
$$S_{22}(\rho_0) = (I_5 \otimes z_2(\rho_0))^\top \mathcal{Q}_{22}(I_5 \otimes z_2(\rho_0)), \quad z_2(\rho_0) = \begin{bmatrix} 1 & \rho_0 \end{bmatrix}^\top$$
$$\begin{cases} S_{31}(\rho) = (I_5 \otimes z_3(\rho))^\top \mathcal{Q}_{31}(I_5 \otimes z_3(\rho)) \\ S_{\mathrm{a}33}(\rho) = (I_5 \otimes z_3(\rho))^\top \mathcal{Q}_{\mathrm{a}33}(I_5 \otimes z_3(\rho)) \\ S_{\mathrm{b}33}(\rho) = (I_5 \otimes z_3(\rho))^\top \mathcal{Q}_{\mathrm{b}33}(I_5 \otimes z_3(\rho)) \end{cases}, \quad z_3(\rho) = \begin{bmatrix} 1 & \rho & \rho^2 & \rho^3 \end{bmatrix}^\top$$

を用いて，(1.62) 式における $M_1(\rho), M_{211}(\rho_0), M_{311}(\rho, \dot{\rho})$ をそれぞれ次式とする．

$$M_1(\rho) = X(\rho) - g_1(\rho)S_{11}(\rho) - \varepsilon I_5$$
$$M_{211}(\rho_0) = X(\rho_0) - g_2(\rho_0)S_{22}(\rho_0) - \varepsilon I_5$$
$$M_{311}(\rho, \dot{\rho}) = \dot{X}(\rho) - (A(\rho)X(\rho) + B(\rho)L(\rho))^\top - (A(\rho)X(\rho) + B(\rho)L(\rho))$$
$$\quad - g_1(\rho)S_{31}(\rho) - g_{\mathrm{a}3}(\dot{\rho})S_{\mathrm{a}33}(\rho) - g_{\mathrm{b}3}(\dot{\rho})S_{\mathrm{b}33}(\rho) - \varepsilon I_5$$

以上の準備のもとで問題 (1.62) を解くと，$\gamma = 236$ 程度まで可解であった (M ファイル "`p2c15_ex7_adip_oc_gs_servo.m`")．設計されたゲインスケジューリングコントローラ

$$u(t) = \widetilde{K}(\rho(t))\widetilde{x}(t) = K_1(\rho(t))x(t) + K_2(\rho(t)) \int_0^t e(\tau)d\tau$$
$$\widetilde{K}(\rho(t)) = L(\rho(t))X(\rho(t))^{-1} = \begin{bmatrix} K_1(\rho(t)) & K_2(\rho(t)) \end{bmatrix}$$

のコントローラゲイン $K_1(\rho(t)), K_2(\rho(t))$ を図 1.16 に示す．ただし，比較のため，**例 1.4** で示したアーム型倒立振子の線形化モデル (1.30) 式 (p. 146) に対して設計された最適レギュレータのコントローラゲイン

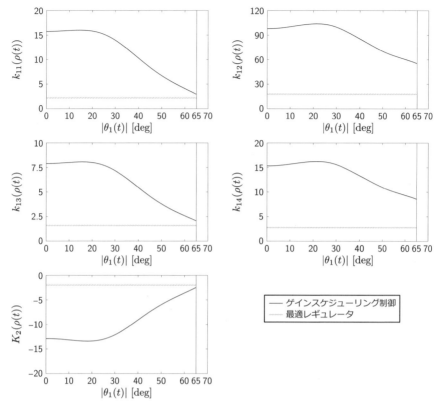

図 1.16　コントローラゲイン $K_1(\rho) = \begin{bmatrix} k_{11}(\rho) & k_{12}(\rho) & k_{13}(\rho) & k_{14}(\rho) \end{bmatrix}$, $K_2(\rho)$

$$K_1 = \begin{bmatrix} 2.2101 & 17.8037 & 1.5983 & 2.7952 \end{bmatrix}, \quad K_2 = -2.0000$$

も示している (M ファイル "p2c15_ex7_adip_lqr_servo.m"). これより, ゲインスケジューリング制御では, アーム角度 $\theta_1(t)$ の変化に応じてゲイン $K_1(\rho(t))$, $K_2(\rho(t))$ が複雑に変化していることがわかる.

つぎに, 目標値を $r_c = 30, 45, 60$ [deg] ($T_c = 6$ [s]) として非線形シミュレーションを行った結果を図 1.17, 1.18 に示す. 目標値を $r_c = 30$ [deg] とした場合, 非線形性の影響が小さいので, 最適レギュレータとゲインスケジューリング制御の応答に大きな差異はない. しかし, 目標値を $r_c = 45$ [deg] とした場合, 非線形性が強くなり, 最適レギュレータでは線形化誤差の影響で応答が振動的になる. そして, さらに目標値を大きくすると, 最適レギュレータでは $r_c = 48$ [deg] を超えると振子の倒立を維持することはできず, 不安定となってしまう. それに対して, ゲインスケジューリング制御では目標値を $r_c = 45, 60$ [deg] とした場合でも非線形性の影響を適切に補償し, 目標値に追従できていることがわかる. また, 図 1.18 に示すよう

166 第 1 章　LMI と制御

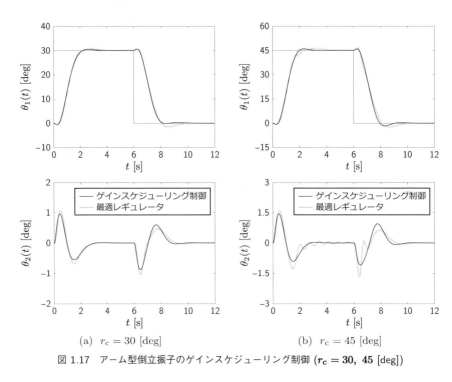

図 1.17　アーム型倒立振子のゲインスケジューリング制御 ($r_c = 30, 45$ [deg])

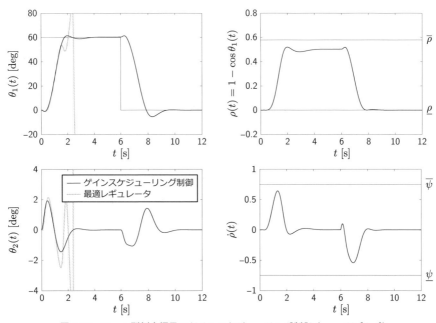

図 1.18　アーム型倒立振子のゲインスケジューリング制御 ($r_c = 60$ [deg])

に，パラメータ $\rho(t)$ およびその変化率 $\dot{\rho}(t)$ はいずれも設計の際に考慮した範囲で動作していることがわかる．これらの範囲を超える使い方をしない限り，安定性や制御性能が保証される．

第 1 章の参考文献

1) 杉江俊治，藤田政之：フィードバック制御入門，コロナ社 (1999)
2) 川田昌克，西岡勝博：MATLAB/Simulink によるわかりやすい制御工学，森北出版 (2001)
3) 蛯原義雄：LMI によるシステム制御 —— ロバスト制御系設計のための体系的アプローチ ——，森北出版 (2012)
4) M. Chilali and P. Gahinet: H_∞ Design with Pole Placement Constraints: An LMI Approach, IEEE Transactions on Automatic Control, Vol. 41, No. 3, pp. 358–367 (1996)
5) 川田昌克：制御系解析・設計における数値計算/数式処理ソフトウェアの活用，システム/制御/情報，Vol. 55, No. 5, pp. 159–164 (2011) (see also https://bit.ly/3rXPuQy)
6) 陳　幹：LMI による制御，システム/制御/情報，Vol. 56, No. 6, pp. 287–290 (2012)
7) 穴井宏和：数理最適化の実践ガイド，講談社 (2013)
8) 延山英沢，瀬部　昇：システム制御のための最適化理論，コロナ社 (2015)
9) S. Boyd and L. Vandenberghe: Convex Optimization, Cambrige University Press (2004) (available from https://stanford.edu/~boyd/cvxbook/)
10) S. Boyd, L. E. Ghaoui, E. Feron and V. Balakrishnan: Linear Matrix Inequalities in System and Control Theory, SIAM (1994) (available from https://stanford.edu/~boyd/lmibook/)
11) 佐藤和也，下本陽一，熊澤典良：はじめての現代制御理論，講談社 (2012)
12) 藤井隆雄，辻野太郎：最適制御の実用設計法，森北出版 (2015)
13) 浅井　徹：ロバスト制御，H_∞ 制御，システム/制御/情報，Vol. 56, No. 6, pp. 283–286 (2012)
14) 和田信敬，佐伯正美：入力飽和システムの Anti-windup 制御，システム/制御/情報，Vol. 46, No. 2, pp. 84–90 (2002)
15) 木山　健：セクター条件に基づく飽和を有する制御系の解析と制御– 飽和要素の出力から入力への直達成分の考察，システム/制御/情報，Vol. 47, No. 11, pp. 532-539 (2003)
16) K. Sawada, T. Kiyama and T. Iwasaki: Generalized sector synthesis of output feedback control with anti-windup structure, System & Control Letters, Vol. 58, No. 6, pp. 421–428 (2009)
17) S. Tarbouriech, G. Garcia, J. M. Gomes da Silva Jr. and I. Queinnec: Stability and Stabilization of Linear Systems with Saturating Actuators, Springer (2011)

18) T. Hu and Z. Lin: Control Systems with Actuator Saturation — Analysis and Design, Birkhäuser (2001)

19) 井村順一：システム制御のための安定論，コロナ社 (2000)

20) H. Khalil: Nonlinear Systems — 3rd Edition, Peason Education (2001)

21) 大塚敏之：モデル予測制御，システム/制御/情報，Vol. 56, No. 6, pp. 310–312 (2012)

22) P. Gahinet, P. Apkarian and M. Chilali: Affine parameter-dependent Lyapunov functions and real parameter uncertainty, IEEE Transactions on Automatic Control, Vol. 41, No. 3, pp. 436–442 (1996)

23) 内田健康，渡辺 亮：ゲインスケジューリング — 適応/非線形制御への新展開，システム/制御/情報，Vol. 42, No. 6, pp. 306–311 (1998)

24) 蛯原義雄，萩原朋道：伸張型線形行列不等式を用いた制御系の解析と設計，システム/制御/情報，Vol. 48, No. 9, pp. 355–360 (2004)

25) 川田昌克，蛯原義雄：LMI に基づく制御系解析・設計，システム/制御/情報，Vol. 55, No. 5, pp. 165–173 (2011)

26) J. Mohammadpour and C. W. Scherer (Editors): Control of Linear Parameter Varying Systems with Applications, Springer (2012)

27) 大石泰章：2 乗和多項式とその非線形制御への応用，システム/制御/情報，Vol. 58, No. 11, pp. 449–455 (2014)

28) 市原裕之：二乗和に基づく制御系解析・設計，システム/制御/情報，Vol. 55, No. 5, pp. 174–180 (2011)

29) P. A. Parrilo: Structured Semidefinite Programs and Semialgebraic Geometry Methods in Robustness and Optimization, PhD Thesis at California Institute of Technology, CA (2000) (available from http://www.mit.edu/~parrilo/pubs/index.html)

30) C. W. Sherer and C. W. J. Hol: Matrix Sum-of-Squares Relaxations for Robust Semi-Definite Programs, Mathematical Programming Series B, Vol. 107, No. 1–2, pp. 189–211 (2006)

31) 市原裕之，川田昌克：SOS に基づくアクロボットのゲインスケジューリング制御 — 姿勢制御実験による検証 —，計測自動制御学会論文集，Vol. 46, No. 7, pp. 373-382 (2010)

第 2 章

ディジタル制御

永原 正章・東 俊一

実際の倒立振子の制御では，コントローラはディジタル機器上に実装され，振子の角度や角速度などの物理量の測定値はディジタルデータとして取り扱われる．このような制御のことをディジタル制御と呼ぶ．本章では，ディジタル制御特有の性質や制約を考慮に入れたうえで制御系をうまく設計する手法について学ぶ．

2.1 ディジタル制御

基礎編の第 1 章で述べたように，倒立振子の制御では，通常，D/A 変換，A/D 変換 (もしくはカウンタ) を介して，ディジタル機器によるコントローラの実装が行われる．このように，アナログで動作する制御対象をディジタルコントローラで制御することを**ディジタル制御**と呼ぶ．

大学もしくは大学院で学ぶ標準的な制御理論の講義では，連続時間コントローラの設計を対象としていることが多い．また，本書での記述もそのほとんどは連続時間系を想定している．それらの知識に基づいて，コントローラを連続時間系で設計したとしよう．その連続時間コントローラをコンピュータに実装する場合，なんらかの方法でコントローラを**離散化**する必要がある．

本章で考える離散化は，信号の値を有限のビット数で表現する操作 (**量子化**) と連続時間を離散時間に変換する操作 (**標本化**) の二つである．アナログの信号やコントローラに対してこれらの離散化を行ったとき，果たして制御系はうまく動作するのだろうか？

このような問題を考えるため，本章では，はじめに純粋な離散時間系の制御についての基礎知識を説明する．つぎに，量子化された制御信号を用いて制御する手法として，**動的量子化器**と呼ばれる装置を用いたものを紹介する．続いて，連続時間信号の標本化を考慮した設計法として，サンプル値制御系の安定性を確保するためのコントローラの設計方法と，サンプル点間応答を考慮した**離散時間最適レギュレータ**の設計方法を紹介する．これらは，90 年代初めより理論的な発展を遂げた**サンプル値制御理論**[1),2)] の基礎となる考え方であり，ディジタル化が当たり前の現在では，必須の設計方法である．

2.2 離散時間系の制御

本節では，発展的な内容に入る前に，ディジタル制御の基礎である純粋な離散時間系について，その安定性や可到達性/可観測性，可安定性/可検出性，そして最適レギュレータの設計法を説明する．

つぎの離散時間系を考える．

$$\Sigma_{\mathcal{P}_\mathrm{d}} : \begin{cases} \xi[k+1] = A_\mathrm{d}\xi[k] + B_\mathrm{d}u[k] \\ y[k] = C_\mathrm{d}\xi[k] \end{cases} \quad (k = 0, 1, 2, \ldots) \tag{2.1}$$

ただし，$\xi[k] \in \mathbb{R}^n, u[k] \in \mathbb{R}^m, y[k] \in \mathbb{R}^p$ とする．(2.1) 式の離散時間系の安定性を考えよう．**基礎編**の**第 4 章** (p. 60) で考えた連続時間系の場合と同様に，安定性を定義するために，(2.1) 式の状態方程式に対して $u \equiv 0$ とした**自励系**を考える．

定義 2.1 .... 離散時間系の安定性

つぎの離散時間自励系

$$\xi[k+1] = A_\mathrm{d}\xi[k] \quad (k = 0, 1, 2, \ldots) \tag{2.2}$$

を考える．任意に与えられた $\varepsilon > 0$ に対して，ある $\delta > 0$ が存在して，$\|\xi[0]\| < \delta$ を満たすすべての初期値 $\xi[0] \in \mathbb{R}^n$ とすべての時刻 $k = 0, 1, 2, \ldots$ について $\|\xi[k]\| < \varepsilon$ となるとき，自励系 (2.2) 式は **Lyapunov 安定**または単に**安定**であるという．さらに，自励系 (2.2) 式が Lyapunov 安定で，かつすべての初期値 $\xi[0] \in \mathbb{R}^n$ に対して

$$\lim_{k \to \infty} \xi[k] = 0 \tag{2.3}$$

が成り立つとき，自励系 (2.2) 式は**漸近安定**であるという．

連続時間系の場合 (**基礎編**の**定理 4.2** (p. 71) を参照) と同様に，離散時間系 (2.1) 式の安定性は，行列 A_d の固有値によって定まる．すなわち，つぎの定理が成り立つ．

定理 2.1 .... 安定性の必要十分条件

離散時間系 (2.1) 式が漸近安定であるための必要十分条件は行列 A_d の固有値の絶対値がすべて 1 未満であることである．このような行列 A_d は **Schur 安定**と呼ばれる．

つぎに，離散時間系の制御において重要な概念である可到達性と可観測性について定義する．まず，可到達性は以下で定義される．

定義 2.2　離散時間系の可到達性

離散時間系 (2.1) が**可到達**であるとは，任意の終端状態 $\xi_f \in \mathbb{R}^n$ に対して，ある自然数 N と入力 $\{u[k]\}_{k=0}^{N-1}$ が存在して，この入力により状態が原点 $\xi[0] = 0$ から $\xi[N] = \xi_f$ へと遷移できることをいう．

この定義が連続時間系の可制御性の定義 (**基礎編**の**第 5 章**で示した**定義** 5.1 (p. 76)) と異なっていることに注意する．なお，線形時不変の連続時間系の場合と異なり，離散時間系の場合は「可制御性」と「可到達性」の概念は一致せず，注意が必要である (下記の**コーヒーブレーク**を参照)．可到達性を調べるためには，以下の定理が有用である．

定理 2.2　可到達性の必要十分条件

以下の三つの条件は等価である．

(i) 離散時間系 (2.1) 式が可到達である．

(ii) $\mathrm{rank}\begin{bmatrix} B_\mathrm{d} & A_\mathrm{d}B_\mathrm{d} & \ldots & A_\mathrm{d}^{n-1}B_\mathrm{d} \end{bmatrix} = n$

(iii) 任意の $z \in \mathbb{C}$ に対して $\mathrm{rank}\begin{bmatrix} zI - A_\mathrm{d} & B_\mathrm{d} \end{bmatrix} = n$ が成立する．

この結果は，線形時不変の連続時間系の場合 (**基礎編 定理** 5.1 (p. 77)) と同様である．

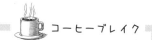コーヒーブレイク

定義 2.2 において「可到達性」という言葉を用いた．書物によっては，定義 2.2 の性質を「可制御性」と呼ぶことがある．しかし，「可制御性」は「可到達性」とは違う概念であり，離散時間系では「可到達であっても可制御ではない」という状況が発生するので注意が必要である．ここで，離散時間系 (2.1) 式の**可制御性**とは，任意の初期状態 $\xi_0 \in \mathbb{R}^n$ に対して，ある自然数 N と入力 $\{u[k]\}_{k=0}^{N-1}$ が存在して，この入力により状態が $\xi[0] = \xi_0$ から原点 $\xi[N] = 0$ へと遷移できることをいう．たとえば，

$$A_\mathrm{d} = \begin{bmatrix} 1 & 1 \\ 0 & 0 \end{bmatrix}, \quad B_\mathrm{d} = \begin{bmatrix} 1 \\ 0 \end{bmatrix} \tag{2.4}$$

とし，初期値 $\xi[0] = \begin{bmatrix} a & b \end{bmatrix}^\top$ が与えられたとき，離散時間系 (2.1) 式に対して入力 $u[0] = -a, u[1] = -b$ (a と b は実数) を考えれば，

$$\xi[1] = \begin{bmatrix} b & 0 \end{bmatrix}^\top, \quad \xi[2] = \begin{bmatrix} 0 & 0 \end{bmatrix}^\top \tag{2.5}$$

となり，有限時間 (すなわち，$N = 2$) で原点に遷移させることができるので可制御である．一方，

$$\begin{bmatrix} B_\mathrm{d} & A_\mathrm{d}B_\mathrm{d} \end{bmatrix} = \begin{bmatrix} 1 & 1 \\ 0 & 0 \end{bmatrix} \tag{2.6}$$

となるので，定理 2.2 よりシステムは可到達ではないことがわかる．

つぎに可到達性の双対概念である可観測性を定義する.

定義 2.3 .... **離散時間系の可観測性**

離散時間系 (2.1) が**可観測**であるとは,ある自然数 N が存在して,長さ N の入出力データ $\{u[k]\}_{k=0}^{N-1}$ と $\{y[k]\}_{k=0}^{N-1}$ から初期状態 $\xi[0]$ が一意に決定できることをいう.

この可観測性に対して以下の必要十分条件が知られている.

定理 2.3 .... **可観測性の必要十分条件**

以下の三つの条件は等価である.

(i) 離散時間系 (2.1) 式が可観測である.

(ii) $\mathrm{rank}\begin{bmatrix} C_\mathrm{d} \\ C_\mathrm{d} A_\mathrm{d} \\ \vdots \\ C_\mathrm{d} A_\mathrm{d}^{n-1} \end{bmatrix} = n$

(iii) 任意の $z \in \mathbb{C}$ に対して $\mathrm{rank}\begin{bmatrix} zI - A_\mathrm{d} \\ C_\mathrm{d} \end{bmatrix} = n$ が成立する.

この結果は,線形時不変の連続時間系の場合 (**基礎編**の**定理** 7.1 (p. 107)) と同様である.

また,連続時間系と同様に可安定性と可検出性の概念も導入される.以下に定義を述べる.

定義 2.4 .... **可安定性と可検出性**

離散時間系 (2.1) が**可安定**であるとは,任意の $z \in \mathbb{C}$ ただし $|z| \geq 1$ に対して,

$$\mathrm{rank}\begin{bmatrix} zI - A_\mathrm{d} & B_\mathrm{d} \end{bmatrix} = n \tag{2.7}$$

が成り立つことをいう.また,離散時間系 (2.1) が**可検出**であるとは,任意の $z \in \mathbb{C}$ ただし $|z| \geq 1$ に対して,

$$\mathrm{rank}\begin{bmatrix} zI - A_\mathrm{d} \\ C_\mathrm{d} \end{bmatrix} = n \tag{2.8}$$

が成り立つことをいう.

なお,離散時間系 (2.1) が可到達 (または可安定) であるとき,「$(A_\mathrm{d}, B_\mathrm{d})$ は可到達 (または可安定)」と表現し,離散時間系 (2.1) が可観測 (または可検出) であるとき,「$(C_\mathrm{d}, A_\mathrm{d})$ は可観測 (または可検出)」と表現することがあるのは,連続時間系の場合と同様である.

以上の準備のもと,離散時間系の最適制御問題を考えよう.ここでは,離散時間の制

御対象 (2.1) 式に対して，次式の評価関数を考える．

$$J_\mathrm{d} = \sum_{k=0}^{\infty} \left(\xi[k]^\top Q_\mathrm{d} \xi[k] + 2\xi[k]^\top S_\mathrm{d} u[k] + u[k]^\top R_\mathrm{d} u[k] \right) \tag{2.9}$$

この評価関数を最小化する状態フィードバック形式のコントローラ

$$u[k] = K_\mathrm{d} \xi[k] \quad (k = 0, 1, 2, \ldots) \tag{2.10}$$

のゲインを求める問題を**離散時間最適レギュレータ問題**とよぶ．ただし，

$$\begin{bmatrix} Q_\mathrm{d} & S_\mathrm{d} \\ S_\mathrm{d}^\top & R_\mathrm{d} \end{bmatrix} \succeq 0 \tag{2.11}$$

と仮定する．このとき，離散時間最適レギュレータ問題の解は以下で与えられる．

定理 2.4 .... **離散時間最適レギュレータ**

(2.1) 式で表される離散時間制御対象 $\Sigma_{\mathcal{P}_\mathrm{d}}$ を考える．ただし，$C = I$ とし，$(A_\mathrm{d}, B_\mathrm{d})$ は可安定とする．(2.9) 式の離散時間評価関数 J_d を最小化する最適制御を考える．ここで，対 $((Q_\mathrm{d} - S_\mathrm{d} R_\mathrm{d}^{-1} S_\mathrm{d}^\top)^{1/2}, A_\mathrm{d} - B_\mathrm{d} R_\mathrm{d}^{-1} S_\mathrm{d}^\top)$ は可検出とする．このとき，最適状態フィードバックゲイン K_d は，

$$K_\mathrm{d} = -(R_\mathrm{d} + B_\mathrm{d}^\top P_\mathrm{d} B_\mathrm{d})^{-1}(S_\mathrm{d}^\top + B_\mathrm{d}^\top P_\mathrm{d} A_\mathrm{d}) \tag{2.12}$$

で与えられる．ただし，P_d は次式の**離散時間 Riccati 方程式**の半正定値解である．

$$P_\mathrm{d} = A_\mathrm{d}^\top P_\mathrm{d} A_\mathrm{d} + Q_\mathrm{d} - (S_\mathrm{d}^\top + B_\mathrm{d}^\top P_\mathrm{d} A_\mathrm{d})^\top (R_\mathrm{d} + B_\mathrm{d}^\top P_\mathrm{d} B_\mathrm{d})^{-1}(S_\mathrm{d}^\top + B_\mathrm{d}^\top P_\mathrm{d} A_\mathrm{d}) \tag{2.13}$$

離散時間 Riccati 方程式 (2.13) の半正定値解は MATLAB により簡単に求めることができる．すなわち，MATLAB の関数 "`dare`" を使って，

```
Pd = dare(Ad,Bd,Qd,Rd,Sd)
```

とすれば，(2.13) 式を満たす半正定値行列 P_d が求められる．離散時間 Riccati 方程式についての理論的な考察は文献 3) の 11 章を参照されたい．

2.3 量子化入力制御

本書ではこれまで，観測出力 (観測量) と制御入力 (操作量) が**連続値信号**である場合を考えてきたが，ディジタル制御では A/D 変換器 (あるいはカウンタ) と D/A 変換器が用いられるために，実際には，観測信号と制御入力は量子化された**離散値信号**になる．本節では，とくに，制御入力が離散値信号に制限される場合の制御である**量子化入**

力制御[注1] について考えてみよう.

なお,本節では,ベクトル列 $X = (x_0, x_1, \ldots)$ に対し,その無限大ノルムを

$$\|X\|_\infty := \sup_{k \in \{0, 1, \ldots\}} \|x_k\|_\infty \tag{2.14}$$

と定義する. また,長方行列 M に対して,その擬似逆行列を $M^+ := (M^\top M)^{-1} M^\top$ と記述し,M の各要素 m_{ij} を絶対値 $|m_{ij}|$ で置き換えた行列を $\mathrm{abs}(M)$ と記述する.

2.3.1 動的量子化器を用いたコントローラ

つぎの離散時間制御対象を考える.

$$\Sigma_{\mathcal{P}_\mathrm{d}} : \begin{cases} \xi[k+1] = A_\mathrm{d} \xi[k] + B_\mathrm{d} u[k] \\ z[k] = C_\mathrm{d1} \xi[k] \\ y[k] = C_\mathrm{d2} \xi[k] \end{cases} \tag{2.15}$$

ここで $\xi[k] \in \mathbb{R}^n$ は状態,$u[k] \in \{0, \pm d, \pm 2d, \ldots\}^m$ は制御入力 (操作量),$z[k] \in \mathbb{R}^{p_1}$ は評価出力,$y[k] \in \mathbb{R}^{p_2}$ は観測出力 (観測量) であり,また,$A_\mathrm{d} \in \mathbb{R}^{n \times n}$, $B_\mathrm{d} \in \mathbb{R}^{n \times m}$, $C_\mathrm{d1} \in \mathbb{R}^{p_1 \times n}$, $C_\mathrm{d2} \in \mathbb{R}^{p_2 \times n}$ は定数行列である.$d \in \mathbb{R}$ は,たとえば D/A 変換器の量子化サイズに相当する値であり,制御入力 $u[k]$ は集合 $\{0, \pm d, \pm 2d, \ldots\}^m$ 上の離散値に制限されている点に注意する.

この制御対象に対し,図 2.1 に示されるコントローラを用いて,図 2.2 のフィードバック制御系を構成してみよう.$\Sigma_\mathcal{K}$ は**連続コントローラ**と呼ばれ,

$$\Sigma_\mathcal{K} : \begin{cases} \widehat{\xi}[k+1] = A_\mathcal{K} \widehat{\xi}[k] + B_{\mathcal{K}1} r[k] + B_{\mathcal{K}2} y[k] \\ v[k] = C_\mathcal{K} \widehat{\xi}[k] + D_{\mathcal{K}1} r[k] + D_{\mathcal{K}2} y[k] \end{cases} \tag{2.16}$$

で与えられる.$\widehat{\xi}[k] \in \mathbb{R}^\mu$ は状態変数,$r[k] \in \mathbb{R}^l$ は参照入力 (目標値),$v[k] \in \mathbb{R}^m$ は出力であり,$A_\mathcal{K} \in \mathbb{R}^{\mu \times \mu}$, $B_{\mathcal{K}1} \in \mathbb{R}^{\mu \times l}$, $B_{\mathcal{K}2} \in \mathbb{R}^{\mu \times p_2}$, $C_\mathcal{K} \in \mathbb{R}^{m \times \mu}$, $D_{\mathcal{K}1} \in \mathbb{R}^{m \times l}$,

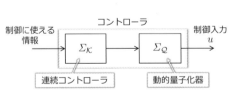

図 2.1 動的量子化器を用いたコントローラ

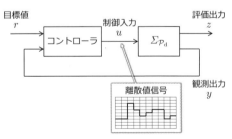

図 2.2 制御入力が離散値に制限される場合のフィードバック制御系

[注1] 離散値入力制御とも呼ばれる.

$D_{\mathcal{K}2} \in \mathbb{R}^{m \times p_2}$ は定数行列である．一方，$\Sigma_{\mathcal{Q}}$ は，過去の情報を利用して連続値信号を離散値信号に変換 (量子化) する**動的量子化器**と呼ばれる装置であり，これは

$$\Sigma_{\mathcal{Q}} : \begin{cases} \zeta[k+1] = A_{\mathcal{Q}}\zeta[k] + B_{\mathcal{Q}}v[k] + F_{\mathcal{Q}}u[k] \\ u[k] = q(C_{\mathcal{Q}}\zeta[k] + v[k]) \end{cases} \tag{2.17}$$

で与えられる．ここで，$\zeta[k] \in \mathbb{R}^{\nu}$ は状態変数 (過去の情報を記憶するメモリ)，$A_{\mathcal{Q}} \in \mathbb{R}^{\nu \times \nu}$，$B_{\mathcal{Q}} \in \mathbb{R}^{\nu \times m}$，$C_{\mathcal{Q}} \in \mathbb{R}^{m \times \nu}$，$F_{\mathcal{Q}} \in \mathbb{R}^{\nu \times m}$ は定数行列である．$q : \mathbb{R}^m \to \{0, \pm d, \pm 2d, \ldots\}^m$ は，図 2.3 に示される**階段関数**をベクトルの要素ごとに適用するものであり，これによって $u[k]$ が離散値信号になることが保証されている．また，動的量子化器 $\Sigma_{\mathcal{Q}}$ の初期状態は $\zeta[0] = 0$ と仮定する．なお，(2.17) 式の状態方程式には，出力 $u[k]$ の項が含まれており，$F_{\mathcal{Q}} \neq 0$ ならば動的量子化器 $\Sigma_{\mathcal{Q}}$ は内部にフィードバック構造を有する点に注意しておく．

このようなコントローラにおいて，

(S1) 連続コントローラ $\Sigma_{\mathcal{K}}$：離散時間制御対象 $\Sigma_{\mathcal{P}_\mathrm{d}}$ に連続値の制御入力を印加できると仮定して図 2.4 の制御系を構成した際に所期性能を達成する

(S2) 動的量子化器 $\Sigma_{\mathcal{Q}}$：$\Sigma_{\mathcal{K}}$ の (図 2.4 における) 性能を保ちながら $v[k]$ を量子化する

ならば，制御対象への入力が離散値信号の場合でも，図 2.2 のフィードバック制御系が良好に動作することが期待できる．これが，量子化入力制御の基本的な考え方である．

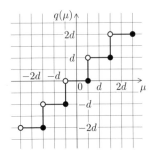

図 2.3 階段関数 $q(\mu)$

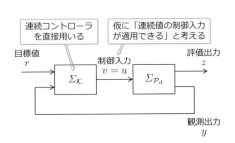

図 2.4 連続コントローラを直接用いたフィードバック制御系

2.3.2 動的量子化器の設計問題

さて，(S1) の連続コントローラ $\Sigma_{\mathcal{K}}$ は，たとえば前節の離散時間最適レギュレータ (**定理 2.4** を参照) によって導出できる点に注意すると，残されている課題は，「任意に与えられた $\Sigma_{\mathcal{K}}$ に対して，(S2) の動的量子化器 $\Sigma_{\mathcal{Q}}$ をどのように得るのか？」という点になる．つぎに，これについて考えよう．

(a) 動的量子化器のゲイン

動的量子化器 $\Sigma_\mathcal{Q}$ の設計問題を考えるにあたって,まずは $\Sigma_\mathcal{Q}$ に対して入出力ゲインを定義する.

(2.17) 式の出力方程式に対し,変数

$$w[k] := q(C_\mathcal{Q}\zeta[k] + v[k]) - (C_\mathcal{Q}\zeta[k] + v[k]) \tag{2.18}$$

を導入する.関数 q の定義から,任意の $k \in \{0, 1, \ldots\}$ に対して

$$\|w[k]\|_\infty \leq \frac{d}{2} \tag{2.19}$$

が成立する.この変数 w を用いると,(2.17) 式を

$$\Sigma_\mathcal{Q} : \begin{cases} \zeta[k+1] = (A_\mathcal{Q} + F_\mathcal{Q} C_\mathcal{Q})\zeta[k] + (B_\mathcal{Q} + F_\mathcal{Q})v[k] + F_\mathcal{Q} w[k] \\ u[k] = C_\mathcal{Q}\zeta[k] + v[k] + w[k] \end{cases} \tag{2.20}$$

と書き換えることができる.このとき,形式的に v と w を互いに独立な外部入力と仮定すれば,$\Sigma_\mathcal{Q}$ は,入力が v と w で,出力が u の線形システムと見なすことができる.このように,$\Sigma_\mathcal{Q}$ を線形システムと考えたときの時刻 $T-1$ までの入出力の比

$$\|\mathcal{Q}_{vu}\|_\infty := \sup_{V \in \mathbb{R}^{mT} \setminus \{0\}} \frac{\|U(V, (0, 0, \ldots, 0))\|_\infty}{\|V\|_\infty} \tag{2.21}$$

$$\|\mathcal{Q}_{wu}\|_\infty := \sup_{W \in \mathbb{R}^{mT} \setminus \{0\}} \frac{\|U((0, 0, \ldots, 0), W)\|_\infty}{\|W\|_\infty} \tag{2.22}$$

を $\Sigma_\mathcal{Q}$ の入出力ゲインと定義する.ただし,$U(V, W)$ は,(2.20) 式の v と w に,入力列 $V := (v_0, v_1, \ldots, v_{T-1}) \in \mathbb{R}^{mT}$ と $W := (w_0, w_1, \ldots, w_{T-1}) \in \mathbb{R}^{mT}$ を与えたときの出力列 $(u[0], u[1], \ldots, u[T-1])$ である.とくに,$U(V, (0, 0, \ldots, 0))$ は $W = (0, 0, \ldots, 0)$ の場合を表し,一方,$U((0, 0, \ldots, 0), W)$ は $V = (0, 0, \ldots, 0)$ の場合を示す.

このように定義された入出力ゲインを用いると,$\Sigma_\mathcal{Q}$ の入力 v と出力 u の大きさの関係をつぎのように表現することができる.

$$\underbrace{\sup_{k \in \{0, 1, \ldots, T-1\}} \|u[k]\|_\infty}_{\text{出力の最大値}} \leq \|Q_{vu}\|_\infty \underbrace{\sup_{k \in \{0, 1, \ldots, T-1\}} \|v[k]\|_\infty}_{\text{入力の最大値の } \|Q_{vu}\|_\infty \text{ 倍}} + \underbrace{\|Q_{wu}\|_\infty \frac{d}{2}}_{\substack{\text{(2.19) 式から} \\ \text{得られる定数}}} \tag{2.23}$$

これによって,$\Sigma_\mathcal{Q}$ の出力 u の大きさを見積もることが可能となる.

(b) 仕様 (S2) の定式化

つぎに,(S2) を定式化する.まず,これの充足を期待する時間区間を $\{0, 1, \ldots, T\}$ とする.ただし,$T \in \{0, 1, \ldots\}$ であり,これを性能評価時間と呼ぶ.つぎに,図 2.2

のフィードバック制御系において，初期状態を $\xi[0] = \xi_0$, $\widehat{\xi}[0] = \widehat{\xi}_0$, 参照入力列を $R := (r_0, r_1, \ldots, r_{T-1})$ としたときの出力列 $(z[0], z[1], \ldots, z[T])$ を $Z_\mathcal{Q}(\xi_0, \widehat{\xi}_0, R)$ で表す．図 2.4 のフィードバック制御系に対しても，$Z_I(\xi_0, \widehat{\xi}_0, R)$ を同様に定義する．このとき，図 2.2 と図 2.4 のフィードバック制御系の評価出力の差は $\|Z_\mathcal{Q}(\xi_0, \widehat{\xi}_0, R) - Z_I(\xi_0, \widehat{\xi}_0, R)\|_\infty$ と表され，この最大値は

$$E(Q) := \sup_{(\xi_0, \widehat{\xi}_0, R) \in \mathbb{R}^n \times \mathbb{R}^\mu \times \mathbb{R}^{lT}} \|Z_\mathcal{Q}(\xi_0, \widehat{\xi}_0, R) - Z_I(\xi_0, \widehat{\xi}_0, R)\|_\infty \quad (2.24)$$

となる．$E(Q)$ は (S2) の充足の度合いに相当し，これを評価関数とすると動的量子化器の設計問題はつぎのように記述できる．

問題 2.1

図 2.2 のフィードバック制御系において，連続コントローラ $\Sigma_\mathcal{K}$, 性能評価時間 $T \in \{0, 1, \ldots\}$, ゲインの上界値 $\gamma_{vu}, \gamma_{wu} \in \mathbb{R}_+$ が任意に与えられるものとする．ただし，$\Sigma_\mathcal{K}$ は図 2.4 の制御系を安定化するものと仮定する．このとき，

(C1) フィードバック制御系の状態 $\xi, \widehat{\xi}, \zeta$ が有界，すなわち，

$$\sup_{k \in \{0,1,\ldots\}} \|\xi[k]\|_\infty < \infty, \quad \sup_{k \in \{0,1,\ldots\}} \|\widehat{\xi}[k]\|_\infty < \infty, \quad \sup_{k \in \{0,1,\ldots\}} \|\zeta[k]\|_\infty < \infty$$

(C2) $\|Q_{vu}\|_\infty \leq \gamma_{vu}, \|Q_{wu}\|_\infty \leq \gamma_{wu}$

を満たし，評価関数 $E(Q)$ を最小にする自然数 ν および行列 $A_\mathcal{Q}, B_\mathcal{Q}, C_\mathcal{Q}, F_\mathcal{Q}$ を求めよ． □

この問題において，(C1) と (C2) の条件は，動的量子化器が実用的なクラスから選ばれるように課せられている．(C1) は，図 2.2 のフィードバック制御系が，状態変数の有界性の意味で安定になることを要求している．一方，(C2) は，$\Sigma_\mathcal{Q}$ の出力 $u[k]$ (制御入力) が取り得る値の範囲を制限している．実際，これが満たされるとき，(2.23) 式から

$$\sup_{k \in \{0,1,\ldots,T-1\}} \|u[k]\|_\infty \leq \gamma_{vu} \sup_{k \in \{0,1,\ldots,T-1\}} \|v[k]\|_\infty + \gamma_{wu} \frac{d}{2} \quad (2.25)$$

が得られる．したがって，任意の時刻 $k \in \{0, 1, \ldots, T-1\}$ において，$u[k]$ は有限集合 $\mathbb{U}(\gamma_{vu}, \gamma_{wu}) :=$

$$\{0, \pm d, \pm 2d, \ldots\}^m \cap \left\{ u \in \mathbb{R}^m \,\middle|\, \|u\|_\infty \leq \gamma_{vu} \sup_{k \in \{0,1,\ldots,T-1\}} \|v[k]\|_\infty + \gamma_{wu} \frac{d}{2} \right\}$$
$$(2.26)$$

に属するので，これを考慮して γ_{vu}, γ_{wu} の値を適切に設定すれば $u[k]$ の範囲を制限できる．たとえば，$m = 1$ のとき，$u[k] \in \{-d, 0, +d\}$ ($k = 0, 1, \ldots, T-1$) とするた

めには，

$$\gamma_{vu} \sup_k \|v[k]\|_\infty + \gamma_{wu} \frac{d}{2} < 2d \tag{2.27}$$

を満たす γ_{vu}, γ_{wu} を選べばよい．このことは

$$\mathbb{U}(\gamma_{vu}\,\gamma_{wu}) \subseteq \{0, \pm d, \pm 2d, \dots\} \cap \{u \in \mathbb{R} \mid \|u\|_\infty < 2d\} = \{-d, 0, +d\} \tag{2.28}$$

から確認できる．なお，(2.20) 式において，v と w に関する直達項があるので，(C2) は，$1 \le \gamma_{vu}$ かつ $1 \le \gamma_{wu}$ のときに限って充足可能であることに注意する．

2.3.3 動的量子化器の設計

問題 2.1 は，線形計画問題と特異値分解に帰着して解くことができる．以下では，これを示す．

まず，図 2.2 のフィードバック制御系を，図 2.5 のように，動的量子化器 $\Sigma_\mathcal{Q}$ とそれ以外の部分 $\Sigma_\mathcal{G}$ に分けて表現する．システム $\Sigma_\mathcal{G}$ は，図 2.6 に示す離散時間制御対象 $\Sigma_{\mathcal{P}_\mathrm{d}}$ と連続コントローラ $\Sigma_\mathcal{K}$ の直列結合に相当し，つぎのように記述される．

$$\Sigma_\mathcal{G} : \begin{cases} \bar{\xi}[k+1] = \bar{A}\bar{\xi}[k] + \bar{B}_1 r[k] + \bar{B}_2 u[k] \\ z[k] = \bar{C}_1 \bar{\xi}[k] \\ v[k] = \bar{C}_2 \bar{\xi}[k] + \bar{D}_2 r[k] \end{cases} \tag{2.29}$$

ただし，

$$\bar{\xi}[k] := \begin{bmatrix} \xi[k] \\ \hat{\xi}[k] \end{bmatrix}, \quad \bar{A} := \begin{bmatrix} A_\mathrm{d} & 0 \\ B_{\mathcal{K}2} C_\mathrm{d2} & A_\mathcal{K} \end{bmatrix}, \quad \bar{B}_1 := \begin{bmatrix} 0 \\ B_{\mathcal{K}1} \end{bmatrix}, \quad \bar{B}_2 := \begin{bmatrix} B_\mathrm{d} \\ 0 \end{bmatrix}$$

$$\bar{C}_1 := \begin{bmatrix} C_{\mathrm{d}1} & 0 \end{bmatrix}, \quad \bar{C}_2 := \begin{bmatrix} D_{\mathcal{K}2} C_\mathrm{d2} & C_\mathcal{K} \end{bmatrix}, \quad \bar{D}_2 := D_{\mathcal{K}1}$$

である．

このとき，(2.24) 式の $E(Q)$ に関して，つぎの結果が知られている[4]．

定理 2.5

$\tilde{A} := \bar{A} + \bar{B}_2 \bar{C}_2$ とする．このとき，

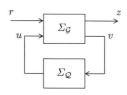

図 2.5 一般化量子化フィードバック制御系

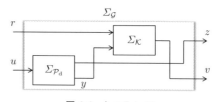

図 2.6 システム $\Sigma_\mathcal{G}$

$$\begin{bmatrix} \bar{C}_1 & 0 \end{bmatrix} \begin{bmatrix} \tilde{A} & \bar{B}_2 C_\mathcal{Q} \\ 0 & A_\mathcal{Q} + F_\mathcal{Q} C_\mathcal{Q} \end{bmatrix}^k \begin{bmatrix} 0 \\ B_\mathcal{Q} + F_\mathcal{Q} \end{bmatrix} = 0 \quad (k=0,1,\ldots,T-1) \tag{2.30}$$

ならば,

$$E(Q) = \left\| \sum_{k=0}^{T-1} \mathrm{abs}\left(\begin{bmatrix} \bar{C}_1 & 0 \end{bmatrix} \begin{bmatrix} \tilde{A} & \bar{B}_2 C_\mathcal{Q} \\ 0 & A_\mathcal{Q} + F_\mathcal{Q} C_\mathcal{Q} \end{bmatrix}^k \begin{bmatrix} \bar{B}_2 \\ F_\mathcal{Q} \end{bmatrix} \right) \right\|_\infty \frac{d}{2} \tag{2.31}$$

となり, そうでないならば, $E(Q)$ は発散する.

この定理は, $E(Q)$ を和, 積, および, 絶対値演算から成る関数形で表現している. これを用いると**問題 2.1** をつぎのように表現できる.

問題 2.2

$$\min_{\substack{\nu \in \mathbb{N} \\ A_\mathcal{Q} \in \mathbb{R}^{\nu \times \nu} \\ B_\mathcal{Q} \in \mathbb{R}^{\nu \times m} \\ C_\mathcal{Q} \in \mathbb{R}^{m \times \nu} \\ F_\mathcal{Q} \in \mathbb{R}^{\nu \times m} \\ H_k \in \mathbb{R}^{m \times m} \\ (k=0,1,\ldots,T-1)}} \left\| \mathrm{abs}(\bar{C}_1 \bar{B}_2) + \sum_{k=1}^{T-1} \mathrm{abs}\left(\bar{C}_1 \tilde{A}^k \bar{B}_2 + \Phi_k \begin{bmatrix} H_0 \\ H_1 \\ \vdots \\ H_{k-1} \end{bmatrix} \right) \right\|_\infty$$

$$\text{subject to} \begin{cases} \Phi_k \begin{bmatrix} C_\mathcal{Q}(B_\mathcal{Q}+F_\mathcal{Q}) \\ C_\mathcal{Q}(A_\mathcal{Q}+F_\mathcal{Q}C_\mathcal{Q})(B_\mathcal{Q}+F_\mathcal{Q}) \\ C_\mathcal{Q}(A_\mathcal{Q}+F_\mathcal{Q}C_\mathcal{Q})^2(B_\mathcal{Q}+F_\mathcal{Q}) \\ \vdots \\ C_\mathcal{Q}(A_\mathcal{Q}+F_\mathcal{Q}C_\mathcal{Q})^{k-1}(B_\mathcal{Q}+F_\mathcal{Q}) \end{bmatrix} = 0 \quad (k=1,2,\ldots,T-1), \\ \text{(C1)}, \\ \left\| I + \sum_{k=0}^{T-1} \mathrm{abs}(C_\mathcal{Q}(A_\mathcal{Q}+F_\mathcal{Q}C_\mathcal{Q})^k(B_\mathcal{Q}+F_\mathcal{Q})) \right\|_\infty \leq \gamma_{vu}, \\ \left\| I + \sum_{k=0}^{T-1} \mathrm{abs}(H_k) \right\|_\infty \leq \gamma_{wu}, \\ H_k = C_\mathcal{Q}(A_\mathcal{Q}+F_\mathcal{Q}C_\mathcal{Q})^k F_\mathcal{Q} \quad (k=0,1,\ldots,T-1) \end{cases}$$

ここで, $\Phi_k := \begin{bmatrix} \bar{C}_1 \tilde{A}^{k-1} \bar{B}_2 & \bar{C}_1 \tilde{A}^{k-2} \bar{B}_2 & \cdots & \bar{C}_1 \bar{B}_2 \end{bmatrix}$ である.

この問題では, 最後の拘束条件によって定義される変数 H_k を新たに導入し, 目的関数で (2.31) 式の右辺を, 第 1 の拘束条件で (2.30) 式を表している. また, 第 3, 第 4 の

拘束条件は (C2) を意味する．ここで，(2.20)〜(2.22) 式を用いた簡単な計算から

$$\|Q_{vu}\|_\infty = \left\| I + \sum_{k=0}^{T-1} \mathrm{abs}(C_Q(A_Q + F_Q C_Q)^k (B_Q + F_Q)) \right\|_\infty \tag{2.32}$$

$$\|Q_{wu}\|_\infty = \left\| I + \sum_{k=0}^{T-1} \mathrm{abs}(C_Q(A_Q + F_Q C_Q)^k F_Q) \right\|_\infty \tag{2.33}$$

が得られる点に注意されたい．

あとは，**問題 2.2** を数理計画問題として解けばよいのだが，この問題は変数どうしの積を有する非凸な最適化問題であるため直接的に解くことは難しい．しかし，この問題からいくつかの拘束条件を取り除いて得られる緩和問題

問題 2.3

$$\min_{\substack{H_k \in \mathbb{R}^{m \times m} \\ (k = 0, 1, \ldots, T-1)}} \left\| \mathrm{abs}(\bar{C}_1 \bar{B}_2) + \sum_{k=1}^{T-1} \mathrm{abs}\left(\bar{C}_1 \tilde{A}^k \bar{B}_2 + \Phi_k \begin{bmatrix} H_0 \\ H_1 \\ \vdots \\ H_{k-1} \end{bmatrix} \right) \right\|_\infty$$

$$\text{subject to} \quad \left\| I + \sum_{k=0}^{T-1} \mathrm{abs}(H_k) \right\|_\infty \leq \gamma_{wu}$$

が線形計画問題であることに注意しながら，**緩和法の原理**[注2] を用いると，実は**問題 2.2** の大域的最適解が得られる．この事実に着目すると，**問題 2.1** の解はつぎのようにして求めることができる．

定理 2.6

$1 \leq \gamma_{vu}$ かつ $1 \leq \gamma_{wu}$ とする (つまり，(C2) が充足可能)．このとき，つぎの手続きによって得られる ν, A_Q, B_Q, C_Q, F_Q は，**問題 2.1** の解である．

ステップ 1：線形計画

問題 2.3 を解き，その解を $(H_0^*, H_1^*, \ldots, H_{T-1}^*)$ とする．

[注2] 最適化問題とその緩和問題を考えたとき，緩和問題の目的関数の最小値が，元の最適化問題の目的関数の最小値の下界になることを「緩和法の原理」という．ここでは，とくに，この原理から得られる以下の性質を用いている．最適化問題

$$\min_{X \in \mathbb{A}, \, (X, Y) \in \mathbb{B}} f(X)$$

とその緩和問題 $\min_{X \in \mathbb{A}} f(X)$ を考える．X^* を緩和問題の解とし，Y^* が $(X^*, Y^*) \in \mathbb{B}$ を満たすものだとすると，(X^*, Y^*) は元の最適化問題の解である．

ステップ2：特異値分解

ステップ1の解を用いてブロック Hankel(ハンケル) 行列

$$H^* = \begin{bmatrix} H_0^* & H_1^* & \cdots & H_{T'-1}^* \\ H_1^* & H_2^* & \cdots & H_{T'}^* \\ \vdots & \vdots & \ddots & \vdots \\ H_{T'-1}^* & H_{T'}^* & \cdots & H_{2T'-2}^* \end{bmatrix} \in \mathbb{R}^{mT' \times mT'} \quad (2.34)$$

を構成する．ただし，$T' := \lfloor T/2 \rfloor + 1$ であり，$T \in \{2, 4, \ldots\}$ のときは，$H_{2T'-2}^*$ に任意の行列を設定する．そして，H^* を特異値分解し，$H^* = L_o^* S^* L_c^*$ を満たす行列 $L_o^* \in \mathbb{R}^{mT' \times mT'}$, $S^* \in \mathbb{R}^{mT' \times mT'}$, $L_c^* \in \mathbb{R}^{mT' \times mT'}$ を求める．

ステップ3：動的量子化器の構成

つぎのように記号を定義する．

$\nu^* := mT', \quad \bar{\nu}^* := \nu^* T$

$A_\mathcal{Q}^* := \left(\begin{bmatrix} I_{m(T'-1)} & 0 \end{bmatrix} L_o^*(S^*)^{\frac{1}{2}}\right)^+ \begin{bmatrix} 0 & I_{m(T'-1)} \end{bmatrix} L_o^*(S^*)^{\frac{1}{2}} - F_\mathcal{Q}^* C_\mathcal{Q}^*$

$F_\mathcal{Q}^* := (S^*)^{\frac{1}{2}} L_c^* \begin{bmatrix} I_m^\top & 0 \end{bmatrix}^\top, \quad C_\mathcal{Q}^* := \begin{bmatrix} I_m & 0 \end{bmatrix} L_o^*(S^*)^{\frac{1}{2}}$

$\bar{A}_\mathcal{Q}^* := \begin{bmatrix} 0 & A_\mathcal{Q}^* + F_\mathcal{Q}^* C_\mathcal{Q}^* & 0 & \cdots & 0 \\ 0 & 0 & A_\mathcal{Q}^* + F_\mathcal{Q}^* C_\mathcal{Q}^* & \ddots & \vdots \\ \vdots & \vdots & \ddots & \ddots & 0 \\ 0 & 0 & \cdots & 0 & A_\mathcal{Q}^* + F_\mathcal{Q}^* C_\mathcal{Q}^* \\ -F_\mathcal{Q}^* C_\mathcal{Q}^* & -F_\mathcal{Q}^* C_\mathcal{Q}^* & \cdots & -F_\mathcal{Q}^* C_\mathcal{Q}^* & -F_\mathcal{Q}^* C_\mathcal{Q}^* \end{bmatrix}$

$\bar{F}_\mathcal{Q}^* := \begin{bmatrix} 0 & 0 & \cdots & 0 & (F_\mathcal{Q}^*)^\top \end{bmatrix}^\top, \quad \bar{C}_\mathcal{Q}^* := \begin{bmatrix} C_\mathcal{Q}^* & C_\mathcal{Q}^* & \cdots & C_\mathcal{Q}^* \end{bmatrix}$

ただし，$\bar{A}_\mathcal{Q}^* \in \mathbb{R}^{\bar{\nu}^* \times \bar{\nu}^*}$, $\bar{F}_\mathcal{Q}^* \in \mathbb{R}^{\bar{\nu}^* \times m}$, $\bar{C}_\mathcal{Q}^* \in \mathbb{R}^{m \times \bar{\nu}^*}$ である．もし，行列 $A_\mathcal{Q}^* + F_\mathcal{Q}^* C_\mathcal{Q}^*$ が Schur 安定（定理 2.1 (p.170) を参照）ならば，

$$\nu := \nu^*, \quad A_\mathcal{Q} := A_\mathcal{Q}^*, \quad B_\mathcal{Q} := -F_\mathcal{Q}^*, \quad C_\mathcal{Q} := C_\mathcal{Q}^*, \quad F_\mathcal{Q} := F_\mathcal{Q}^* \quad (2.35)$$

とし，そうでないときは，

$$\nu := \bar{\nu}^*, \quad A_\mathcal{Q} := \bar{A}_\mathcal{Q}^*, \quad B_\mathcal{Q} := -\bar{F}_\mathcal{Q}^*, \quad C_\mathcal{Q} := \bar{C}_\mathcal{Q}^*, \quad F_\mathcal{Q} := \bar{F}_\mathcal{Q}^* \quad (2.36)$$

とする．

(証明)

まず，以下の四つの事実に着目する．

- 問題 2.1 と問題 2.2 は等価である．
- 上述の手続きによって得られる $B_\mathcal{Q}$ と $F_\mathcal{Q}$ に対して，$B_\mathcal{Q} + F_\mathcal{Q} = 0$ が成立する．

- $\Sigma_\mathcal{K}$ が図 2.4 の制御系を安定化するならば，行列 $\tilde{A}$ は Schur 安定である．また，$B_\mathcal{Q} + F_\mathcal{Q} = 0$ であり，かつ，$\tilde{A}$ と $A_\mathcal{Q} + F_\mathcal{Q} C_\mathcal{Q}$ が Schur 安定ならば，(C1) が成立する [5]．
- 任意の $k \in \{0, 1, \ldots, T-1\}$ に対して，$C_\mathcal{Q}^* (A_\mathcal{Q}^* + F_\mathcal{Q}^* C_\mathcal{Q}^*)^k F_\mathcal{Q}^* = H_k^*$ かつ $\bar{C}_\mathcal{Q}^* (\bar{A}_\mathcal{Q}^* + \bar{F}_\mathcal{Q}^* \bar{C}_\mathcal{Q}^*)^k \bar{F}_\mathcal{Q}^* = H_k^*$ が成り立つ．

これらに注意しながら，**問題 2.2** と**問題 2.3** を，p. 180 の脚注 2 に示した最適化問題と緩和問題に対応させれば，上述の手続きが**問題 2.1** の解を与えることを証明できる．とくに，ここで用いる緩和法の原理では，$\nu, A_\mathcal{Q}, B_\mathcal{Q}, C_\mathcal{Q}, F_\mathcal{Q}$ を脚注 2 の X に対応させ，$H_0, H_1, \ldots, H_{T-1}$ を Y に対応させればよい． □

このようにして**問題 2.1** の解が得られるが，この手続きは主として線形計画と特異値分解で構成されているため，比較的短時間で実行することができる．

最後に，動的量子化器 $\Sigma_\mathcal{Q}$ の低次元化に関して補足する．**定理 2.6** から導かれる $\Sigma_\mathcal{Q}$ は，mT' 次元，もしくは，$mT'T$ 次元のものであり，実際にはそれより低い次元の $\Sigma_\mathcal{Q}$ が必要とされる場合も多い．この場合，たとえば，**定理 2.6** から得た $\Sigma_\mathcal{Q}$ を，(2.20) 式の形式で表現し，入力 w から出力 u までのシステム ($v[k] \equiv 0$ とした線形システム) に平衡化打切法[6]を適用すればよい．ただし，低次元化によって $\Sigma_\mathcal{Q}$ の性能が劣化することがあり，この点に注意が必要である．

2.3.4 台車型倒立振子の量子化入力制御

以上で説明した量子化入力制御を，**基礎編**の 3.1 節 (p. 37) で示した台車型倒立振子の安定化制御に応用する．

例 2.1 ·· 台車型倒立振子の量子化入力制御

台車型倒立振子を離散値の制御入力 $u(t) \in \{0, \pm 2, \pm 4\}$ で制御してみよう．
まず，次式で表される台車型倒立振子の状態方程式

$$\dot{x}(t) = Ax(t) + Bu(t) \tag{2.37}$$

$$A = \begin{bmatrix} 0 & 0 & 1 & 0 \\ 0 & 0 & 0 & 1 \\ 0 & 0 & -a_\mathrm{c} & 0 \\ 0 & \dfrac{m_\mathrm{p} g l_\mathrm{p}}{J_\mathrm{p} + m_\mathrm{p} l_\mathrm{p}^2} & \dfrac{a_\mathrm{c} m_\mathrm{p} l_\mathrm{p}}{J_\mathrm{p} + m_\mathrm{p} l_\mathrm{p}^2} & -\dfrac{\mu_\mathrm{p}}{J_\mathrm{p} + m_\mathrm{p} l_\mathrm{p}^2} \end{bmatrix}, \quad B = \begin{bmatrix} 0 \\ 0 \\ b_\mathrm{c} \\ -\dfrac{b_\mathrm{c} m_\mathrm{p} l_\mathrm{p}}{J_\mathrm{p} + m_\mathrm{p} l_\mathrm{p}^2} \end{bmatrix}$$

に対し，最適レギュレータを設計する．ただし，各パラメータは，p. 44 に示した**表 3.5** (a), (c) の値とする．また，状態変数 $x(t) = \begin{bmatrix} x_1(t) & x_2(t) & x_3(t) & x_4(t) \end{bmatrix}^\top$ の各要素は，$x_1(t)$：台車位置，$x_2(t)$：振子角度，$x_3(t)$：台車速度，$x_4(t)$：振子角

速度である．連続値の制御入力が適用できる場合，(2.37) 式に対して，たとえば評価関数

$$J = \int_0^\infty \bigl(x(t)^\top Q x(t) + R u(t)^2\bigr) dt, \quad \begin{cases} Q = \mathrm{diag}\{10,\, 10,\, 0,\, 0\} \\ R = 1 \end{cases} \quad (2.38)$$

を最小化する最適レギュレータ(注3)

$$u(t) = K x(t), \quad K = \begin{bmatrix} 3.1623 & 13.4718 & 4.4814 & 2.2629 \end{bmatrix} \quad (2.39)$$

により安定化することができる．

これに対して，サンプリング周期を $t_\mathrm{s} = 10$ [ms] として，図 2.1 の離散時間コントローラを求める．(2.37) 式の連続時間系を**基礎編**の 8.3 節 (p.122) で説明した 0 次ホールド離散化により離散時間系

$$\xi[k+1] = A_\mathrm{d} \xi[k] + B_\mathrm{d} u[k] \quad (2.40)$$

$$\xi[k] = x[k], \quad A_\mathrm{d} = e^{A t_\mathrm{s}}, \quad B_\mathrm{d} = \int_0^{t_\mathrm{s}} e^{At} dt B$$

に変換し，その評価出力および観測出力を次式とする．

$$z[k] = C_\mathrm{d1} \xi[k], \quad C_\mathrm{d1} = \begin{bmatrix} I_2 & 0_{2\times 2} \end{bmatrix} \quad (2.41)$$

$$y[k] = C_\mathrm{d2} \xi[k], \quad C_\mathrm{d2} = I_4 \quad (2.42)$$

連続コントローラ $\Sigma_\mathcal{K}$ としては，(2.39) 式の最適レギュレータのゲインを用いた

$$\Sigma_\mathcal{K} : v[k] = K y[k] \quad (2.43)$$

を採用する．すなわち，(2.16) 式において，

$$A_\mathcal{K} = 0, \quad B_{\mathcal{K}1} = 0, \quad B_{\mathcal{K}2} = 0, \quad C_\mathcal{K} = 0, \quad D_{\mathcal{K}1} = 0, \quad D_{\mathcal{K}2} = K$$

としたものが (2.43) 式である．(2.43) 式を用いたとき，図 2.4 の制御系の (離散時間領域での) 極は $0.9230 \pm 0.0331j,\ 0.9759 \pm 0.0075j$ であり，制御系は漸近安定となる (**定理** 2.1 (p.170) を参照)．また，初期状態 $\xi[0] = x(0) = \begin{bmatrix} 0 & \pi/18 & 0 & 0 \end{bmatrix}^\top$ ($\pi/18$ [rad] = 10 [deg]) に対する応答は図 2.7 のようになる．

つぎに，動的量子化器 $\Sigma_\mathcal{Q}$ をこれまでに示した方法で求める．まず，図 2.7 から，約 3 [s] で制御目的を達成できることに着目し，動的量子化器の性能評価時間を $T = 300$ とする (サンプリング周期が $t_\mathrm{s} = 10$ [ms] であることに注意)．また，

(注3) 線形時不変システムに対する最適レギュレータについては**基礎編**の 5.2.3 項 (p.88) を参照すること．この例の場合，$Q_\mathrm{o} = \begin{bmatrix} \sqrt{10} I_2 & 0_{2\times 2} \end{bmatrix}$ とすると，$Q_\mathrm{o}^\top Q_\mathrm{o} = Q \succeq 0$ であり，また，(Q_o, A) は可観測であることに注意する．

$u[k] \in \{0, \pm 2, \pm 4\}$ $(k = 0, 1, \ldots, T-1)$ となるように，たとえば，$\gamma_{vu} = 1$，$\gamma_{wu} = 3.35$ と設定する．これは，初期状態を $x_1(0) = x_3(0) = x_4(0) = 0, -\pi/18 \leq x_2(0) \leq \pi/18$ と仮定した場合には，$|v[k]|$ の最大値が 2.5 [V] 未満になると見積もり(注4)，(2.26) 式に示した集合 $\mathbb{U}(\gamma_{vu}, \gamma_{wu})$ が $\{0, \pm 2, \pm 4\}$ に等しくなるよう選択している．以上の仕様を満たすように，定理 2.6 のアルゴリズムを用いて動的量子化器を導出し，それを 2 次まで低次元化すると動的量子化器

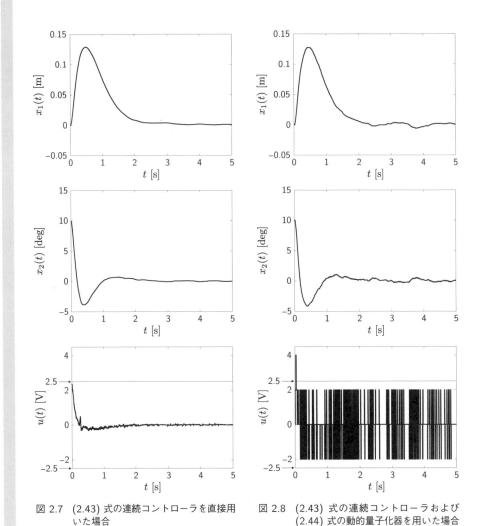

図 2.7 (2.43) 式の連続コントローラを直接用いた場合

図 2.8 (2.43) 式の連続コントローラおよび (2.44) 式の動的量子化器を用いた場合

(注4) 実際には，図 2.2 において，Σ_Q が定まる前に $\max_k \|v[k]\|_\infty$ の値を見積もることは難しいが，ここでは図 2.4 の制御系をシミュレーションし，その制御入力の大きさで代用している．

$$\Sigma_{\mathcal{Q}} : \begin{cases} \zeta[k+1] = \begin{bmatrix} 1.5638 & 0.5884 \\ -0.5884 & 0.3064 \end{bmatrix} \zeta[k] \\ \qquad + \begin{bmatrix} -1.2954 \\ 0.1130 \end{bmatrix} v[k] + \begin{bmatrix} 1.2954 \\ -0.1130 \end{bmatrix} u[k] \\ u[k] = q(\begin{bmatrix} -1.2954 & -0.1130 \end{bmatrix} \zeta[k] + v[k]) \end{cases} \quad (2.44)$$

が得られる．

図 2.8 は，このようにして得られたコントローラを用いた場合の台車型倒立振子の応答と制御入力を示している．ただし，初期状態は，図 2.7 の場合と同様に $\xi[0] = x[0] = \begin{bmatrix} 0 & \pi/18 & 0 & 0 \end{bmatrix}^\top$ とした．制御入力が $u(t) \in \{0, \pm 2, \pm 4\}$ のように離散値となっているにもかかわらず，倒立振子が良好に制御できていることが確認できる．また，台車と振子の振る舞いは図 2.7 に示したものとほとんど同じであることも確認できる．

最後に，動的量子化器を求める MATLAB の M ファイルを以下に示す．ただし，動的量子化器の設計には支援ソフトウエアである ODQ Toolbox/Lab[7),8)] (配布する "iptools" に包含) を利用している．

M ファイル "p2c234_ex1_cdip_odp.m"

```
 1  clear                          ……… 初期化
 2  cdip_para                      ……… M ファイル "cdip_para.m" の実行
 3  % ------------------------------
 4  Ap21 = [ 0  0
 5           0  mp*g*lp/(Jp+mp*lp^2) ];     ……… Ap21 の定義
 6  Ap22 = [ -ac                    0  ……… Ap22 の定義
 7           ac*mp*lp/(Jp+mp*lp^2)  -mup/(Jp+mp*lp^2) ];
 8  Bp2 = [  bc                        ……… Bp2 の定義
 9          -bc*mp*lp/(Jp+mp*lp^2) ];
10  % ------------------------------
11  A    = [ zeros(2,2)  eye(2)     ……… A = [ 0    I2;  Ap21  Ap22 ] の定義
12           Ap21        Ap22   ];
13  B    = [ zeros(2,1)                ……… B = [ 0; Bp2 ] の定義
14           Bp2         ];
15  Cd1  = [ eye(2)  zeros(2,2) ];   ……… Cd1 = [ I2  0 ] の定義
16  Cd2  =   eye(4);                  ……… Cd2 = I4 の定義
17  % ------------------------------
18  Q = diag([10 10 0 0]);           ……… Q = diag{10, 10, 0, 0} の定義
19  R = 1;                           ……… R = 1 の定義
20  K = - lqr(A,B,Q,R);              ……… 評価関数 (2.38) 式を最小化する K を設計
21  % ------------------------------
22  ts = 0.01;                       ……… サンプリング周期 ts = 0.01 [s] の定義
23  [Ad Bd] = c2d(A,B,ts);           ……… 0 次ホールドによる離散化 (2.40) 式
24  Sigma_Pd.a  = Ad;                ……… (2.15) 式の ΣPd における Ad の設定
25  Sigma_Pd.b  = Bd;                ……… (2.15) 式の ΣPd における Bd の設定
26  Sigma_Pd.c1 = Cd1;               ……… (2.15) 式の ΣPd における Cd1 の設定
27  Sigma_Pd.c2 = Cd2;               ……… (2.15) 式の ΣPd における Cd2 の設定
28  % ------------------------------
```

```
29  Sigma_K.a  = zeros(4,4);              ……… (2.16) 式の $\Sigma_\mathcal{K}$ において $A_\mathcal{K} = 0$ に設定
30  Sigma_K.b1 = zeros(4,1);              ……… (2.16) 式の $\Sigma_\mathcal{K}$ において $B_{\mathcal{K}1} = 0$ に設定
31  Sigma_K.b2 = zeros(4,4);              ……… (2.16) 式の $\Sigma_\mathcal{K}$ において $B_{\mathcal{K}2} = 0$ に設定
32  Sigma_K.c  = zeros(1,4);              ……… (2.16) 式の $\Sigma_\mathcal{K}$ において $C_\mathcal{K} = 0$ に設定
33  Sigma_K.d1 = 0;                       ……… (2.16) 式の $\Sigma_\mathcal{K}$ において $D_{\mathcal{K}1} = 0$ に設定
34  Sigma_K.d2 = K;                       ……… (2.16) 式の $\Sigma_\mathcal{K}$ において $D_{\mathcal{K}2} = K$ に設定
35  % ------------------------------------
36  Sigma_G = compg(Sigma_Pd,Sigma_K,'fbiq') ……… $\Sigma_{\mathcal{P}_\mathrm{d}}$ と $\Sigma_\mathcal{K}$ の直列結合 $\Sigma_\mathcal{G}$ : (2.29) 式
37  % ------------------------------------
38  d = 2;                                ……… 制御入力 $u[k]$ の量子化サイズを $d = 2$ と定義
39  T = 300;                              ……… $T = 300$ と定義
40  gamma.uv = 1;                         ……… $\gamma_{vu} = 1$ と定義 (記号の違いに注意. 詳細は以下)
41  gamma.wv = 3.35;                      ……… $\gamma_{wu} = 3.35$ と定義 (同様に記号の違いに注意)
42  dim = 2;                              ……… $\Sigma_\mathcal{Q}$ を 2 次に低次元化
43  % ------------------------------------
44  [Sigma_Q E H] = odq(Sigma_G,T,d,gamma,dim,'sedumi') ……… $\Sigma_\mathcal{Q}$ を設計 (数理計画問題の
45  % ------------------------------------                       ソルバとして SeDuMi を利用)
46  z_0 = 0;   theta_0 = pi/18;  % <---- 10 [deg] ……… $x_1(0) = 0$ [m], $x_2(0) = \pi/18$ [rad]
47  dz_0 = 0;  dtheta_0 = 0;              ……… $x_3(0) = 0$ [m/s], $x_4(0) = 0$ [rad/s]
48  t_end = 5;                            ……… シミュレーションの終了時刻を 5 [s] に設定
49  % ------------------------------------
50  sim('cdip_odq_sim')                   ……… 非線形シミュレーションの実行 (配布する Simulink
51  % ------------------------------------      モデル "cdip_sim_odq.slx" の実行)
52  figure(1)                             ……… Figure 1 に台車位置 $x_1(t)$ [m] を描画
53  plot(t,z_d,'r',t,z_c,'g')
54  xlabel('Time [s]'); ylabel('Cart [m]')
55  figure(2)                             ……… Figure 2 に振子角度 $x_2(t)$ [deg] を描画
56  plot(t,theta_d*180/pi,'r',t,theta_c*180/pi,'g')
57  xlabel('Time [s]'); ylabel('Pendulum [deg]')
58  figure(3)                             ……… Figure 3 に指令電圧 $u(t)$ [V] を描画
59  plot(t,u_d,'r',t,u_c,'g')
60  xlabel('Time [s]'); ylabel('Voltage [V]')
```

この M ファイル "p2c234_ex1_cdip_odp.m" において，関数 "compg" および "odq" は ODQ Toolbox/Lab に含まれる．前者は，離散時間制御対象 $\Sigma_{\mathcal{P}_\mathrm{d}}$ と連続コントローラ $\Sigma_\mathcal{K}$ から，システム $\Sigma_\mathcal{G}$ のパラメータ行列 $\bar{A}, \bar{B}_1, \bar{B}_2, \bar{C}_1, \bar{C}_2, \bar{D}_2$ を計算する．後者は，定理 2.6 の手続きを実行して $\Sigma_\mathcal{Q}$ を導出し，それを変数 dim に設定された次数まで低次元化したものを出力する．なお，関数 "odq" では数理計画問題を解くためのソルバ SeDuMi[9] を利用しているので，これを事前にインストールしておく必要がある．SeDuMi のインストール方法については，文献 10) が参考になる．また，本書の γ_{vu} と γ_{wu} は ODQ Toolbox/Lab 上では，それぞれ gamma.uv と gamma.wv (添字が違う) に対応する点に注意されたい．

2.4 サンプル値制御

前節では，離散時間の制御対象を考えたが，倒立振子など実際の制御対象は連続時間系である．本節では，連続時間の制御対象を離散時間コントローラで制御するための理

論であるサンプル値制御理論について，その基礎を説明する．なお，本節では前節で考察したような量子化の影響は無視できるものと仮定して議論を進める．

2.4.1 サンプル値制御系

本章では，制御対象として次の状態空間表現をもつ線形時不変系 $\Sigma_\mathcal{P}$ を考える．

$$\Sigma_\mathcal{P} : \begin{cases} \dot{x}(t) = Ax(t) + Bu(t) \\ y(t) = Cx(t) \end{cases} \quad (t \geq 0) \tag{2.45}$$

ここで，(A, B) は可安定であると仮定する．この制御対象 $\Sigma_\mathcal{P}$ に対して，図 2.9 のようにフィードバック系を構成する．ここで $\Sigma_\mathcal{K}$ は離散時間のコントローラであり，次式の状態空間表現をもつとする．

$$\Sigma_\mathcal{K} : \begin{cases} \widehat{\xi}[k+1] = A_\mathcal{K}\widehat{\xi}[k] + B_\mathcal{K} y[k] \\ u[k] = C_\mathcal{K}\widehat{\xi}[k] + D_\mathcal{K} y[k] \end{cases} \quad (k = 0, 1, 2, \ldots) \tag{2.46}$$

図 2.9 の $\mathcal{S}$ および $\mathcal{H}$ はそれぞれ，サンプル周期 $t_\mathrm{s} > 0$ の理想サンプラ，および 0 次ホールドであり，$y[k]$ は連続時間信号 $y(t)$ のサンプル値，すなわち $y[k] = y(kt_\mathrm{s})$ $(k = 0, 1, 2, \ldots)$ である．また $u[k]$ $(k = 0, 1, 2, \ldots)$ は離散時間コントローラ $\Sigma_\mathcal{K}$ の出力で，この値がサンプル点間 $kt_\mathrm{s} \leq t < (k+1)t_\mathrm{s}$ においてホールドされる（詳細については**基礎編**の 8.1 節 (p. 119) を参照）．理想サンプラ $\mathcal{S}$ と 0 次ホールド $\mathcal{H}$ はそれぞれ，A/D 変換器および D/A 変換器のモデルである．このように連続時間系と離散時間系が混在する制御系をサンプル値制御系と呼ぶ．

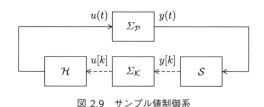

図 2.9 サンプル値制御系

2.4.2 サンプル値制御系の安定性

図 2.9 のサンプル値制御系を設計する一つの手段として，連続時間の制御対象 $\Sigma_\mathcal{P}$ に対する連続時間コントローラ $\Sigma_\mathcal{C}$ を設計した後，それを**基礎編**の第 8 章で紹介した方法で離散化したものをコントローラ $\Sigma_\mathcal{K}$ として使用するという方法が考えられる．

例 2.2 ……………………… 台車駆動系の I-PD 制御における離散化の影響 (M ファイル "p2c242_ex2_cart_ipd.m")

基礎編の 3.1 節 (p. 37) で考察した台車型倒立振子の台車のモデル

を考える. ただし, $a_c = 6.25, b_c = 4.36$ とする. この制御対象に対して, 図 2.10 に示す次式の I–PD コントローラを設計する.

$$\Sigma_\mathcal{P}: y(s) = \mathcal{P}(s)u(s), \quad \mathcal{P}(s) = \frac{b_c}{s(s+a_c)} \tag{2.47}$$

$$\Sigma_\mathcal{C}: u(s) = \mathcal{C}_r(s)r(s) - \mathcal{C}_y(s)y(s), \quad \mathcal{C}_r(s) = \frac{k_\mathrm{I}}{s}, \quad \mathcal{C}_y(s) = k_\mathrm{P} + \frac{k_\mathrm{I}}{s} + k_\mathrm{D}s \tag{2.48}$$

基礎編の 2.2.2 項 (p. 27) で説明したモデルマッチング法により, 3 次系の規範モデル (p. 28 の (2.12) 式) と一致させる I–PD コントローラのパラメータは

$$k_\mathrm{I} = \frac{\omega_\mathrm{n}^3}{b_c}, \quad k_\mathrm{P} = \frac{\alpha_1 \omega_\mathrm{n}^2}{b_c}, \quad k_\mathrm{D} = \frac{\alpha_2 \omega_\mathrm{n} - a_c}{b_c} \tag{2.49}$$

で与えられる (p. 32 の (2.24) 式). ここで, $\omega_\mathrm{n} = 25, \alpha_1 = \alpha_2 = 3$ とする.

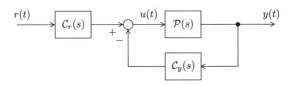

図 2.10　連続時間 I–PD 制御系

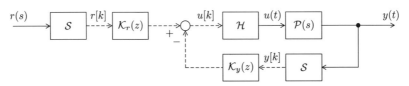

図 2.11　サンプル値 I–PD 制御系

このコントローラを図 2.11 に示すサンプル値制御系で使うために, **基礎編**の 8.4 節で説明した双一次変換法 (p. 127 の (8.33) 式) によってコントローラを離散化する. すなわち, 離散時間コントローラとして

$$\Sigma_\mathcal{K}: u[k] = \mathcal{K}_r(z)r[k] - \mathcal{K}_y(z)y[k] \tag{2.50}$$

$$\mathcal{K}_r(z) = \mathcal{C}_r\left(\frac{2}{t_\mathrm{s}}\frac{z-1}{z+1}\right) = \frac{t_\mathrm{s}k_\mathrm{I}}{2}\frac{z+1}{z-1}$$

$$\mathcal{K}_y(z) = \mathcal{C}_y\left(\frac{2}{t_\mathrm{s}}\frac{z-1}{z+1}\right) = k_\mathrm{P} + \frac{t_\mathrm{s}k_\mathrm{I}}{2}\frac{z+1}{z-1} + \frac{2k_\mathrm{D}}{t_\mathrm{s}}\frac{z-1}{z+1}$$

を用いて制御する.

目標値 $r(t)$ を単位ステップ信号とし，サンプリング周期が $t_\mathrm{s} = 0.025$ [s]，目標値が $r(t) = 0.1$ [m] $(t \geq 0)$ のときの制御対象の出力 (台車の位置) $y(t)$ [m] と入力 (指令電圧) $u(t)$ [V] を図 2.12 に示す．図 2.12 からわかるように，連続時間制御では，目標値に定常偏差なく追従しているが，双一次変換による離散時間制御では，サンプリング周期 t_s が大きいため，フィードバック系は不安定になる (すなわち，台車は激しく左右に振れて，いずれ破損してしまう) ことがわかる．

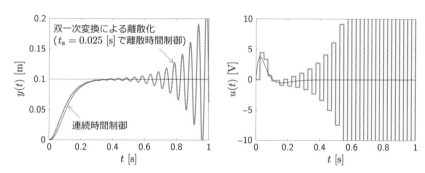

図 2.12　I–PD 制御系のステップ応答: 連続時間制御 (細線) と双一次変換による離散時間制御 (太線)

双一次変換によるコントローラの離散化では，一般に例 2.2 のような問題が生じ得るので，サンプル周期 t_s が十分小さくとれるような状況でないと，この離散化の方法は使えない．この問題に対処するためには，サンプラとホールドの影響を設計に陽に含めなければならない．以下に，図 2.9 のサンプル値制御系を安定化するための離散時間コントローラ $\Sigma_\mathcal{K}$ の設計法を示す．まず，図 2.9 を図 2.13 のように変形する．すなわち，理想サンプラ $\mathcal{S}$ と 0 次ホールド $\mathcal{H}$ を制御対象 $\Sigma_\mathcal{P}$ の側へ移動し，

$$\Sigma_{\mathcal{P}_\mathrm{d}} = \mathcal{S}\Sigma_\mathcal{P}\mathcal{H} \tag{2.51}$$

とおく．この $\Sigma_{\mathcal{P}_\mathrm{d}}$ は，**基礎編**の 8.3 節 (p. 122) で説明した 0 次ホールドによる離散化にほかならない．**定理** 8.1 (p. 123) より，$\Sigma_{\mathcal{P}_\mathrm{d}} = \mathcal{S}\Sigma_\mathcal{P}\mathcal{H}$ は (2.1) 式の状態空間表現で表される線形時不変の離散時間システムとなる．ただし，

$$\xi[k] = x[k] = x(kt_\mathrm{s}), \quad A_\mathrm{d} = e^{At_\mathrm{s}}, \quad B_\mathrm{d} = \int_0^{t_\mathrm{s}} e^{At} B dt, \quad C_\mathrm{d} = C \tag{2.52}$$

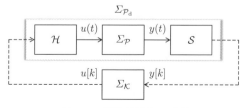

図 2.13　離散時間系への変換

である.

図 2.13 のフィードバック系を (2.1) 式の離散時間系 $\Sigma_{\mathcal{P}_d}$ と (2.46) 式の離散時間コントローラ $\Sigma_{\mathcal{K}}$ とのフィードバック結合と見なすと,閉ループ系の状態方程式は

$$\begin{bmatrix} x[k+1] \\ \widehat{\xi}[k+1] \end{bmatrix} = \underbrace{\begin{bmatrix} A_\mathrm{d} + D_\mathcal{K} C & B_\mathrm{d} C_\mathcal{K} \\ B_\mathcal{K} C & A_\mathcal{K} \end{bmatrix}}_{A_\mathrm{cl}} \begin{bmatrix} x[k] \\ \widehat{\xi}[k] \end{bmatrix} \tag{2.53}$$

で与えられる.このとき,以下の興味深い結果が得られる[注5].

定理 2.7 .... サンプル値制御系の安定性

図 2.9 のサンプル値制御系が内部安定,すなわち制御対象 $\Sigma_{\mathcal{P}}$ の状態 $x(t)$ とコントローラ $\Sigma_{\mathcal{K}}$ の状態 $\widehat{\xi}[k]$ がそれぞれ有界かつ

$$\lim_{t \to \infty,\, t \in \mathbb{R}} x(t) = 0, \quad \lim_{k \to \infty,\, k \in \mathbb{Z}} \widehat{\xi}[k] = 0 \tag{2.54}$$

を満たすための必要十分条件は,行列 A_cl が Schur 安定 (p.170 の**定理 2.1** を参照) であることである.

この定理より,図 2.13 の離散時間フィードバック系において,サンプル点上だけを見て安定化すれば,もとの図 2.9 のフィードバック系はサンプル値制御系の意味で内部安定となるのである.したがって,サンプル値制御系の安定化は,サンプル点上の振る舞いだけを考えればよく,従来の離散時間制御理論に基づき,(2.51) 式の離散時間制御対象を安定化する離散時間コントローラをそのまま用いればよい.しかし,制御性能まで考えると,サンプル点上だけでなくサンプル点間の応答をも考える必要がある.次項では,サンプル点間の制御性能を考慮した離散時間コントローラの設計方法について述べる.

2.4.3 サンプル値最適レギュレータ

連続時間の制御対象 (2.45) 式に対して,$C = I$ (すなわち,状態フィードバック) を仮定し,評価関数

$$J = \int_0^\infty \left(x(t)^\top Q x(t) + u(t)^\top R u(t) \right) dt \tag{2.55}$$

を最小化する状態フィードバックゲインを求める最適レギュレータ問題を考えよう.ただし,$Q = Q^\top \succeq 0$, $R = R^\top \succ 0$ とする.**基礎編**の 5.2.3 項 (p.88) で学んだように,連続時間のコントローラを仮定すれば,最適状態フィードバックゲイン K は,Riccati 方程式を解くことにより求められる.しかし,いま我々が考えているサンプル値制御系 (図 2.9) では,状態 $x(t)$ はサンプル点上,すなわち $t = 0, t_\mathrm{s}, 2t_\mathrm{s}, \ldots$ の時刻でしか

[注5] 文献 1) の Theorem 11.1.1 を参照されたい.

観測されず，また制御入力 u は 0 次ホールドの出力となる．このような前提のもとで，(2.55) 式の評価関数を最小化する離散時間の定数状態フィードバック $\mathcal{K}(z) = K_d$ を求めよう．ここで，離散時間の状態フィードバックとは，次式のような 0 次ホールドを仮定した状態フィードバックのことである．

$$u(t) = K_d x(kt_s) = K_d x[k] \quad (kt_s \leq t < (k+1)t_s, \quad k = 0, 1, 2, \ldots) \quad (2.56)$$

この目的のために，(2.55) 式の評価関数を変形する．まず，

$$\psi(t) = \begin{bmatrix} x(t) \\ u(t) \end{bmatrix}, \quad W = \begin{bmatrix} Q & 0 \\ 0 & R \end{bmatrix} \quad (2.57)$$

とおく．このとき，(2.55) 式の評価関数は

$$J = \sum_{k=0}^{\infty} \int_{kt_s}^{kt_s + t_s} \psi(t)^\top W \psi(t) dt = \sum_{k=0}^{\infty} \int_0^{t_s} \psi(kt_s + \theta)^\top W \psi(kt_s + \theta) d\theta \quad (2.58)$$

と変形できる．この変形は評価関数 J の離散化であり，図 2.14 に示すように区間 $0 \leq t < \infty$ での積分が小区間ごとの積分の和で書けることを示している．ここで，(2.45) 式の状態方程式の一般解

$$x(t_2) = e^{A(t_2 - t_1)} x(t_1) + \int_{t_1}^{t_2} e^{A(t_2 - \tau)} Bu(\tau) d\tau \quad (t_2 > t_1 \geq 0) \quad (2.59)$$

に，$t_1 = kt_s, t_2 = kt_s + \theta$ $(k = 0, 1, 2, \ldots, 0 \leq \theta < t_s)$ を代入して整理すれば，

$$x(kt_s + \theta) = e^{A\theta} x(kt_s) + \int_0^\theta e^{A(\theta - \eta)} Bu(kt_s + \eta) d\eta \quad (2.60)$$

が得られる．連続時間の制御対象 $\Sigma_\mathcal{P}$ への制御入力 $u(t)$ は 0 次ホールドの出力であるので，サンプル点間 $kt_s \leq t < kt_s + t_s$ で一定値 $u[k]$ をとる．すなわち，

$$u(kt_s + \eta) = u[k] \quad (k = 0, 1, 2, \ldots, \quad 0 \leq \eta < t_s) \quad (2.61)$$

が成り立つ．これを (2.60) 式に代入し，整理すると

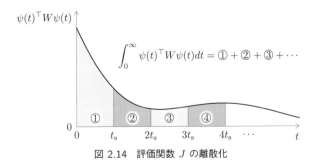

図 2.14 評価関数 J の離散化

$$x(kt_{\mathrm{s}} + \theta) = e^{A\theta}x[k] + \int_0^\theta e^{A\tau}B d\tau \cdot u[k] \tag{2.62}$$

となる．(2.57), (2.61), (2.62) 式より

$$\psi(kt_{\mathrm{s}} + \theta) = \begin{bmatrix} e^{A\theta} & \int_0^\theta e^{A\tau}B d\tau \\ 0 & I \end{bmatrix} \begin{bmatrix} x[k] \\ u[k] \end{bmatrix} \tag{2.63}$$

と書けることがわかる．ここで，(2.63) 式右辺の行列指数関数の積分を含む行列は以下の補題を用いればより簡単に表現できる．

補題 2.1 .... 行列指数関数の積分公式

X, Y, Z を適切なサイズの行列とし，$\theta \geq 0$ とすると，次が成り立つ．

$$\exp\left(\begin{bmatrix} X & Y \\ 0 & Z \end{bmatrix}\theta\right) = \begin{bmatrix} e^{X\theta} & \int_0^\theta e^{X(\theta-\tau)}Y e^{Z\tau}d\tau \\ 0 & e^{Z\theta} \end{bmatrix} \tag{2.64}$$

証明は文献 11) の B.4 節を参照されたい．この補題を用いれば，(2.63) 式は次式のように変形できる．

$$\psi(kt_{\mathrm{s}} + \theta) = \exp\left(\underbrace{\begin{bmatrix} A & B \\ 0 & 0 \end{bmatrix}}_{M}\theta\right)\underbrace{\begin{bmatrix} x[k] \\ u[k] \end{bmatrix}}_{\psi[k]} = e^{M\theta}\psi[k] \tag{2.65}$$

この等式を (2.58) 式に代入し，

$$W_{\mathrm{d}} = \begin{bmatrix} Q_{\mathrm{d}} & S_{\mathrm{d}} \\ S_{\mathrm{d}}^\top & R_{\mathrm{d}} \end{bmatrix} = \int_0^{t_{\mathrm{s}}} e^{M^\top \theta} W e^{M\theta} d\theta \tag{2.66}$$

とおくと，(2.55) 式で示した連続時間の評価関数 J は

$$\begin{aligned} J &= \sum_{k=0}^\infty \int_0^{t_{\mathrm{s}}} \psi[k]^\top e^{M^\top \theta} W e^{M\theta} \psi[k] d\theta = \sum_{k=0}^\infty \psi[k]^\top W_{\mathrm{d}} \psi[k] \\ &= \sum_{k=0}^\infty \left(x[k]^\top Q_{\mathrm{d}} x[k] + 2x[k]^\top S_{\mathrm{d}} u[k] + u[k]^\top R_{\mathrm{d}} u[k] \right) = J_{\mathrm{d}} \end{aligned} \tag{2.67}$$

のように，(2.9) 式で示した離散時間の評価関数 J_{d} に等価的に変形される．以上より，我々がここで考えている制御問題は，$\xi[k]$ および行列 $A_{\mathrm{d}}, B_{\mathrm{d}}, C_{\mathrm{d}}$ を (2.52) 式で与えたときの (2.1) 式で表される離散時間制御対象 $\Sigma_{\mathcal{P}_{\mathrm{d}}}$ に対して，(2.67) 式の離散時間評価関数 J_{d} を最小化する状態フィードバックゲイン K_{d} を求める問題に帰着された．この

問題は，2.2 節で考察した離散時間最適レギュレータ問題にほかならず，**定理 2.4** により，離散時間 Riccati 方程式を解くことで最適フィードバックゲイン K_d が容易に計算できる．

ここで，連続時間制御対象 (2.45) の (A, B) が可安定であれば，ほとんどすべてのサンプリング周期 t_s に対して $(A_\mathrm{d}, B_\mathrm{d})$ は可安定となることが知られている(注6)．「ほとんどすべての」というのは，可算個の「病的 (pathological)」と呼ばれるサンプリング周期を除いて，という意味であり，このような条件が正確に成り立つことは現実にはなく，あまり気にしなくてもよい．また，(2.12) 式によって与えられる状態フィードバックゲイン K_d は，サンプル値制御系を安定化する．すなわち，離散時間系 $\Sigma_{\mathcal{P}_\mathrm{d}}$ と状態フィードバックゲイン K_d との閉ループ系の状態方程式は

$$x[k+1] = (A_\mathrm{d} + B_\mathrm{d} K_\mathrm{d}) x[k] \quad (k = 0, 1, 2, \ldots) \tag{2.68}$$

となり，(2.12) 式で与えられる K_d を用いたとき，行列 $A_\mathrm{cl} = A_\mathrm{d} + B_\mathrm{d} K_\mathrm{d}$ は Schur 安定，すなわち A_cl の固有値の絶対値はすべて 1 未満となることが示される(注7)．したがって，**定理 2.7** よりサンプル値制御系の安定性が示される．

以上の方法によって得られた最適レギュレータを**サンプル値最適レギュレータ**と呼ぶ．

2.4.4　台車型倒立振子のサンプル値最適レギュレータ

以上で説明したサンプル値最適レギュレータを，台車型倒立振子の安定化制御に応用する．

例 2.3 ··· 台車型倒立振子のサンプル値最適レギュレータ

2.3.4 項で考察した台車型倒立振子の線形化モデル (2.37) 式を考える．この制御対象に対して，(2.38) 式の評価関数 J を最小化する連続時間最適レギュレータを設計すると，(2.39) 式が得られる．サンプリング周期を $t_\mathrm{s} = 100$ [ms] として，(2.39) 式により制御を行った非線形シミュレーション結果を**図 2.15** に示す．**図 2.15** より連続時間で設計したゲイン K をそのままサンプル値制御系に使うと，理想的な応答 (連続時間コントローラがそのまま使えると仮定したときの応答) からかなり外れた応答になってしまうことがわかる．

つぎに，サンプル値最適レギュレータ問題を考える．サンプリング周期を $t_\mathrm{s} = 100$ [ms] として，サンプル値最適レギュレータのゲインを求めると，

$$K_\mathrm{d} = \begin{bmatrix} 1.5779 & 9.3633 & 3.0498 & 1.5949 \end{bmatrix} \tag{2.69}$$

となった．(2.69) 式により制御を行った非線形シミュレーション結果を**図 2.16** に

(注6) 文献 11) の 3.2 節を参照されたい．
(注7) 文献 11) の定理 5.2 を参照されたい．

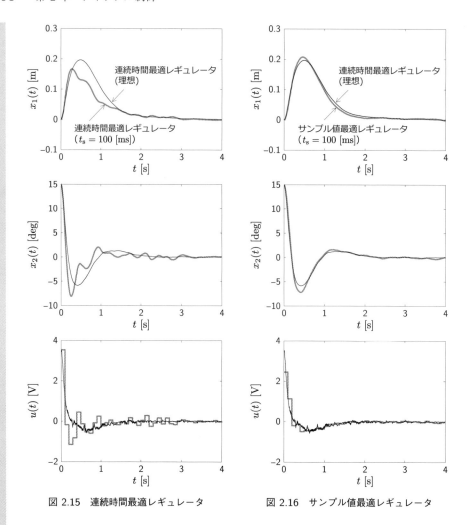

図 2.15 連続時間最適レギュレータ　　　図 2.16 サンプル値最適レギュレータ

示す．図 2.16 よりサンプル点間を考慮した設計では，理想的な連続時間応答とほぼ同じ制御性能が得られていることがわかる．

サンプル値最適レギュレータを設計する MATLAB の M ファイルを以下に示す．

M ファイル "p2c244_ex3_cdip_sampled_value_lqr.m"

```
              "p2c234_ex1_cdip_odp.m" (p. 185) の 1～14 行目と同様
15    % ------------------------------------
16    Q = diag([10 10 0 0]);   R = 1;    …… Q = diag{10, 10, 0, 0}, R = 1 の定義
17    K = - lqr(A,B,Q,R)                 …… 連続時間最適レギュレータによるゲイン K を設計
18    % ------------------------------------
19    ts = 0.1;                          …… サンプリング周期 $t_s = 0.1$ [s] = 100 [ms] を設定
20    [Ad Bd] = c2d(A,B,ts);             …… 0 次ホールドによる制御対象の離散化：(2.52) 式の $A_d$, $B_d$
21    % ------------------------------------
22    [n,m] = size(B);                   …… $B \in \mathbb{R}^{n \times m}$
```

2.4 サンプル値制御

```
23   W  = [ Q              zeros(n,m)          ...... W = [ Q 0 ; 0 R ]
24        zeros(m,n)       R           ];
25   M  = [ A              B                   ...... M = [ A B ; 0 0 ]
26        zeros(m,n)       zeros(m,m) ];
27   MM = [-M'              W                  ...... M̃ = [ -Mᵀ W ; 0 M ]
28        zeros(n+m,n+m)   M  ];
29   expMM = expm(MM*ts);                       ...... $e^{\widetilde{M}t_s} = \begin{bmatrix} e^{-M^\top t_s} & N_{12} \\ 0 & N_{22} \end{bmatrix}$, $N_{22}=e^{Mt_s}$,
30   N12 = expMM(1:n+m,n+m+1:2*(n+m));
31   N22 = expMM(n+m+1:2*(n+m),n+m+1:2*(n+m));   $N_{12} = \int_0^{t_s} e^{-M^\top(t_s-\tau)} W e^{M\tau} d\tau$ : (2.64)式
32   Wd = N22'*N12;
33   Qd = Wd(1:n,1:n); Rd = Wd(n+1:n+m,n+1:n+m); ...... $W_d = N_{22}^\top N_{12} = \begin{bmatrix} Q_d & S_d \\ S_d^\top & R_d \end{bmatrix}$
34   Sd = Wd(1:n,n+1:n+m);
35   Kd = - dlqr(Ad,Bd,Qd,Rd,Sd)                 ...... 離散時間最適レギュレータによるゲイン $K_d$
36   %---------------------------------------          の設計
37   z_0 = 0;   theta_0 = pi/12;
38   dz_0 = 0; dtheta_0 = 0;
39   t_end = 4;
40   sim('p2c244_cdip_sampled_value_lqr_sim')   ...... 非線形シミュレーションの実行 (配布する
41   %---------------------------------------         Simulink モデルの実行)
42   figure(1)                                  ...... Figure 1 に台車位置 $x_1(t)$ [m] を描画
43   plot(t,z_d,'r',t,z_cd,'b',t,z_c,'g')
44   xlabel('Time [s]'); ylabel('Cart [m]')
45   figure(2)                                  ...... Figure 2 に振子角度 $x_2(t)$ [deg] を描画
46   plot(t,theta_d*180/pi,'r',t,theta_cd*180/pi,'b',t,theta_c*180/pi,'g')
47   xlabel('Time [s]'); ylabel('Pendulum [deg]')
48   figure(3)                                  ...... Figure 3 に指令電圧 $u(t)$ [V] を描画
49   plot(t,u_d,'r',t,u_cd,'b',t,u_c,'g')
50   xlabel('Time [s]'); ylabel('Voltage [V]')
```

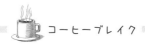
コーヒーブレイク

(2.65) 式の $\psi(kt_s + \theta)$ は，現在では，関数 $\psi(t)$ のリフティングと呼ばれるものである．この $\psi(kt_s + \theta)$ は，インデックス k を固定すれば，区間 $0 \le \theta < t_s$ 上の関数と見なすことができる．すなわち，リフティングにより，無限区間 $0 \le t < \infty$ 上の連続時間信号 $\psi(t)$ がサンプル区間 $0 \le \theta < t_s$ 上の関数の列として表現できることになる．この変換は明らかに可逆であり，誤差を伴わずに連続時間信号を離散時間信号として表現できることになる．このアイデアにより，サンプル値制御系の設計理論が飛躍的に発展した．本文で述べたサンプル値最適レギュレータの設計法から発展する形で，サンプル値 H_2 最適制御理論が構築され，またリフティングに基づく **H_∞ 等価離散時間系**というアイデアによりサンプル値 H_∞ 最適制御理論も確立された．これらの理論を総称して，**サンプル値制御理論**と呼ぶ．サンプル値制御理論の詳細は，文献 1), 2) などを参照されたい．なお，サンプル点間応答を調べる目的で，**拡張 Z 変換**[12]と呼ばれる方法も提案されたが，コントローラ設計には向いていなかったようである．

第 2 章の参考文献

1) T. Chen and B. Francis: Optimal Sampled-Data Control Systems, Springer (1995)
2) 山本　裕，原　辰次，藤岡久也：サンプル値制御理論 I–VI，システム/制御/情報，Vol. 43, No. 8, 10, 12 (1999), Vol. 44, No. 2, 4, 6 (2000)
3) 西村敏充，狩野弘之：制御のためのマトリクス・リカッチ方程式，システム制御情報ライブラリー，朝倉書店 (1996)
4) S. Azuma, Y. Minami, and T. Sugie: Optimal Dynamic Quantizers for Feedback Control with Discrete-level Actuators: Unified Solution and Experimental Evaluation, Transactions of the ASME, Journal of Dynamic Systems, Measurement and Control, Vol. 133, No. 2, Art. 021005 (2011)
5) S. Azuma and T. Sugie: Stability Analysis of Optimally Quantized LFT-Feedback Systems, International Journal of Control, Vol. 83, No. 6, pp. 1125–1135 (2010)
6) 大日方五郎，B. アンダーソン：制御システム設計 —— 制御器の低次元化 ——，朝倉書店 (1999)
7) 東　俊一，森田亮介，南　裕樹，杉江俊治：制御のための動的量子化器開発ソフトウェアと実験検証，システム制御情報学会論文誌，Vol. 21, No. 12, pp. 408–416 (2008)
8) R. Morita, S. Azuma, Y. Minami, and T. Sugie: Graphical Design Software for Dynamic Quantizers in Control Systems, SICE Journal of Control, Measurement, and System Integration, Vol. 4, No. 5, pp. 372–379 (2011)
9) J. F. Sturm: Using SeDuMi 1.02, A MATLAB Toolbox for Optimization over Symmetric Cones, Optimization Methods and Software, Vol. 11–12, No. 1, pp. 625–653 (1999)
10) 川田昌克，蛯原義雄：LMI に基づく制御系解析・設計，システム/制御/情報，Vol. 55, No. 5, pp. 165–173 (2011) (available from https://bit.ly/3WGfxad)
11) 萩原朋道：ディジタル制御入門，コロナ社 (1999)
12) 荒木光彦：ディジタル制御理論入門，システム制御情報ライブラリー，朝倉書店 (1991)

第 3 章

非線形制御

甲斐 健也・大塚 敏之

　倒立振子は非線形要素をもつために非線形システムに分類され，ある意味，非線形制御理論のベンチマーク的な物理システムとして用いられていることが多い．本章では，多岐にわたる非線形制御理論の制御手法のうち，エネルギー法，スライディングモード制御法，モデル予測制御法の三つに焦点を当てて，その概要について説明を行う．また，本質的な非線形制御問題である，倒立振子の振り上げ制御問題を取り上げ，各制御手法の適用方法を示す．

3.1 非線形制御の必要性

　この世に存在するすべてのモノは，厳密には何かしらの非線形性を含んでいる．その非線形性を無視できる場合には，近似的に線形システムとして扱うことができるが，このような手法では対応できない場合も多々ある．たとえば非線形システムで記述される「台車型倒立振子」に対して，振子を鉛直上方の不安定平衡点に立たせ続けることを目標とする制御を考える．図 3.1 のように，初期状態の振子の角度が鉛直上方の平衡点 (振子が真上で静止している状態) から少しだけずれている場合には，振子は平衡点近傍のみを動くと考えられるので，元の非線形システムは平衡点近傍での線形近似システムで

図 3.1　台車型倒立振子の安定化制御

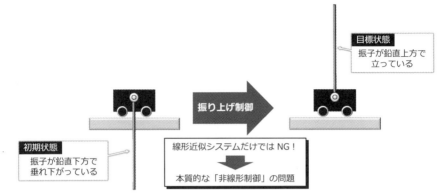

図 3.2　台車型倒立振子の振り上げ制御

代用することができる．したがって，この場合は線形近似システムを扱えばよい「線形制御」の範疇にある (**安定化制御**と呼ばれる)．

一方，図 3.2 のように初期状態の振子が鉛直下方に垂れ下がっている (振子が真下で静止している) 場合には，振子の角度は鉛直上方の平衡点から大幅にずれており，もはや線形近似システムは元の非線形システムの代用にはならない．したがって，非線形システムをそのまま扱わなければならないので，この場合は本質的な「**非線形制御**」の範疇にある (**振り上げ制御**と呼ばれる)．

非線形制御はシステムの大域的でダイナミックな振る舞いを制御する際には重要な技術であるが，非線形性という厄介な要素を相手にしないといけないため，とても難しくチャレンジングな問題であるといえる．また，線形制御のみでは太刀打ちできないシステムも世の中には多く存在するため，非線形制御は必要不可欠であるといえる．

3.2　エネルギー法とスライディングモード制御法

本節では，エネルギー法とスライディングモード制御法の 2 種類の非線形制御法について説明する．そして，台車型倒立振子の振り上げ制御問題を取り上げ，この二つの制御法を併用した振り上げ制御法を説明し，数値シミュレーションによってその有効性を示す．

3.2.1　エネルギー法

非線形システムの代表例として，倒立振子，マニピュレータ，ロボットなどを含む力学システムが挙げられる．これらのシステムは運動方程式で記述されるダイナミクスに基づいて振る舞う．したがって，そのダイナミクスがもつ特徴を積極的に利用して制御を行うという方策が自然と考えられる．ここでは，システムのもつエネルギーに着目し

た制御手法である**エネルギー法**について紹介する[1].

力学システムはエネルギーを保持しており，物体が運動する際に発生する**運動エネルギー**と，物体がある位置に存在することで潜在的にもっている**位置エネルギー**の二つが主に挙げられる．ここでは，**基礎編**の 3.1 節 (p. 37) で導出した台車型倒立振子の非線形モデル (**基礎編**の (3.22) 式 (p. 43))

$$\begin{cases} \ddot{z}(t) = -a_c \dot{z}(t) + b_c v(t) \\ m_p l_p \cos\theta(t) \cdot \ddot{z}(t) + (J_p + m_p l_p^2)\ddot{\theta}(t) = -\mu_p \dot{\theta}(t) + m_p g l_p \sin\theta(t) \end{cases} \quad (3.1)$$

を対象とする．このとき，振子の全エネルギー (**力学的エネルギー**) は図 3.3 より

$$E(t) = \underbrace{\frac{1}{2}(J_p + m_p l_p^2)\dot{\theta}(t)^2}_{\text{振子の運動エネルギー}} + \underbrace{m_p g l_p (1 + \cos\theta(t))}_{\text{振子の位置エネルギー}} > 0 \quad (3.2)$$

で与えられる．ここで，(3.2) 式の右辺第 1 項は振子が動く際の運動エネルギー，右辺第 2 項は振子がもっている位置エネルギーであることに注意されたい．全エネルギー (3.2) 式を時間微分すると，

$$\begin{aligned} \dot{E}(t) &= (J_p + m_p l_p^2)\dot{\theta}(t)\ddot{\theta}(t) - m_p g l_p \sin\theta(t) \cdot \dot{\theta}(t) \\ &= \{(J_p + m_p l_p^2)\ddot{\theta}(t) - m_p g l_p \sin\theta(t)\}\dot{\theta}(t) \end{aligned} \quad (3.3)$$

となるので，台車型倒立振子の非線形モデル (3.1) 式の第 2 式を $\ddot{\theta}(t)$ に代入すると，

$$\dot{E}(t) = -(m_p l_p \cos\theta(t) \cdot \ddot{z}(t) + \mu_p \dot{\theta}(t))\dot{\theta}(t) \quad (3.4)$$

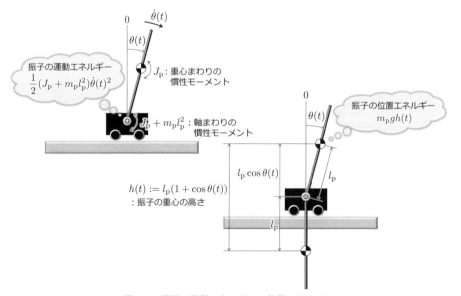

図 3.3 振子の運動エネルギーと位置エネルギー

が得られる．ここで，**基礎編の表 3.5** (p. 44) で示したように，振子の粘性摩擦係数 μ_p は微小なので無視すると，(3.4) 式は

$$\dot{E}(t) \approx -m_\mathrm{p} l_\mathrm{p} \cos\theta(t) \cdot \ddot{z}(t)\dot{\theta}(t) \tag{3.5}$$

のように近似できる．(3.1) 式の第 1 式における台車の加速度が

$$\ddot{z}(t) = -K_1 \dot{\theta}(t) \cos\theta(t) \quad (K_1 > 0) \tag{3.6}$$

となるように $v(t)$ を

$$v(t) = \frac{1}{b_\mathrm{c}} \left(a_\mathrm{c} \dot{z}(t) - K_1 \dot{\theta}(t) \cos\theta(t) \right) \tag{3.7}$$

により与えると，$\dot{\theta}(t) = 0$ である (振子が静止している) もしくは $\cos\theta(t) = 0$ である (振子が水平に位置する) ときを除いて，

$$\dot{E}(t) \approx K_1 m_\mathrm{p} l_\mathrm{p} \cos^2\theta(t) \cdot \dot{\theta}(t)^2 > 0 \tag{3.8}$$

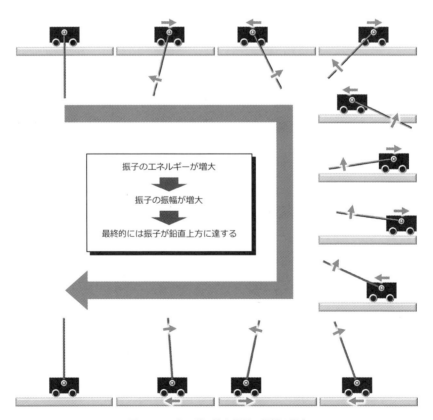

図 3.4 エネルギー法と振子の振幅の増大

が成立することがわかる．したがって，図 3.4 に示されているように，台車型倒立振子の全エネルギーが時間が経過するとともに増大し，振子が鉛直上方まで振り上がることが期待できる[注1]．3.2.3 項 (p. 206) では，台車型倒立振子の振り上げ安定化制御を行うが，振り上げ安定化制御則は振り上げ制御と安定化制御の 2 段階で構成され，振り上げ制御の部分はここで説明したエネルギー法を用いることとなる．

3.2.2 スライディングモード制御法

ここでは，非線形システムのロバスト制御の一種である，**スライディングモード制御法**[2)-4)] について説明する．**ロバスト制御**とは，システムに不確かさや外乱などが存在していても，システムの安定性や制御性能を保持する制御手法である．非線形制御においてもロバスト制御のアプローチでさまざまな研究が行われており，非線形 H_∞ 制御，可変構造制御などさまざまな手法が提案されている．スライディングモード制御は**可変構造制御**の一種として分類され，線形システムと非線形システムの両方に適用可能であり，有力な制御系設計法の一つとしてよく知られている．

非線形システムの状態軌道を目標値へと遷移させる制御則を構成することが制御目的であるが，スライディングモード制御法では 2 段階のモードから構成される．まず，図 3.5 のように，初期状態から状態空間内の部分空間である**切換面**へと状態を遷移させるのが第 1 段階であり，これは**到達モード**と呼ばれている．つぎに，システムの軌道を切換面上に拘束させながら，切換面上を滑るように移動し，目標状態まで到達させるの

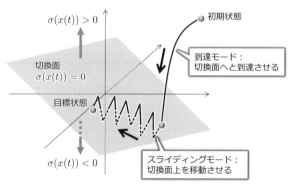

図 3.5　到達モードとスライディングモード

[注1] 厳密には (3.4) 式に (3.7) 式を施すので，

$$\dot{E}(t) = (K_1 m_\mathrm{p} l_\mathrm{p} \cos^2 \theta(t) - \mu_\mathrm{p}) \dot{\theta}(t)^2$$

となる．このとき，振子角 $\theta(t)$ が

$$-\sqrt{\frac{\mu_\mathrm{p}}{K_1 m_\mathrm{p} l_\mathrm{p}}} \leq \cos\theta(t) \leq \sqrt{\frac{\mu_\mathrm{p}}{K_1 m_\mathrm{p} l_\mathrm{p}}}$$

となる水平近傍の微小な範囲（たとえば，$K_1 = 0.8$，$m_\mathrm{p} = 1.07 \times 10^{-1}$，$l_\mathrm{p} = 2.30 \times 10^{-1}$，$\mu_\mathrm{p} = 2.35 \times 10^{-4}$ のとき，水平位置から ± 6.2723 [deg] 以内の範囲）では $\dot{E}(t) > 0$ が成立しない．

が第 2 段階であり，これは**スライディングモード**と呼ばれている．

ここでは簡単のために，n 状態 1 入力 $(x(t) \in \mathbb{R}^n, u(t) \in \mathbb{R})$ の非線形システム

$$\dot{x}(t) = f(x(t)) + g(x(t))u(t) \tag{3.9}$$

を制御対象とし，切換面としては一つの超平面

$$\sigma(x(t)) := S^\top x(t) = 0 \tag{3.10}$$

を考える ($S \in \mathbb{R}^n$ は定数ベクトル)．もし，ある時刻の状態が $\sigma(x(t)) > 0$ を満たす場合，システム (3.9) 式の解軌道に沿って $\dot{\sigma}(x(t)) < 0$ が成り立てば，状態変数は超平面へと近づくことがわかる．逆に $\sigma(x(t)) < 0$ の場合には $\dot{\sigma}(x(t)) > 0$ が成り立てばよい．これら二つの条件は**スライディング条件**

$$\sigma(x(t))\dot{\sigma}(x(t)) < 0 \tag{3.11}$$

として一つにまとめられる．したがって，(3.11) 式が成り立つように $\sigma(x(t)) > 0$ と $\sigma(x(t)) < 0$ で制御則を切り換えるという方針が得られる．スライディングモード制御法において，制御系の設計方法はつぎのような手順に沿うのが一般的である．

手順 1 制御仕様を満足するような切換面の設計を行う
手順 2 設計した切換面にシステムの状態を拘束させるための制御則を構成する．

手順 1 の切換面の設計法としてさまざまなものが提案されているが，ここでは**等価制御法**を紹介する．スライディングモードでは，システムの状態は切換面に拘束されているため，$\dot{\sigma}(x(t)) = 0$ を満足する．したがって，

$$\begin{aligned}\dot{\sigma}(x(t)) &= S^\top \dot{x}(t) = S^\top \bigl(f(x(t)) + g(x(t))u(t)\bigr) \\ &= S^\top f(x(t)) + S^\top g(x(t))u(t) = 0\end{aligned} \tag{3.12}$$

となるので，$S^\top g(x) \neq 0$ という仮定のもと，**等価制御則**

$$u(t) = -\frac{S^\top f(x(t))}{S^\top g(x(t))} \tag{3.13}$$

を得る．元の非線形システム (3.9) 式に等価制御則 (3.13) 式を代入した

$$\dot{x}(t) = \left(I - \frac{g(x(t))S^\top}{S^\top g(x(t))}\right) f(x(t)) \tag{3.14}$$

が (3.9) 式の切換面 $\sigma(x(t)) = 0$ 上における $n-1$ 次元に低次元化されたシステムであり，このシステムと制御仕様を考慮しながら適切な切換面 $\sigma(x(t))$ を決定することになる．

つぎに手順 2 の「設計した切換面上にシステムの状態を拘束させる制御則」を考える．切換面の方程式 (3.10) 式をスライディング条件 (3.11) 式に代入すると，

$$S^\top x(t) \cdot S^\top \dot{x}(t) = S^\top x(t) \cdot S^\top \big(f(x(t)) + g(x(t))u(t)\big)$$
$$= S^\top x(t)\big(S^\top f(x(t)) + S^\top g(x(t))u(t)\big) < 0 \quad (3.15)$$

となる．したがって，$S^\top g(x(t)) \neq 0$ のとき，(3.15) 式の不等式を満たすような制御則 $u(t)$ として，

$$u(t) = -\frac{S^\top f(x(t))}{S^\top g(x(t))} - \frac{K_2 \operatorname{sgn}(\sigma(x(t)))}{S^\top g(x(t))} \quad (3.16)$$

が導出される．ここで，$K_2 > 0$ はゲイン，sgn は切換関数

$$\operatorname{sgn}(\sigma(x(t))) = \frac{\sigma(x(t))}{|\sigma(x(t))|} = \begin{cases} 1 & (\sigma(x(t)) > 0) \\ -1 & (\sigma(x(t)) < 0) \end{cases} \quad (3.17)$$

である．制御則 (3.16) 式を印加したシステム (3.9) 式の解軌道は，切換面 $\sigma(x(t))$ に有限時間で到達することが以下の議論より証明できる．Lyapunov 関数を

$$V(x(t)) = \frac{\sigma(x(t))^2}{2} \quad (3.18)$$

とすると，非線形システム (3.9) 式と制御則 (3.16) 式の閉ループシステムの解軌道に沿った時間微分は，

$$\begin{aligned}\dot{V}(x(t)) &= \sigma(x(t))\dot{\sigma}(x(t)) = \sigma(x(t))S^\top \dot{x}(t) \\ &= \sigma(x(t))S^\top\big(f(x(t)) + g(x(t))u(t)\big) \\ &= -K_2 \sigma(x(t))\operatorname{sgn}(\sigma(x(t))) \\ &= -K_2 |\sigma(x(t))| < 0 \end{aligned} \quad (3.19)$$

を満たし，これはスライディングモードが存在するための十分条件である．さらに，時刻 $t = t_0$ において状態が $\sigma(x(t_0)) > 0$ を満たすと仮定し，システムの状態が切換面 $\sigma(x(t)) = 0$ に最初に到達する時刻を t_{st} とする．このとき，(3.19) 式は $\dot{\sigma}(x(t)) = -K_2$ となるので，この両辺を $t = t_0$ から $t = t_{\mathrm{st}}$ まで積分すると，

$$\sigma(x(t_{\mathrm{st}})) - \sigma(x(t_0)) = -K_2(t_{\mathrm{st}} - t_0) \quad (3.20)$$

つまり，

$$\sigma(x(t_{\mathrm{st}})) = \sigma(x(t_0)) - K_2(t_{\mathrm{st}} - t_0) \quad (3.21)$$

となるので，ある有限時刻 $t = t_{\mathrm{st}}$ に必ず $\sigma(x(t_{\mathrm{st}})) = 0$ が成り立ち，システムの状態 $x(t)$ は切換面 $\sigma(x(t)) = 0$ に有限時間で到達する．時刻 $t = t_0$ における状態が $\sigma(x(t_0)) < 0$ の場合も同様に証明できる．

以上の手順 1, 2 を行うことによって，制御仕様を満たすスライディングモード制御則の設計を行うことができる．ここでは 1 入力の場合を考えたが，m 入力の場合には

m 個の切換面が存在し，$n-m$ 次元の低次元化されたシステムが得られることになる．スライディングモード制御はシステムに不確かさや外乱があっても切換面上への拘束を維持できるので，非線形システムに対する優れたロバスト制御法の一つとしてよく知られている．

これまでは非線形システムに対するスライディングモード制御法の手法について説明したが，3.2.3 項 (p. 206) ではスライディングモード制御法を倒立振子の安定化制御の部分で用いるので，非線形システムの代わりに線形システムの場合についての具体的な設計法について説明する．手順 1 の切換面の設計法についてもさまざまなものが提案されているが，ここでは最適制御理論に基づく最適な切換面の設計法について説明する．可制御な n 状態 1 入力 $(x(t) \in \mathbb{R}^n, u(t) \in \mathbb{R})$ の線形システム

$$\dot{x}(t) = Ax(t) + Bu(t) \tag{3.22}$$

に対し，評価関数

$$J = \int_{t_{\mathrm{st}}}^{t} x(t)^\top Q x(t) dt \tag{3.23}$$

が最小となるような切換面 (3.10) 式を設計する問題を考える．ただし，t_{st} はスライディングモードが始まる時刻，$Q = Q^\top \in \mathbb{R}^{n \times n}$ は正定対称な重み行列である．まず，新しい状態変数 $z(t) \in \mathbb{R}^n$ として，座標変換

$$x(t) = T^{-1} z(t) \tag{3.24}$$

を考える．ただし，$B = \begin{bmatrix} B_1^\top & B_2 \end{bmatrix}^\top$, $B_1 \in \mathbb{R}^{n-1}$, $B_2 \in \mathbb{R}$ ($B_2 \neq 0$) と仮定し，座標変換行列

$$T = \begin{bmatrix} I_{n-1} & -B_1/B_2 \\ 0_{n-1} & 1 \end{bmatrix} \tag{3.25}$$

を用いる．座標変換 (3.24) 式を施すと，線形システム (3.22) 式は，

$$\dot{z}(t) = \bar{A} z(t) + \bar{B} u(t) \tag{3.26}$$

$$\bar{A} = TAT^{-1} = \begin{bmatrix} \bar{A}_{11} & \bar{A}_{12} \\ \bar{A}_{21} & \bar{A}_{22} \end{bmatrix}, \quad \bar{B} = TB = \begin{bmatrix} 0_{n-1} \\ B_2 \end{bmatrix}$$

$$(\bar{A}_{11} \in \mathbb{R}^{(n-1) \times (n-1)}, \quad \bar{A}_{12}, \bar{A}_{21}^\top \in \mathbb{R}^{n-1}, \quad \bar{A}_{22} \in \mathbb{R})$$

となり，評価関数 (3.23) 式は，

$$J = \int_{t_{\mathrm{st}}}^{t} z(t)^\top (T^{-1})^\top Q T^{-1} z(t) dt$$

$$= \int_{t_{\mathrm{st}}}^{t} z(t)^\top \bar{Q} z(t) dt, \quad \bar{Q} := (T^{-1})^\top Q T^{-1} \tag{3.27}$$

となる．ただし，$\bar{Q}_{11} \in \mathbb{R}^{(n-1)\times(n-1)}$, $\bar{Q}_{12} \in \mathbb{R}^{n-1}$, $\bar{Q}_{22} \in \mathbb{R}$ を用いて，

$$\bar{Q} = \bar{Q}^\top = \begin{bmatrix} \bar{Q}_{11} & \bar{Q}_{12} \\ \bar{Q}_{12}^\top & \bar{Q}_{22} \end{bmatrix} \tag{3.28}$$

のように表記する．このとき，$z(t) = \begin{bmatrix} z_1(t)^\top & z_2(t) \end{bmatrix}^\top \in \mathbb{R}^n$, $z_1(t) \in \mathbb{R}^{n-1}$, $z_2(t) \in \mathbb{R}$ とすると，評価関数 (3.27) 式は，

$$J = \int_{t_{\mathrm{st}}}^{t} \left(z_1(t)^\top \bar{Q}_{11} z_1(t) + 2 z_1(t)^\top \bar{Q}_{12} z_2(t) + \bar{Q}_{22} z_2(t)^2 \right) dt \tag{3.29}$$

のようになる．さらに，新しい変数として $w(t) \in \mathbb{R}$ を

$$w(t) = z_2(t) + \frac{\bar{Q}_{12}^\top}{\bar{Q}_{22}} z_1(t) \tag{3.30}$$

のように導入すると，評価関数 (3.29) 式は，$\widetilde{Q}_{11} = \bar{Q}_{11} - \bar{Q}_{12} \bar{Q}_{12}^\top / \bar{Q}_{22}$ を用いて，

$$J = \int_{t_{\mathrm{st}}}^{t} \left(z_1(t)^\top \widetilde{Q}_{11} z_1(t) + \bar{Q}_{22} w^2(t) \right) dt \tag{3.31}$$

のように変形でき，また，$z_1(t)$ に関する状態方程式は，$\widetilde{A}_{11} = \bar{A}_{11} - \bar{A}_{12} \bar{Q}_{12}^\top / \bar{Q}_{22}$ を用いて，

$$\dot{z}_1(t) = \widetilde{A}_{11} z_1(t) + \bar{A}_{12} w(t) \tag{3.32}$$

となる．このとき，$z_1(t)$ に関する線形システム (3.32) 式に対して，評価関数 (3.31) 式を最小化する最適制御問題に帰着できることがわかるので，連続時間線形システムに対する最適制御理論を用いると，J を最小にする最適入力 $w(t)$ は，Riccati 方程式

$$P \widetilde{A}_{11} + \widetilde{A}_{11}^\top P - P \bar{A}_{12} \bar{Q}_{22}^{-1} \bar{A}_{12}^\top P + \widetilde{Q}_{11} = 0 \tag{3.33}$$

の唯一解である正定対称行列 $P \in \mathbb{R}^{(n-1)\times(n-1)}$ を用いて，

$$w(t) = -\bar{Q}_{22}^{-1} \bar{A}_{12}^\top P z_1(t) \tag{3.34}$$

で与えられる．(3.34) 式を (3.30) 式に代入すると，

$$z_2(t) = w(t) - \frac{\bar{A}_{12}^\top}{\bar{Q}_{22}} z_1(t) = -\frac{\bar{A}_{12}^\top P + \bar{Q}_{12}^\top}{\bar{Q}_{22}} z_1(t) \tag{3.35}$$

となり，さらに (3.35) 式は，

$$\begin{bmatrix} \bar{A}_{12}^\top P + \bar{Q}_{12}^\top & \bar{Q}_{22} \end{bmatrix} z(t) = 0 \tag{3.36}$$

と変形できるので，切換面の方程式

$$\sigma(x(t)) = \underbrace{\begin{bmatrix} \bar{A}_{12}^\top P + \bar{Q}_{12}^\top & \bar{Q}_{22} \end{bmatrix} T}_{S^\top} x(t) = 0 \tag{3.37}$$

が得られる．したがって，(3.37) 式のように切換面を設計すると，評価関数 J を最小にするような最適な切換面の傾き

$$S = \left(\begin{bmatrix} \bar{A}_{12}^\top P + \bar{Q}_{12}^\top & \bar{Q}_{22} \end{bmatrix} T \right)^\top \tag{3.38}$$

を構成することができる．

つぎに，手順 2 であるスライディングモードを発生させる，つまり切換面 $\sigma(x(t)) = 0$ に状態を拘束させる制御則を設計する．非線形システム (3.9) 式の場合における制御則 (3.16) 式を線形システム (3.22) 式に対して適用すると，

$$\begin{aligned} u(t) &= -\frac{S^\top A x(t)}{S^\top B} - \frac{K_2 \,\mathrm{sgn}(\sigma(x(t)))}{S^\top B} \\ &= -\frac{S^\top A x(t)}{S^\top B} - \frac{K_2}{S^\top B} \frac{\sigma(x(t))}{|\sigma(x(t))|} \end{aligned} \tag{3.39}$$

を得る．この制御則 (3.39) 式を線形システム (3.22) 式に印加することによって，状態軌道は初期値から切換面へと遷移し，さらに切換面上においてスライディングモードとなることが期待できる．しかし，(3.39) 式に含まれる切換関数 $\mathrm{sgn}(\sigma(x(t)))$ の不連続性によって，切り換えが無限の速度で生じることになる．現実のシステムでは無限の速度で切り換えることは不可能であり，**チャタリング**と呼ばれる高周波振動を発生してしまう．そのため，制御仕様が満たされない，パフォーマンスの低下，アクチュエータの故障などが発生し，好ましい状況ではないといえる．そこで，(3.39) 式に定数 $\delta > 0$ を組み込んで，切換関数 $\mathrm{sgn}(\sigma(x(t)))$ の部分を連続化させた，

$$u(t) = -\frac{S^\top A x(t)}{S^\top B} - \frac{K_2}{S^\top B} \frac{\sigma(x(t))}{|\sigma(x(t))| + \delta} \tag{3.40}$$

なる制御則を用いることによって，チャタリングが低減化できることが知られている．

3.2.3 台車型倒立振子の振り上げ安定化制御

ここでは，これまでに説明したエネルギー法とスライディングモード制御法を用いて，台車型倒立振子の振り上げ制御の数値シミュレーションを行う．ここでの制御目標は図 3.6 に示されているように，振子が真下 (鉛直下方) に垂れ下がり，かつ台車が基準位置 (原点) からずれているような初期状態から，台車を左右に動かして振子を振り上げることによって，振子が真上 (鉛直上方) で静止し，かつ台車が基準位置で静止しているような目標状態を維持することである．

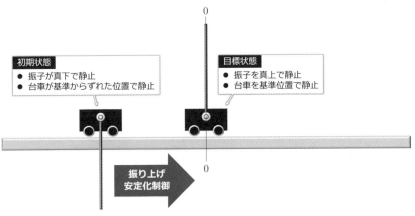

図 3.6　台車型倒立振子の振り上げ安定化制御問題

例 3.1 ………… エネルギー法とスライディングモード制御法による台車型倒立振子の振り上げ安定化制御

一つの制御則で振り上げ制御を達成するのは一般的に難しいので，ここでは振り上げ制御と安定化制御の 2 段階の制御法を考える．簡単に概要を説明すると，最初に台車型倒立振子の非線形モデル (3.1) 式に対して，振り上げ制御則を使って振子を鉛直下方から上方へ振り上げ，ある程度振り上がったら線形近似された台車型倒立振子の線形化モデル (**基礎編**の (3.26) 式 (p. 44) を状態方程式で記述)

$$\dot{x}(t) = Ax(t) + Bu(t) \tag{3.41}$$

$$A = \begin{bmatrix} 0 & 0 & 1 & 0 \\ 0 & 0 & 0 & 1 \\ 0 & 0 & -a_\mathrm{c} & 0 \\ 0 & a_1 & a_2 & a_3 \end{bmatrix}, \quad B = \begin{bmatrix} 0 \\ 0 \\ b_\mathrm{c} \\ b_1 \end{bmatrix}, \quad x(t) = \begin{bmatrix} z(t) \\ \theta(t) \\ \dot{z}(t) \\ \dot{\theta}(t) \end{bmatrix}, \quad u(t) = v(t)$$

$$a_1 = \frac{m_\mathrm{p} g l_\mathrm{p}}{J_\mathrm{p} + m_\mathrm{p} l_\mathrm{p}^2}, \quad a_2 = \frac{a_\mathrm{c} m_\mathrm{p} l_\mathrm{p}}{J_\mathrm{p} + m_\mathrm{p} l_\mathrm{p}^2}, \quad a_3 = -\frac{\mu_\mathrm{p}}{J_\mathrm{p} + m_\mathrm{p} l_\mathrm{p}^2},$$

$$b_1 = -\frac{b_\mathrm{c} m_\mathrm{p} l_\mathrm{p}}{J_\mathrm{p} + m_\mathrm{p} l_\mathrm{p}^2}$$

に対して，安定化制御則を使って目標状態を維持し続ける．まず，**図 3.7** にあるように，振子の角度 $\theta(t)$ によって，振り上げ領域 ($\theta_0 < \theta(t) < 2\pi - \theta_0$) と安定化領域 ($-\theta_0 \leq \theta(t) \leq \theta_0$ または $2\pi - \theta_0 < \theta(t) < 2\pi + \theta_0$) を定める．ここで，$\theta_0$ は安定化領域を定める角度である．振子の鉛直上方の位置は $\theta(t) = 0$ [rad] と $\theta(t) = 2\pi$ [rad] の二つがあり，二つの安定化領域のうち，どちらに入ったかによって，目標の $\theta(t)$ の値が異なることを注意されたい．具体的には，振り上げ領域においては，**3.2.1 項**で説明したエネルギー法を用いた振り上げ制御を行い，安定化領域へと遷移

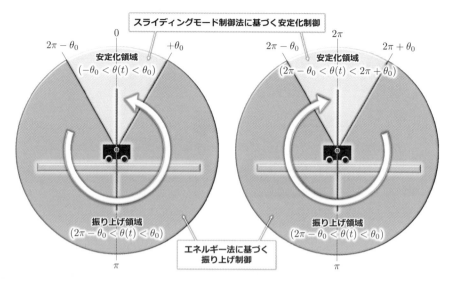

図 3.7 振り上げ領域と安定化領域

させる．つぎに，安定化領域においては，3.2.2 項で説明したスライディングモード制御法を用いた安定化制御を行い，目標状態を維持する．

非線形シミュレーションにおける初期状態は $\theta(0) = \pi + 0.001$ [rad]^(注2), $z(0) = 0.1$ [m], $\dot{\theta}(0) = 0$ [rad/s], $\dot{z}(0) = 0$ [m/s] であり，目標状態は $\theta_\mathrm{d} = 0$ [rad] (もしくは $\theta_\mathrm{d} = 2\pi$ [rad]), $z_\mathrm{d} = 0$ [m], $\dot{\theta}_\mathrm{d} = 0$ [rad/s], $\dot{z}_\mathrm{d} = 0$ [m/s] と設定する．また，振り上げ領域と安定化領域を決定する振子の角度パラメータは $\theta_0 = \pi/4$ [rad] ($= 45$ [deg]) とする．振り上げ領域における振り上げ制御は，3.2.1 項で説明したエネルギー法の制御則 (3.7) 式を用い，ゲインを $K_1 = 0.8$ とする．安定化領域における安定化制御は，3.2.2 項で説明したスライディングモード制御法の最適な切換面を用いた制御則 (3.39) 式を用いる．ただし，反時計回りに安定化領域に入った場合は，$\theta(t) - 2\pi$ を $\theta(t)$ に置き換えて $x(t)$ を構成する．(3.38) 式の S は重みを $Q = \mathrm{diag}\{10, 100, 1, 1\}$ として設計し，また，ゲインを $K_2 = 30$ とする．

以上のように初期状態やパラメータなどを設定し，S を設計したうえで非線形シミュレーションを行うための M ファイルを以下に示す．

M ファイル "p2c323_ex1_cdip_swing_up.m"
```
1   clear               ......... 初期化
2   cdip_para           ......... M ファイル "cdip_para.m" の実行
3   % -------------------------------------
```

(注2) 台車がある位置で静止し，かつ振子が真下で静止した初期状態から始めると，振り上げ制御則 (3.7) 式で計算される操作量 $v(t)$ は $v(0) = 0$ から変化しないので，振子の初期角度 $\theta(0)$ を真下から少しだけずらした．

3.2 エネルギー法とスライディングモード制御法

```
 4   switch_angle = pi/4;              ……… θ_0 = π/4 [rad] (= 45 [deg])
 5   % ----------------------------------
 6   K1 = 0.8;                         ……… K_1 = 0.8
 7   % ----------------------------------
 8   K2 = 30;                          ……… K_2 = 30
 9   delta = 0;                        ……… δ = 0 もしくは δ = 5
10   % delta = 5;
11   p2c323_Sliding_Mode_Control       ……… M ファイルの実行 (S の設計)
12   % ----------------------------------
13   z_0 = 0.1;   theta_0 = pi + 0.001;   ……… z(0) = 0.1 [m], θ(0) = π + 0.001 [rad]
14   dz_0 = 0;    dtheta_0 = 0;           ……… ż(0) = 0 [m/s], θ̇(0) = 0 [rad/s]
15   % ----------------------------------
16   sim('cdip_swing_up_sim')          ……… Simulink モデルの実行
17   % sim('cdip_swing_up2_sim')
18   % ----------------------------------
19   figure(1); plot(t,z)              ……… Figure 1 に台車位置 $z(t)$ [m] を描画
20   xlabel('Time [s]'); ylabel('Cart [m]')
21   figure(2); plot(t,theta*180/pi)   ……… Figure 2 に振子角度 $θ(t)$ [deg] を描画
22   xlabel('Time [s]'); ylabel('Pendulum [deg]')
23   figure(3); plot(t,u)              ……… Figure 3 に指令電圧 $v(t)$ [V] を描画
24   xlabel('Time [s]'); ylabel('Voltage [V]')
25   % ----------------------------------
26   for i = 1:length(t)               ……… $|θ(t)| ≤ θ_0$ (安定化領域) となる最初の時刻
27       if abs(theta_up(i)) <= switch_angle    $t_{sw}$ の抽出
28           i_sw = i;  t_sw = t(i_sw)
29           break
30       end
31   end
32   figure(4); plot(t(1:i_sw),E(1:i_sw))   ……… Figure 4 にエネルギー $E(t)$ [J] を描画
33   xlabel('Time [s]'); ylabel('E(t) [J]')       $(0 ≤ t < t_{sw})$
34   figure(5); plot(t(i_sw:end),Sx(i_sw:end))  ……… Figure 5 に $σ(x(t)) = S^⊤ x(t)$ を描画
35   xlabel('Time [s]'); ylabel('S''x')           $(t ≥ t_{sw})$
```

M ファイル "p2c323_Sliding_Mode_Control.m"

```
 1   n = 4;                             ……… n = 4
 2   % -------------------------
 3   Ap21 = [ 0  0                      ……… A_{p21}
 4            0  mp*g*lp/(Jp+mp*lp^2) ];
 5   Ap22 = [ -ac                   0   ……… A_{p22}
 6            ac*mp*lp/(Jp+mp*lp^2)  -mup/(Jp+mp*lp^2) ];
 7   Bp2 = [ bc                         ……… B_{p2}
 8           -bc*mp*lp/(Jp+mp*lp^2) ];
 9   % -------------------------
10   A = [ zeros(2,2)  eye(2)           ……… $A = \begin{bmatrix} 0 & I_2 \\ A_{p21} & A_{p22} \end{bmatrix}$ : (3.41)式
11         Ap21        Ap22  ];
12   B = [ zeros(2,1)                   ……… $B = \begin{bmatrix} 0 \\ B_{p2} \end{bmatrix}$ : (3.41)式
13         Bp2        ];
14   % -------------------------
15   B1 = B(1:n-1);                     ……… $B = \begin{bmatrix} B_1 \\ B_2 \end{bmatrix}$ $(B_1 \in \mathbb{R}^{n-1}, B_2 \in \mathbb{R})$
16   B2 = B(n);
17   T = [ eye(n-1)       -B1/B2        ……… $T = \begin{bmatrix} I_{n-1} & -B_1/B_2 \\ 0_{n-1} & 1 \end{bmatrix}$ : (3.25)式
18         zeros(1,n-1)    1     ];
19   Ab = T*A*inv(T);                   ……… $\bar{A} = TAT^{-1} = \begin{bmatrix} \bar{A}_{11} & \bar{A}_{12} \\ \bar{A}_{21} & \bar{A}_{22} \end{bmatrix}$ : (3.26)式
20   Bb = T*B;                          ……… $\bar{B} = TB$
21   Ab11 = Ab(1:n-1,1:n-1);  Ab12 = Ab(1:n-1,n);   …… $\bar{A}_{11} \in \mathbb{R}^{(n-1)\times(n-1)}$, $\bar{A}_{12} \in \mathbb{R}^{(n-1)\times 1}$
22   Ab21 = Ab(n,1:n-1);      Ab22 = Ab(n,n);       …… $\bar{A}_{21} \in \mathbb{R}^{1\times(n-1)}$, $\bar{A}_{22} \in \mathbb{R}$
23   % -------------------------
```

```
24   Q = diag([10 100 1 1]);   ……  Q = diag{10, 100, 1, 1}, Q̄ = (T⁻¹)ᵀQTᵀ = [ Q̄₁₁ Q̄₁₂ ]
                                                                              [ Q̄₂₁ Q̄₂₂ ]
25   Qb = inv(T)'*Q*inv(T);    ……  Q̄ : (3.27) 式
26   Qb11 = Qb(1:n-1,1:n-1);  Qb12 = Qb(1:n-1,n);  ……  Q̄₁₁ ∈ ℝ⁽ⁿ⁻¹⁾ˣ⁽ⁿ⁻¹⁾, Q̄₁₂ ∈ ℝ⁽ⁿ⁻¹⁾ˣ¹
27   Qb21 = Qb(n,1:n-1);      Qb22 = Qb(n,n);      ……  Q̄₂₁ ∈ ℝ¹ˣ⁽ⁿ⁻¹⁾, Q̄₂₂ ∈ ℝ
28   % ---------------------------
29   At11 = Ab11 - Ab12*Qb12'/Qb22;    ………  Ã = Ā₁₁ - Ā₁₂Q̄₁₂ᵀ/Q̄₂₂
30   P = care(At11,Ab12,Qb11,Qb22);    ………  Riccati 方程式 (3.33) 式の解 P = Pᵀ ≻ 0
31   S = ( [Ab12'*P+Qb12'  Qb22]*T )'  ………  S = ( [ Ā₁₂ᵀP + Q̄₁₂ᵀ  Q̄₂₂ ]T )ᵀ : (3.38) 式
```

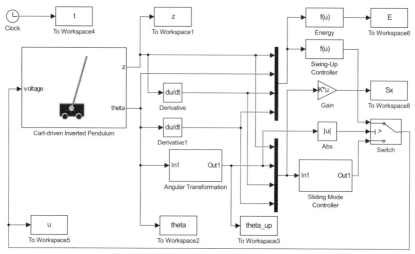

(a) Simulink モデル "cdip_sim_swing_up.slx"

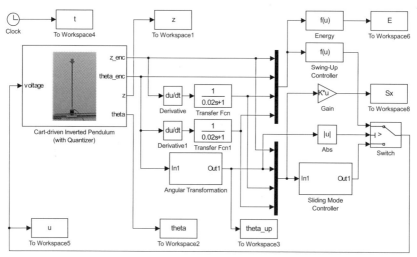

(b) Simulink モデル "cdip_sim_swing_up2.slx"

図 3.8 振り上げ安定化制御の非線形シミュレーションを行うための Simulink モデル

ここで，非線形シミュレーションを行うための 2 種類の Simulink モデルには

- "`cdip_sim_swing_up.slx`"(図 3.8 (a))
  - 完全微分 (微分器 s を利用する) により $\dot{z}(t), \dot{\theta}(t)$ を算出
- "`cdip_sim_swing_up2.slx`"(図 3.8 (b))
  - 不完全微分 (微分器 s とローパスフィルタ $1/(0.02s+1)$ の直列結合) により $\dot{z}(t), \dot{\theta}(t)$ を算出
  - D/A 変換の出力レンジ，分解能やロータリエンコーダの分解能を考慮

という違いがあることに注意されたい．

Simulink モデル "`cdip_sim_swing_up.slx`" を選択し，また，$\delta = 0$ として M ファイル "`p2c323_cdip_swing_up.m`" を実行すると，

```
S =                ……… S = [ 3.2967  14.6650  3.3211  2.0652 ]⊤
    3.2967
   14.6650
    3.3211
    2.0652
t_sw =             ……… t_sw = 6.212
    6.2120
```

という結果が表示された後，図 3.9 (a) のシミュレーション結果が描画される．振り上げ領域 $(0 \leq t < t_{\mathrm{sw}} = 6.212)$ においてはエネルギー $E(t)$ がほぼ単調増加しているため，振子が振り上がり，安定化領域へと遷移している状況がわかる．このとき，$-\theta_0 \leq \theta(t) \leq \theta_0$ の安定化領域の方に遷移していることに注意されたい．そして，安定化領域 $(t \geq t_{\mathrm{sw}} = 6.212)$ では $\sigma(x(t)) = S^\top x(t) \to 0$ となり，振子と台車の両方が安定化されていることが確認できる．しかし，安定化領域において操作量 $u(t) = v(t)$ はチャタリングを起こしており，高速で操作量が切り換わってしまっている．

同様に，Simulink モデル "`cdip_sim_swing_up2.slx`" を選択し，また，$\delta = 0$ として M ファイル "`p2c323_cdip_swing_up.m`" を実行すると，

```
S =                ……… S = [ 3.2967  14.6650  3.3211  2.0652 ]⊤
    3.2967
   14.6650
    3.3211
    2.0652
t_sw =             ……… t_sw = 7.454
    7.4540
```

という結果が表示された後，図 3.9 (b) のシミュレーション結果が描画される．考慮した D/A 変換器，ロータリエンコーダの分解能や，不完全微分の影響により，振り上げ領域 $(0 \leq t < t_{\mathrm{sw}} = 7.454)$ におけるエネルギー $E(t)$ は単調増加とはなっていないが，それでも，安定化領域に到達している．また，考慮した分解能の影響により，操作量 $u(t) = v(t)$ は激しいチャタリングを生じている．

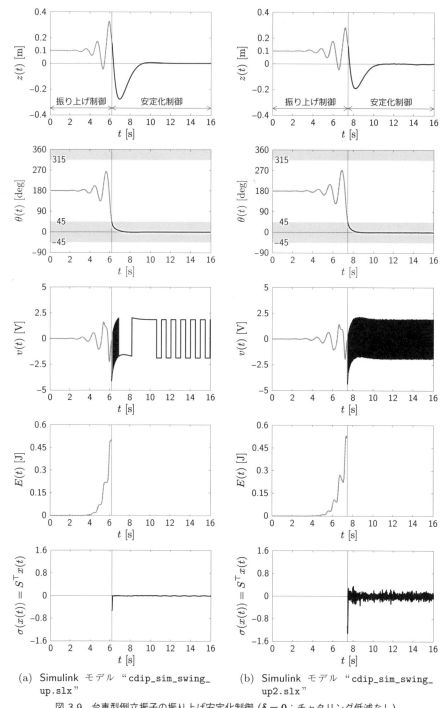

(a) Simulink モデル "cdip_sim_swing_up.slx"

(b) Simulink モデル "cdip_sim_swing_up2.slx"

図 3.9 台車型倒立振子の振り上げ安定化制御 ($\delta = 0$：チャタリング低減なし)

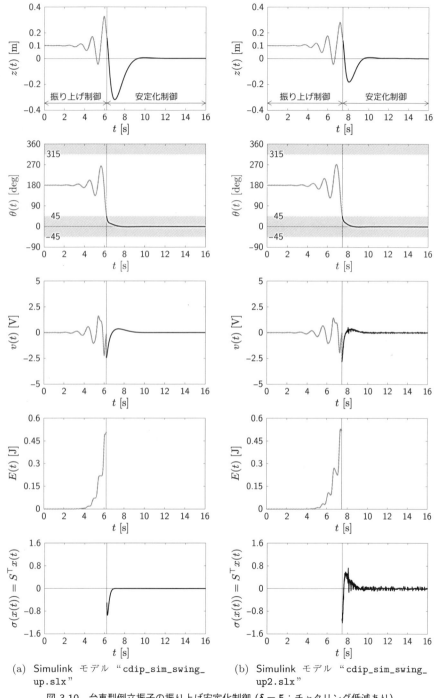

(a) Simulink モデル "cdip_sim_swing_up.slx"

(b) Simulink モデル "cdip_sim_swing_up2.slx"

図 3.10 台車型倒立振子の振り上げ安定化制御 ($\delta = 5$：チャタリング低減あり)

つぎに，このチャタリングを低減するために，(3.39) 式の代わりとして，チャタリングを低減化させる制御則 (3.40) 式を安定化制御則として用いる．$\delta = 5$ としたときのシミュレーション結果を図 3.10 に示す．図 3.9 と比較して図 3.10 では，安定化領域 $(t \geq t_\mathrm{sw})$ におけるチャタリングが低減されていることが確認できる．

3.3 モデル予測制御

3.3.1 モデル予測制御

モデル予測制御 (MPC: model predictive control) とは，各時刻で有限時間未来までの応答を最適化することで操作量を決定するフィードバック制御手法である．多くの制御手法が制御則を陽な数式の形で与えるのに対し，モデル予測制御は，最適化問題を数値的に解くことによって操作量を決定する．したがって，非常に広いクラスの制御対象や問題設定を扱える．その一方で，実装に必要な計算量や記憶量は，ほかの制御手法より多い．また，一般に閉ループ系の安定性や性能は保証されない．しかしながら，理論的保証の難しさと計算量ないし記憶量の多さにもかかわらず，扱う問題を限定しないことのメリットは大きく，モデル予測制御の産業応用は (PID 制御ほどではないものの) 盛んである．

モデル予測制御の問題設定にはさまざまな流儀があるが，ここでは，多変数制御において標準的な連続時間状態方程式によって制御対象を表現することとし，幅広い問題を扱えることを強調するため，次式の一般的な非線形システムを考える．

$$\dot{x}(t) = f(x(t), u(t), t) \tag{3.42}$$

ここで，$x(t)$ は制御対象の状態変数，$u(t)$ は操作量である．そして，モデル予測制御では，各時刻においてもっとも適切な操作量を決めるために，評価関数

$$J = \varphi(x(t+T)) + \int_t^{t+T} L(x(\tau), u(\tau), \tau) d\tau \tag{3.43}$$

を最小にする最適制御問題を解いて未来の操作量を決定する．ただし，実際の操作量としては，評価区間における初期値のみを用いる．そして，つぎの瞬間には再びその時刻を起点とする最適制御問題を解きなおす．各時刻において，一定時間未来までの評価区間 $[t, t+T]$ を考えるので，評価区間 (horizon) は時刻とともに未来へ向かって後退 (recede) していくことになる．このことから，モデル予測制御は **Receding Horizon 制御**とも呼ばれる．

ここで，評価関数の中の変数 $x(\tau), u(\tau)$ は，現実の状態と操作量ではなく，あくまで時刻 t を起点とする未来の予測値だということに注意されたい．この点をはっきりさせる

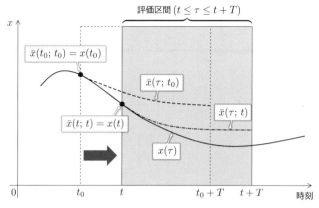

図 3.11 時刻とともに移動する評価区間

ために,時刻 t において予測した状態と入力をそれぞれ $\bar{x}(\tau; t), \bar{u}(\tau; t)$ $(t \leq \tau \leq t+T)$ のように表すこともある.図 3.11 に示すように,予測値である $\bar{x}(\tau; t)$ は,未来の時刻 τ における実際の状態 $x(\tau)$ には必ずしも等しくない.ただし,時刻 t における実際の状態 $x(t)$ を予測の出発点とし,$\bar{x}(t; t) = x(t)$ のように最適制御問題の「初期」状態として使う.この初期状態に対して最適制御が存在すると仮定し,それを $\bar{u}(\tau; t, x(t))$ $(t \leq \tau \leq t+T)$ とおこう.しかし,最適制御が評価区間にわたって決まったとしても,時刻 t における入力として合理的なのは,その時刻に対応する「初期値」$\bar{u}(t; t, x(t))$ のみである.つまり,時刻 t における実際の操作量は $u(t) = \bar{u}(t; t, x(t))$ で与える.この最適制御は「初期」状態である $x(t)$ に依存するので,結果的に状態フィードバック制御を定めることになる.状態の場合と同様,操作量に関しても,ある時刻で求めた未来の最適制御 $\bar{u}(\tau; t, x(t))$ $(t \leq \tau \leq t+T)$ は時刻 τ における実際の操作量 $u(\tau) = \bar{u}(\tau; \tau, x(\tau))$ と必ずしも一致しない.

予測された状態および最適制御と実際の状態および操作量との違いがモデル予測制御の問題設定を理解するうえで重要なので,自動車の運転を例にして両者の関係を考えてみよう.図 3.12 は,夜道を走っていて前方に障害物を見つけたドライバーの運転動作における予測と実際の軌跡との関係を表している.各時刻 t までの実際の軌跡が実線で $x(\tau)$ $(\tau \leq t)$ に相当し,各時刻での予測が破線で $\bar{x}(\tau; t)$ $(t \leq \tau \leq t+T)$ に相当する.最初,障害物が視界に入ってくると,どのくらい先まで障害物が続いているかわからないため,まずは避けることを最優先して未来の運転動作をイメージし,ハンドルを切り始める(図 3.12 の ①).そのとき,ヘッドライトの光が届かない先の状況はわからない.しかし,すぐ後に,新しい障害物がヘッドライトの光の中に現れると,予測を即座に変更し,新しい障害物も無理なく避けられる動きをイメージしなおす(図 3.12 の ②).さらに別の障害物が現れると,また予測を変更し,元の車線に戻る動きをイメージしなお

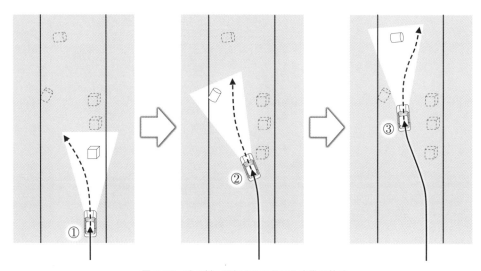

図 3.12 時々刻々更新される予測と実際の軌跡

す (図 3.12 の ③). このように時々刻々入る新しい情報を使って予測しなおすため,結果的に自動車がたどる軌跡 (実線) は,それより以前に予測した破線の軌跡とは必ずしも一致しない.

実際とは異なる未来の予測や最適制御を各時刻で求めるのは一見無駄に思えるかもしれないが,最初に 1 回だけ最適化して後は目をつぶって運転するよりは,その時々で手に入る情報を最大限活用して予測と最適化をやりなおした方が合理的であろう.また,ヘッドライトの照らす範囲が短ければ,スピードを落として慎重な運転をするはずである.つまり,評価区間の長さによって操作量は変わってくるのであって,最適制御の「初期値」にも未来の予測の効果が入っているのである.

モデル予測制御の問題設定には,拘束条件を考慮したり離散時間システムを対象としたり,さまざまなバリエーションがある.とくにモデルに関しては,状態方程式の代わりに入出力表現を用いることも多い.そのような問題設定の違いにより,**PFC** (predictive functional control), **DMC** (dynamic matrix control), **GPC** (generalilzed predictive control) など異なる名称が使われることもある [5]-[8]. しかし,本質は,各時刻において有限時間未来までの最適化問題を解いて操作量を決定することにある.

3.3.2 実装における留意点

モデル予測制御を実装する際に問題となるのが計算量と安定性であることは,問題設定から明らかだろう.ここでは主なアプローチの考え方のみを紹介する.具体的な計算方法や安定解析手法については後述する参考文献を参照されたい.

まず,計算量について考えてみよう.そもそも,操作量を更新するサンプリング周期

(制御周期) より短い時間で最適制御の計算が終わらなければフィードバック制御は実現できない．しかも，先述の自動車の例からわかるように，サンプリング周期は最適制御問題の評価区間よりはるかに短い．通常，非線形システムの最適制御問題を簡単に解くことはできず，解の修正を繰り返して局所最適解や停留解に収束させる[9]．したがって，いくら計算機が速くなったとはいえ，機械系などミリ秒単位のサンプリング周期が要求される制御対象にモデル予測制御を使うのは難しそうに思われる．

実時間での最適化が難しいのなら，あらゆる状況に対する最適制御をオフラインですべて求めて保存しておけばよいと思うかもしれないが，状態が高次元になると，状態空間全体にわたって最適制御を計算し保存するには膨大な計算量と記憶量が必要となり，やはり現実的でなくなる．結局，モデル予測制御の計算方法としては，オンラインで最適化を行う実時間最適化のアプローチと，オフラインで最適解を計算してフィードバック制御則を陽に求めておくアプローチとがあるが，現在のところどちらか一方が圧倒的に優位ということはなく，両方のアプローチが活発に研究されている．適切な近似を導入して計算量や記憶量を減らす試みもなされている．

つぎに安定性について考えてみよう．たとえ計算量と記憶量の問題が解決できたとしても，各時刻では有限時間未来までしか最適化していないので，それをフィードバック制御として継続的に行っても，閉ループ系の安定性は保証されない．制御対象がたとえ線形システムであっても安定性は自明ではない．非線形システムの場合，閉ループ系の安定解析には，Lyapunov の安定定理が有力な道具であり，評価関数の最小値を初期状態の関数と見なし，それが Lyapunov 関数になることを示すアプローチが主流である．

3.3.3 アーム型倒立振子の振り上げ安定化制御

モデル予測制御の具体例として，アーム型倒立振子の振り上げ安定化制御 (図 3.13) を考えてみよう．

例 3.2 .... モデル予測制御によるアーム型倒立振子の振り上げ安定化

状態方程式は，**基礎編**の 3.3.1 項 (p. 53) で導出した非線形モデル (**基礎編**の (3.58) 式 (p. 54))

$$\begin{cases} \ddot{\theta}_1(t) = -a_1 \dot{\theta}_1(t) + b_1 v(t) \\ \alpha_3 \cos\theta_{12}(t) \cdot \ddot{\theta}_1(t) + \alpha_2 \ddot{\theta}_2(t) = \alpha_3 \dot{\theta}_1(t)^2 \sin\theta_{12}(t) + \alpha_5 \sin\theta_2(t) \\ \qquad\qquad\qquad\qquad\qquad + \mu_2 \dot{\theta}_1(t) - \mu_2 \dot{\theta}_2(t) \end{cases} \quad (3.44)$$

を線形近似せずにそのまま用いる．ただし，(3.44) 式の諸量については，**基礎編**の図 3.14 や表 3.6 (p. 53) を参照されたい．また，操作量 $u(t)$ および状態変数 $x(t)$ をそれぞれ

$$u(t) = v(t), \quad x(t) = \begin{bmatrix} \theta_1(t) & \theta_2(t) & \dot{\theta}_1(t) & \dot{\theta}_2(t) \end{bmatrix}^\top$$

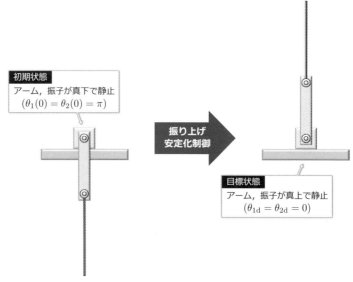

図 3.13 アーム型倒立振子の振り上げ安定化制御

とする.さらに,操作量である指令電圧 $u(t)$ の大きさには $|u(t)| \leq u_{\max}$ という拘束が課されているものとする.この**不等式拘束条件**は,

$$u(t)^2 + w(t)^2 - u_{\max}^2 = 0 \tag{3.45}$$

という**等式拘束条件**に変換することができる.ここで,$w(t)$ は新たに導入した仮想的な入力 (ダミー入力) である.ダミー入力の代わりに**バリア関数**などを使って不等式拘束条件を扱うことも可能である.

モデル予測制御の各時刻で最小化する評価関数 J は,基本的に最適レギュレータと同様の 2 次形式とする.ただし,等式拘束条件に 2 次式でしか現れないダミー入力 $w(t)$ の符号が最適性条件から決まらず $w(t)=0$ のときに特異性が生じるので,それを回避するために $w(t)$ の 1 次式を評価関数に加える.具体的には,

$$\begin{aligned}J = &\frac{1}{2}x^\top(t+T)S_\mathrm{f}x(t+T) \\ &+ \int_t^{t+T}\left(\frac{1}{2}x^\top(\tau)Qx(\tau) + \frac{r_1}{2}u^2(\tau) - r_2 w(\tau)\right)d\tau\end{aligned} \tag{3.46}$$

とする.ここで,S_f と Q は準正定行列,r_1 と r_2 は正の実数とし,r_2 は計算が失敗しない範囲でなるべく小さく選ぶ.アームと振子がともに鉛直下向きで静止している状態を初期状態 ($\theta_1(0) = \theta_2(0) = \pi$) とし,ともに鉛直上向きで静止している状態を目標状態 ($\theta_{1\mathrm{d}} = \theta_{2\mathrm{d}} = 0$) とする.最大指令電圧が $u_{\max} = 3\,[\mathrm{V}]$ のとき,多少の試行錯誤によって評価関数のパラメータを調整すると,図 3.14, 3.15 の

シミュレーション結果が得られる．評価区間の長さは $T = 0.5$ [s] であり，シミュレーションの時間刻みは 1 [ms] である．単純な評価関数を与えただけにもかかわらず，制限内の操作量で振子を何回か振って勢いをつけ，最終的に鉛直上向きで振子を静止させることに成功している．

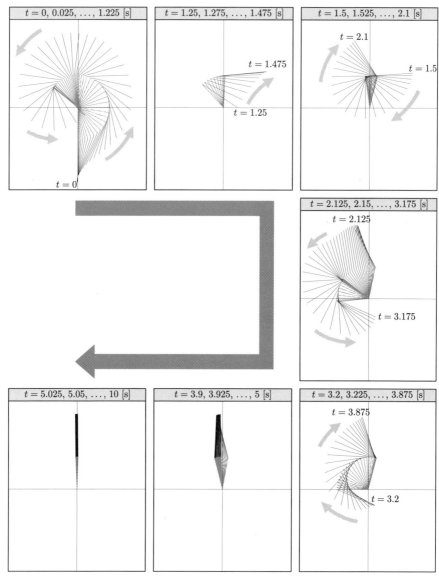

図 3.14 アーム型倒立振子の振り上げ安定化制御 (0.025 秒ごとに描画)

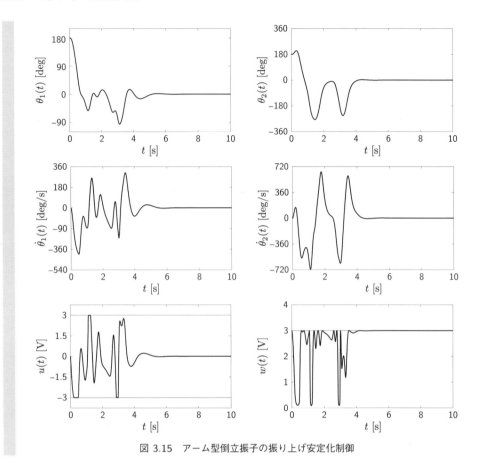

図 3.15 アーム型倒立振子の振り上げ安定化制御

なお，シミュレーション用の C プログラムは，数式処理言語 Mathematica を利用した自動コード生成システム AutoGenU [10] によって生成した．これは，状態方程式と評価関数などを Mathematica の書式で記述すると，自動的に C プログラムを生成する Mathematica ノートブックである．1 回の操作量更新にかかる計算時間は，Core i7 (2.9 GHz) の CPU をもつノート PC で 0.2 [ms] 以下なので，サンプリング周期 1 [ms] での実装が十分に可能である．AutoGenU のファイルおよび生成された C プログラムは，何通りかの最大指令電圧 u_max に対するシミュレーション結果のアニメーションとともに

https://bit.ly/3qjWdU2

で公開する．

ここでは非線形システムを考えたが，線形システムなど特殊な問題設定に限定すれば，問題の特徴を利用した計算方法の工夫や安定性の保証なども考えられる．それらに関する参考文献として，たとえば文献 5)–7) がある．また，状態ではなく出力をフィードバッ

る参考文献として，たとえば文献 5)–7) がある．また，状態ではなく出力をフィードバックする場合やロバスト性など，モデル予測制御の拡張を広く扱った成書として文献 11) を挙げておく．基礎知識としての最適化や最適制御から連続時間非線形モデル予測制御までをまとめた成書としては文献 9) がある．

第 3 章の参考文献

1) K. J. Åström and K. Furuta: Swinging Up a Pendulum by Energy Control, Automatica, Vol. 36, Issue. 2, pp. 287–295 (2000)
2) 野波健蔵，田 宏奇：スライディングモード制御，コロナ社 (1994)
3) 増淵正美，川田誠一：システムのモデリングと非線形制御，コロナ社 (1996)
4) 平井一正：非線形制御，コロナ社 (2003)
5) 講座・モデル予測制御 — I〜VI，システム/制御/情報，Vol. 46, No. 5 (2002) 〜 Vol. 47, No. 3 (2003)
6) J. M. マチェヨフスキー 著 (足立修一，管野政明 訳)：モデル予測制御，東京電機大学出版局 (2005)
7) E. F. Camacho, and C. Bordons：Model Predictive Control, Springer (1999)
8) J. リシャレ，江口 元：モデル予測制御 — PFC (Predictive Functional Control) の原理と応用，日本工業出版 (2007)
9) 大塚敏之：非線形最適制御入門，コロナ社 (2011)
10) 大塚敏之：**AutoGenU** (連続変形法と GMRES 法による非線形 Receding Horizon 制御のシミュレーションプログラム自動生成システム), `http://www.ids.sys.i.kyoto-u.ac.jp/~ohtsuka/code/index_j.htm` (2000)
11) J. B. Rawlings and D. Q. Mayne：Model Predictive Control: Theory and Design, Nob Hill Publishing (2009)
12) H. Nijmeijer and A. van der Schaft: Nonlinear Dynamical Control Systems, Springer (1990)
13) A. Isidori: Nonlinear Control Systems I & II, Springer (1995, 1999)
14) S. Sastry: Nonlinear Systems: Analysis, Stability, and Control, Springer (1996)
15) A. van der Schaft: L_2-Gain and Passivity Techniques in Nonlinear Control, Springer (2000)
16) A. M. Bloch: Nonholonomic Mechanics and Control, Springer (2003)
17) F. Bullo and A. D. Lewis: Geometric Control of Mechanical Systems, Springer (2004)
18) W. M. Haddad and V. Chellaboina: Nonlinear Dynamical Systems and Control: A Lyapunov-Based Approach, Princeton University Press (2008)
19) 石島辰太郎ほか：非線形システム論，コロナ社 (1993)

20) 島　公脩ほか：非線形システム制御論，コロナ社 (1997)
21) 美多　勉：非線形制御入門，昭晃堂 (2000)

　本章では，エネルギー法，スライディングモード制御法，モデル予測制御法の各制御手法について説明し，さらに倒立振子の振り上げ制御問題への適用例を示した．しかし，非線形制御理論の分野は非常に幅広く，当然上記以外のアプローチも存在し，主に以下のようなものが挙げられる．システムの未知パラメータを同定しながら制御則を逐次調整していく**非線形適応制御**，個々のサブシステムを安定化してシステム全体の安定化を実現する**バックステッピング法**，外乱の影響を除去しながら追従制御を行う**出力レギュレーション**，システムのエネルギーに着目した**消散性・受動性に基づく制御**，モデルの不確かさが存在してもロバストな制御を行う**非線形 H_∞ 制御**，計算機によるディジタル制御を目指した**非線形サンプル値制御**などがある．

　なお，非線形制御理論に関する洋書 12)–18) や和書 2)–4), 19)–21) も参照されたい．

索引

A
Ackermann の方法 87
A/D 変換 169, 173
AutoGenU 220

B
Butterworth 標準形 28

C
Cayley-Hamilton の定理 81
Cholesky 分解 73

D
D/A 変換 7, 9, 11, 46, 120, 169, 173
DC モータ 12, 41
DC モータ
 ── の数学モデル 41
Dirac のデルタ関数 65
DMC 216
D 動作 21, 23, 25, 26

E
Euclid ノルム 51, 68

F
Frobenius ノルム 144
F/V 変換 13

G
GPC 216

H
Hankel 行列 181
Hankel 作用素 63
Hurwitz 安定 71
H ブリッジ回路 13
H_∞ 等価離散時間系 195

I
inf 143, 145
ITAE 最小標準形 28
I 動作 21, 25, 26
I–PD コントローラ 32
I–PD 制御 32
 ── の拡張 101
 ── の定常特性 32

J
Jordan 標準形 (正準形) 88

K
Kronecker 積 160

L
Lagrange 法 39
Lagrangian 40
Laplace 変換 64
Lie 括弧積 84
LMI 137, 141
LPV システムに対する ── 最適化問題 161
 ── 可解問題 138
 極配置問題の ── 146
 極領域に関する ── ... 137, 140
 拘束系に対する ── 最適化問題 156
 ── 最適化問題 141, 149
 最適制御問題の ── 145
 ── ソルバ 139
 ── パーサ 139
 パラメータ依存 ── .... → PDLMI
LPV システム 158
 ── に対する LMI 最適化問題 161
LTI システム .... → 線形時不変システム
Luenberger のオブザーバ .. 109
Lyapunov
 ── 安定 69
 ── 安定 (離散時間) 170
 ── 関数 70, 89, 203, 217
 ── の安定定理 70, 217
 ── の安定判別法 69
 ── 方程式 71, 72

M
Möbius 変換 127
MPC .... → モデル予測制御
M 系列 52

N
Newton-Euler 法 37
Nyquist の安定判別法 69

O
ODQ Toolbox 186

P
PDLMI 149
 極配置問題の ── 149
 ロバスト最適制御問題の ── 149
PD コントローラ 23
PD 制御 23
 ── の過渡特性 23
 ── の定常特性 23
PFC 216
PID コントローラ 21, 22
PID 制御 20, 24
 ── の過渡特性 25
 ── の周波数特性 25
 ── の定常特性 25
PI コントローラ 25, 96
PI 制御 24
 ── の外乱除去 99
 ── の過渡特性 25
 ── の定常特性 25
 ── の定常偏差 96, 99
PWM (パルス幅変調) 12
P コントローラ .. 22, 42, 45, 95
P 制御 22, 57
 ── の外乱除去 99
 ── の過渡特性 22
 ── の定常特性 23
 ── の定常偏差 95, 98
P 動作 21, 25
P–D コントローラ 31
P–D 制御 30, 31
 ── の過渡特性 31
 ── の定常特性 31

R
Receding Horizon 制御
 .... → モデル予測制御
Riccati 方程式 89, 101, 143, 205
Routh-Hurwitz の安定判別法
 69

S
Schur 安定 170
Schur の補題 144
SeDuMi 139, 186
SOS .... → 二乗和
 ── パーサ 161
sup 143, 145

T
Tustin 変換法 126, 127

索引

Y
YALMIP 139, 161
Youla パラメトリゼーション
.... 113

Z
Z 変換 121

あ
アーム型倒立振子
　— 単体の非線形モデル 54
　入力飽和を有する — の制御
　............................. 156
　— の可制御性 78
　— の極配置法によるコントロー
　　ラ設計 87
　— のゲインスケジューリング制
　　御 162
　— の最適レギュレータによる制
　　御 90
　— のシステム構成 14
　— の状態方程式 78
　— の線形化モデル 55
　— の多目的制御 146
　— の多目的ロバスト制御 ... 151
　— の非線形モデル 54
　— のモデル予測制御 217
α-安定領域 136
　— に関する LMI 137
安定 69, 70
　— 極 71
　— な平衡点 68
安定 (離散時間) 170
安定化制御 198
安定度 136
安定判別法
　Lyapunov の — 69
　Nyquist の — 69
　Routh-Hurwitz の — 69

い
行き過ぎ時間 46
位相線図 25
位相余裕 26, 145
位置エネルギー 39, 199
1 次遅れ系 27
一般化座標 39, 54
一般化力 39, 54
インパルス応答 65
インパルス不変換 125

う
運動エネルギー 39, 199
運動方程式
　Lagrange の — 40, 54
　Newton-Euler の — 37

え
エネルギー法 199

お
オーバーシュート 46
オブザーバ 108
　Luenberger の — 109
　— 型出力フィードバックコント
　　ローラ 112
　— ゲイン 109, 112
　最小次元 — 109
　同一次元 — 109
オフセット .... → 定常偏差
重み 88, 143, 145

か
可安定 78, 105
可安定 (離散時間) 172
階段関数 175
回転運動 37
外乱除去 21, 25, 26
　PI 制御の — 99
　P 制御の — 99
開ループ伝達関数 25
カウンタ 7, 9, 10, 169, 173
下界 .... → inf
可観測 63, 89, 100, 106, 107
可制御性と — 性との双対性
　............................. 112
　— 性行列 64, 108
　— 性と極配置 108
　— 性の定義 107
可観測 (離散時間) 172
拡大系 100, 146, 163
拡張 Z 変換 195
可検出 105, 118
可検出 (離散時間) 172
可制御 63, 76, 85, 100, 112, 171
　— 性行列 64, 77
　— 正準形 81, 82, 86
　— 性と極配置 85
　— 性の定義 76
　— な倒立振子 79, 80
可制御 (離散時間) 171
過渡動 46
仮想入力 154
カットオフ角周波数
　............... → 遮断角周波数
可到達 76
可到達 (離散時間) 171
過渡特性 21
　PD 制御の — 23
　PID 制御の — 25
　PI 制御の — 25
　P 制御の — 22
　P-D 制御の — 31
可変構造制御 201
慣性モーメント 38
観測量 107

き
緩和法の原理 180
擬似逆行列 52, 174
規範モデル 27
ギヤ 15, 41
行列指数関数
　.............. → 状態遷移行列
行列不等式 137
極 71, 72, 85
　安定 — 71
　不安定 — 71
極配置 16, 85, 108, 137
　Ackermann の方法による —
　.............................. 87
　可観測性と — 108
　可制御性と — 85
　状態フィードバック・オブザーバ
　　併合系の — 112
　— の指針 88
　— 問題の LMI 146
　— 問題の PDLMI 149
極領域 137
　— に関する LMI 137, 140
切換関数 203
　— の連続化 206
切替面 201
近似線形化 44
近似微分 .... → 不完全微分

け
ゲイン 27
ゲインスケジューリング制御 ... 158
ゲイン線図 25
ゲイン余裕 145
限界感度法 26
減衰係数 45, 47, 135
減衰率 48
現代制御理論 16

こ
拘束系 153
　— に対する LMI 最適化問題
　.............................. 156
後退差分近似 51
古典制御理論 16, 135
固有角周波数 45, 47, 135

さ
サーボ系 93, 146
　最適レギュレータに基づく —
　.............................. 100
最終値の定理 30, 45, 94
最小次元オブザーバ 109
最小二乗法 51
最小実現 137
最適制御 92, 143, 205, 214, 217
　— 問題の LMI 145

索　引

最適レギュレータ ‥ 16, 88, 101,
　　　　143, 147, 152, 164,
　　　　218
　── に基づくサーボ系 ‥‥‥ 100
　── の解 ‥‥‥‥‥‥‥‥‥ 89
　── 問題 ‥‥‥‥‥‥‥‥‥ 88
最適レギュレータ (離散時間)
　‥‥‥‥‥‥‥‥‥‥‥ 169, 173
差分近似
　後退 ── ‥‥‥‥‥‥‥‥‥ 51
　中心 ── ‥‥‥‥‥‥‥‥ 27, 51
作用・反作用の法則 ‥‥‥‥‥ 38
3 点微分 ‥‥‥‥‥‥‥‥‥‥ 50
サンプリング間隔
　‥‥‥‥‥‥‥ → サンプリング周期
サンプリング周期 ‥‥ 8, 11, 119,
　　　　216
サンプル値最適レギュレータ 193
サンプル値制御 ‥‥‥‥‥ 169, 195

し

実現 ‥‥‥‥‥‥‥‥‥‥‥‥ 63
　最小 ── ‥‥‥‥‥‥‥‥ 137
実行可能解 ‥‥‥‥‥‥‥‥ 138
実装 ‥‥‥‥‥‥‥‥‥‥‥ 119
実用的安定 ‥‥‥‥‥‥‥‥‥ 69
時定数 ‥‥‥‥‥‥‥‥‥‥‥ 27
支配極 ‥‥‥‥‥‥‥‥ → 代表極
シフトオペレータ
　‥‥‥‥‥‥‥‥ → シフト作用素
シフト作用素 ‥‥‥‥‥‥‥ 121
ジャイロセンサ ‥‥‥‥‥‥ 107
遮断角周波数 ‥‥‥‥‥‥‥‥ 23
自由応答 ‥‥‥‥‥‥‥‥‥‥ 48
自由振動 ‥‥‥‥‥‥‥‥‥‥ 48
周波数応答 ‥‥‥‥‥‥‥‥ 122
周波数特性 ‥‥‥‥‥‥‥‥‥ 25
出力フィードバック制御 ‥‥ 113
出力方程式 ‥‥‥‥‥‥‥‥‥ 62
出力レギュレーション ‥‥‥ 222
受動性 ‥‥‥‥‥‥‥‥‥‥ 222
上界 ‥‥‥‥‥‥‥‥‥‥ → sup
消散性 ‥‥‥‥‥‥‥‥‥‥ 222
状態観測器 ‥‥‥‥‥ → オブザーバ
状態空間 ‥‥‥‥‥‥‥‥‥‥ 63
状態空間実現 ‥‥‥‥‥‥‥‥ 63
状態空間表現 ‥‥‥‥‥‥‥‥ 62
　── から伝達関数表現への変換
　‥‥‥‥‥‥‥‥‥‥‥‥‥‥ 64
状態遷移行列 ‥‥‥‥‥‥ 64, 81
状態フィードバック ‥‥‥‥‥ 85
　──・オブザーバ併合系 ‥‥ 110
状態フィードバック (離散時間)
　‥‥‥‥‥‥‥‥‥‥‥‥‥ 173
状態ベクトル ‥‥‥‥‥ → 状態変数
状態変数 ‥‥‥‥‥‥‥‥‥‥ 62
状態方程式 ‥‥‥‥‥‥‥‥‥ 62
　── の解 ‥‥‥‥‥‥‥‥ 64, 81
　非線形 ── ‥‥‥‥‥‥‥‥ 67

自励系 ‥‥‥‥‥‥‥‥‥‥‥ 67
自励系 (離散時間) ‥‥‥‥‥ 170
振動周期 ‥‥‥‥‥‥‥‥‥‥ 48

す

ステップ応答法 ‥‥‥‥‥‥‥ 26
ステップ不変変換 ‥‥‥‥‥ 125
スライディング
　── 条件 ‥‥‥‥‥‥‥‥ 202
　── モード ‥‥‥‥‥‥‥ 202
　── モード制御 ‥‥‥‥‥ 201

せ

正定 ‥‥‥‥‥‥‥‥‥ 69, 71, 137
　── 関数 ‥‥‥‥‥‥ 69, 71, 89
　── 行列 ‥‥‥‥‥‥‥‥‥ 71
　── 性の判別 ‥‥‥‥‥‥‥ 73
　── 値制約 ‥‥‥‥‥‥‥ 141
整定時間 ‥‥‥‥‥‥‥‥‥ 135
積分型サーボ系 ‥‥‥‥‥ 36, 101
積分型サーボコントローラ
　‥‥‥‥‥‥‥‥‥ 101, 147, 151
積分器 ‥‥‥‥‥‥‥‥‥‥ 100
積分ゲイン ‥‥‥‥‥‥‥‥‥ 21
積分時間 ‥‥‥‥‥‥‥‥‥‥ 22
積分動作 ‥‥‥‥‥‥‥ → I 動作
セクタ領域 ‥‥‥‥‥‥‥‥ 136
　── に関する LMI ‥‥‥‥ 140
0 次ホールド ‥‥‥‥ 11, 120, 187
　── による離散化 ‥‥ 122, 189
零状態応答 ‥‥‥‥‥‥‥‥‥ 65
零入力応答 ‥‥‥‥‥‥‥ 65, 83
漸近安定 ‥‥‥‥‥‥‥ 69, 70, 71
漸近安定 (離散時間) ‥‥‥‥ 170
線形化 ‥‥‥‥‥‥ 16, 43, 55, 92
線形行列不等式 ‥‥‥‥‥ → LMI
線形近似 ‥‥‥‥‥‥‥‥ 44, 197
線形計画問題 ‥‥‥‥‥‥‥ 180
線形時不変システム ‥‥‥‥‥ 61
　── に対する漸近安定性 ‥‥ 71
　パラメータに依存する ──
　‥‥‥‥‥‥‥‥‥‥‥‥‥ 148
線形制御 ‥‥‥‥‥‥‥‥‥ 198
線形等式制約 ‥‥‥‥‥‥ 141, 161
線形パラメータ変動システム
　‥‥‥‥‥‥‥‥ → LPV システム

そ

双一次変換 ‥‥‥‥‥‥‥ 126, 127
　── による離散化 ‥‥‥‥ 127
双対性 ‥‥‥‥‥‥‥‥‥‥ 112
速応性 ‥‥‥‥‥‥‥‥‥‥ 135
速度制御 ‥‥‥‥‥‥‥‥ 12, 42
損失エネルギー ‥‥‥‥‥‥‥ 39

た

第一原理 ‥‥‥‥‥‥‥‥ 16, 37
台車型倒立振子

── 単体の非線形モデル ‥‥‥ 39
── における振子の力学的エネル
　ギー ‥‥‥‥‥‥‥‥‥‥‥ 199
── のオブザーバ型出力フィード
　バック制御 ‥‥‥‥‥‥‥ 113
── の可観測性 ‥‥‥‥‥ 114, 117
── の可検出性 ‥‥‥‥‥‥ 118
── の可制御性 ‥‥‥‥‥‥ 114
── のサンプル値最適レギュレー
　タ ‥‥‥‥‥‥‥‥‥‥‥ 193
── のシステム構成 ‥‥‥‥‥ 7
── の出力フィードバックコント
　ローラの離散化 ‥‥ 124, 130
── の状態方程式 ‥‥‥‥ 62, 113
── の積分型サーボ制御 ‥‥ 103
── の線形化モデル ‥‥‥‥‥ 44
── の非線形状態方程式 ‥‥‥ 67
── の非線形モデル ‥‥‥‥‥ 43
── の振り上げ安定化制御 ‥ 207
── の量子化入力制御 ‥‥‥ 182
台車駆動系
　── の I–PD 制御 ‥‥‥‥‥ 32
　── の PD 制御 ‥‥‥‥‥‥ 23
　── の PID 制御 ‥‥‥‥‥‥ 25
　── の PI 制御 ‥‥‥ 25, 96, 99
　── の P 制御
　‥‥‥‥‥ 22, 29, 45, 65, 95, 98
　── の P–D 制御 ‥‥‥‥‥‥ 30
　── の数学モデル ‥‥‥‥ 27, 43
代表極 ‥‥‥‥‥‥‥‥‥‥ 135
タコジェネレータ ‥‥‥‥‥ 107
畳み込み ‥‥‥‥‥‥‥‥‥‥ 64
ダミー入力 ‥‥‥‥‥‥‥‥ 218
多目的制御 ‥‥‥‥‥‥‥ 141, 146
単位インパルス関数
　‥‥‥‥‥‥‥ → Dirac のデルタ関数

ち

力のモーメント ‥‥‥‥‥‥‥ 38
チャタリング ‥‥‥‥‥‥‥ 206
チャタリング除去 ‥‥‥‥ 17, 51
中心差分近似 ‥‥‥‥‥‥ 27, 51

つ

追従制御 ‥‥‥‥‥‥‥‥‥‥ 93

て

ディジタル制御 ‥‥‥‥‥‥ 169
定常特性 ‥‥‥‥‥‥‥‥‥‥ 21
　I–PD 制御の ── ‥‥‥‥‥‥ 32
　PD 制御の ── ‥‥‥‥‥‥‥ 23
　PID 制御の ── ‥‥‥‥‥‥‥ 25
　PI 制御の ── ‥‥‥‥‥‥‥ 25
　P 制御の ── ‥‥‥‥‥‥‥‥ 23
　P–D 制御の ── ‥‥‥‥‥‥ 31
定常偏差 ‥‥‥‥ 21, 22, 29, 32, 93,
　　　　95, 99, 102
　PI 制御の ── ‥‥‥‥‥‥ 96, 99

P 制御の ── 95, 98
逓倍 9, 11
デルタ関数
　　．．．．．．．．→ Dirac のデルタ関数
伝達関数 60
　── 表現 61
　── 表現から状態空間表現への変換 62
伝達関数 (離散時間) 121

と
同一次元オブザーバ 109
等価制御則 202
等価制御法 202
等式拘束条件 218
到達モード 201
同定 44
動的計画法 92
動的量子化器 169, 175, 181
倒立振子
　アーム型 ── ... 5, 14, 78, 87, 90, 146, 151, 156, 162, 217
　回転型 ── 5
　慣性ロータによる ── 6
　車輪型 ── 6
　台車型 ── 4, 7, 103, 113, 124, 130, 182, 193, 207
　二重 ── 7, 79
特異値分解 181
凸結合 150
凸集合 141
トルク 38

な
内部モデル原理 93, 98, 99

に
二項係数標準形 28
2 次遅れ系 45, 135
　── の行き過ぎ時間 46
　── のオーバーシュート ... 46
　── の減衰率 48
　── の振動周期 48
　── のステップ応答 46
2 次遅れ要素 45
2 次形式評価関数 88, 101
2 自由度制御 33
二乗和 159
入出力表現 60

ね
粘性摩擦 38

の
ノイズ除去 24
ノミナル値 151

は
ハーモニックドライブ 15

バックステッピング法 222
パラメータ依存 LMI
　．．．．．．．．．．．．．．．．．．．．．→ PDLMI
パラメータ同定 16, 44
　最小二乗法による ── 49
　振子の ── 47
　台車の ── 45
パラメータボックス 149
バリア関数 218
パルス幅変調 12
半正定 69, 71
　── 関数 69, 71
　── 行列 71
　── 値制約 141, 161
半負定 70, 71
　── 関数 70, 71
　── 行列 71

ひ
非最小位相系 104
非線形 H_∞ 制御 201, 222
非線形サンプル値制御 222
非線形システム .. 39, 66, 76, 84
非線形制御 198
非線形適応制御 222
微分キック 30
微分ゲイン 21
微分時間 22
微分先行型 PD 制御
　．．．．．．．．．．．．．．．．．．．．→ P–D 制御
微分動作 .... → D 動作
標本化 169
比例ゲイン 21
比例動作 .... → P 動作
比例・微分先行型 PID 制御
　．．．．．．．．．．．．．．．．．．．→ I–PD 制御

ふ
不安定 69
　── 極 71
　── な平衡点 68
　── 零点 104
フィードバックゲイン 85
フィードバック制御 .. 33, 85, 94
フィードフォワード制御
　．．．．．．．．．．．．．．．．．．．．33, 84, 93
不可観測 107
不可制御 78
　── な倒立振子 79, 80
不完全微分 24, 26
不足制動 46
負定 69, 71, 137
　── 関数 69, 71, 89
　── 行列 71
不等式拘束条件 218
部分的モデルマッチング法 ... 30
不変集合 155
ブラックボックスモデル 61
振り上げ制御 198

プリワープ付き双一次変換 .. 131
分離定理 112

へ
平衡点 54, 68, 92, 197
　安定な ── 68
　不安定な ── 68
並進運動 37
変分法 92

ほ
飽和要素 153
ポテンショメータ 10, 24
ホワイトボックスモデル 61

む
無限大ノルム 174

も
モータドライバ 8, 12, 42
目的関数 141
目標値追従 21, 34
モデル化誤差 93
モデルマッチング法 26, 27
モデル予測制御 156, 214

り
力学的エネルギー 199
離散化 119, 169, 187
離散時間 Riccati 方程式 173
離散時間インパルス 121
離散時間インパルス応答 122
離散時間最適レギュレータ
　．．．．．．．．．．．．．．．．．．．．．．169, 173
離散時間システム 216
離散値入力制御
　．．．．．．．．．．．．．．．．．→ 量子化入力制御
理想サンプラ 119, 187
リフティング 195
量子化 169
　── サイズ 174
　動的 ── 器 175, 181
量子化誤差 24, 50
量子化入力制御 173
臨界制動 46

れ
零点 104
連続コントローラ 174

ろ
ロータリエンコーダ ... 7, 10, 24, 50, 107, 119
ローパスフィルタ ... 17, 24, 51
ロバスト最適制御 149
　── 問題の PDLMI 149
ロバスト制御 16, 201, 222

編著者・著者略歴（50 音順）

東　俊一（あずま・しゅんいち）
　1999 年 3 月　広島大学工学部第 2 類電気電子工学課程卒業
　2001 年 3 月　東京工業大学大学院理工学研究科制御工学専攻修士課程修了
　2004 年 3 月　東京工業大学大学院情報理工学研究科情報環境学専攻博士後期課程修了
　　　　　　　　（博士（工学）取得）
　2004 年 4 月　日本学術振興会特別研究員
　2005 年 9 月　京都大学大学院情報学研究科システム科学専攻助手
　2007 年 4 月　京都大学大学院情報学研究科システム科学専攻助教
　2011 年 6 月　京都大学大学院情報学研究科システム科学専攻准教授
　2017 年 4 月　名古屋大学大学院工学研究科機械システム工学専攻教授
　2022 年 8 月　京都大学大学院情報学研究科システム科学専攻教授
　　　　　　　　現在に至る

市原　裕之（いちはら・ひろゆき）
　1995 年 3 月　明治大学理工学部精密工学科卒業
　1997 年 3 月　明治大学大学院理工学研究科博士前期課程修了
　2000 年 3 月　明治大学大学院理工学研究科博士後期課程修了
　　　　　　　　（博士（工学）取得）
　2000 年 4 月　明治大学理工学部助手（任期制）
　2001 年 4 月　茨城大学大学院理工学研究科 SVBL 非常勤研究員
　2002 年 4 月　九州工業大学情報工学部制御システム工学科助手
　2007 年 4 月　九州工業大学情報工学部システム創成情報工学科助教
　2010 年 4 月　明治大学理工学部機械情報工学科講師
　2013 年 10 月　明治大学理工学部機械情報工学科准教授
　2019 年 4 月　明治大学理工学部機械情報工学科教授
　　　　　　　　現在に至る

浦久保　孝光（うらくぼ・たかてる）
　1996 年 3 月　京都大学工学部航空工学科卒業
　1998 年 3 月　京都大学大学院工学研究科航空宇宙工学専攻修士課程修了
　2001 年 3 月　京都大学大学院工学研究科航空宇宙工学専攻博士後期課程単位認定退学
　2001 年 4 月　神戸大学工学部情報知能工学科助手
　2001 年 7 月　京都大学博士（工学）取得
　2007 年 4 月　神戸大学大学院工学研究科情報知能学専攻助教
　　　　　　　　Carnegie Mellon University 客員研究員（2007/10〜2009/3）
　2010 年 4 月　神戸大学大学院システム情報学研究科システム科学専攻助教
　2016 年 11 月　神戸大学大学院システム情報学研究科システム科学専攻准教授
　2018 年 4 月　神戸大学大学院システム情報学研究科情報科学専攻准教授
　2023 年 4 月　神戸大学大学院システム情報学研究科システム情報学専攻准教授
　　　　　　　　現在に至る

大塚　敏之（おおつか・としゆき）
　1990 年 3 月　東京都立科学技術大学工学部航空宇宙システム工学科卒業
　1992 年 3 月　東京都立科学技術大学大学院工学研究科力学系システム工学専攻修士課程修了
　1995 年 3 月　東京都立科学技術大学大学院工学研究科工学システム専攻博士課程修了
　　　　　　　　（博士（工学）取得）
　1995 年 4 月　筑波大学構造工学系講師
　1999 年 4 月　大阪大学大学院工学研究科電子制御機械工学専攻講師
　2003 年 3 月　大阪大学大学院工学研究科電子制御機械工学専攻助教授
　2005 年 4 月　大阪大学大学院工学研究科機械工学専攻助教授
　2007 年 4 月　大阪大学大学院基礎工学研究科システム創成専攻教授
　2013 年 4 月　京都大学大学院情報学研究科システム科学専攻教授
　　　　　　　　現在に至る

甲斐　健也（かい・たつや）
　2000 年 3 月　上智大学理工学部機械工学科卒業
　2002 年 3 月　東京大学大学院新領域創成科学研究科複雑理工学専攻博士前期課程修了
　2005 年 3 月　東京大学大学院新領域創成科学研究科複雑理工学専攻博士後期課程修了
　　　　　　　（博士（科学）取得）
　2005 年 4 月　大阪大学大学院工学研究科機械工学専攻助手
　2007 年 4 月　大阪大学大学院工学研究科機械工学専攻助教
　2010 年 4 月　九州大学大学院システム情報科学研究院電気システム工学部門助教
　2012 年 4 月　東京理科大学基礎工学部電子応用工学科講師
　2018 年 4 月　東京理科大学基礎工学部電子応用工学科准教授
　2023 年 4 月　東京理科大学先進工学部機能デザイン工学科准教授
　　　　　　　現在に至る

川田　昌克（かわた・まさかつ）
　1992 年 3 月　立命館大学理工学部情報工学科卒業
　1994 年 3 月　立命館大学大学院理工学研究科情報工学専攻修士課程修了
　1997 年 3 月　立命館大学大学院理工学研究科情報工学専攻博士課程後期課程修了
　　　　　　　（博士（工学）取得）
　1997 年 4 月　立命館大学理工学部電気電子系助手（任期制）
　1998 年 4 月　舞鶴工業高等専門学校電子制御工学科助手
　2000 年 10 月　舞鶴工業高等専門学校電子制御工学科講師
　2006 年 6 月　舞鶴工業高等専門学校電子制御工学科助教授
　2007 年 4 月　舞鶴工業高等専門学校電子制御工学科准教授
　2010 年 3 月　舞鶴工業高等専門学校電子制御工学科教授
　2023 年 4 月　北九州工業高等専門学校生産デザイン工学科情報システムコース教授
　　　　　　　現在に至る

國松　禎明（くにまつ・さだあき）
　1999 年 3 月　大阪大学基礎工学部システム工学科卒業
　2001 年 3 月　大阪大学大学院基礎工学研究科システム人間系専攻博士前期課程修了
　2005 年 3 月　大阪大学大学院基礎工学研究科システム人間系専攻博士後期課程修了
　　　　　　　（博士（工学）取得）
　2005 年 4 月　大阪大学大学院基礎工学研究科システム創成専攻特任研究員
　2007 年 4 月　熊本大学大学院自然科学研究科産業創造工学専攻助教
　2016 年 4 月　熊本大学大学院先端科学研究部ロボット・制御・計測分野助教
　　　　　　　現在に至る

澤田　賢治（さわだ・けんじ）
　2004 年 3 月　大阪大学工学部応用理工学科卒業
　2006 年 3 月　大阪大学大学院工学研究科電子制御機械工学専攻博士前期課程修了
　2009 年 3 月　大阪大学大学院工学研究科機械工学専攻博士後期課程修了
　　　　　　　（博士（工学）取得）
　2009 年 4 月　電気通信大学大学院電気通信学研究科システム工学専攻助教
　2010 年 4 月　電気通信大学大学院情報理工学研究科知能機械工学専攻助教
　2015 年 12 月　電気通信大学 i-パワードエネルギー・システム研究センター准教授
　　　　　　　現在に至る

永原　正章（ながはら・まさあき）
　1998 年 3 月　神戸大学工学部システム工学科卒業
　2000 年 3 月　京都大学大学院情報学研究科複雑系科学専攻修士課程修了
　2002 年 4 月　日本学術振興会特別研究員
　2003 年 3 月　京都大学大学院情報学研究科複雑系科学専攻博士後期課程修了
　　　　　　　（博士（情報学）取得）
　2003 年 4 月　京都大学大学院情報学研究科複雑系科学専攻助手
　2007 年 4 月　京都大学大学院情報学研究科複雑系科学専攻助教
　2012 年 10 月　京都大学大学院情報学研究科複雑系科学専攻講師
　2016 年 4 月　北九州市立大学環境技術研究所教授
　2023 年 4 月　広島大学大学院先進理工系科学研究科情報科学プログラム教授
　　　　　　　現在に至る

南　裕樹（みなみ・ゆうき）
2003 年 3 月　舞鶴工業高等専門学校電子制御工学科卒業
2005 年 3 月　舞鶴工業高等専門学校専攻科電気・制御システム工学専攻修了
2007 年 3 月　京都大学大学院情報学研究科システム科学専攻修士課程修了
2008 年 4 月　日本学術振興会特別研究員
2009 年 3 月　京都大学大学院情報学研究科システム科学専攻博士後期課程修了
　　　　　　　（博士（情報学）取得）
2009 年 4 月　舞鶴工業高等専門学校電子制御工学科助教
2013 年 4 月　京都大学大学院情報学研究科システム科学専攻特定研究員
2013 年 7 月　京都大学大学院情報学研究科数理工学専攻特定助教
2014 年 10 月　奈良先端科学技術大学院大学情報科学研究科助教
2017 年 1 月　大阪大学大学院工学研究科機械工学専攻特任講師
2017 年 4 月　大阪大学大学院工学研究科機械工学専攻講師
2019 年 3 月　大阪大学大学院工学研究科機械工学専攻准教授
　　　　　　　現在に至る

編集担当	田中芳実(森北出版)
編集責任	富井　晃(森北出版)
組　版	プレイン
印　刷	ワコー
製　本	ブックアート

倒立振子で学ぶ制御工学
ⓒ 川田昌克・東俊一・市原裕之・浦久保孝光・大塚敏之・
　甲斐健也・國松禎明・澤田賢治・永原正章・南裕樹　2017

2017 年 2 月 28 日　第 1 版第 1 刷発行　【本書の無断転載を禁ず】
2023 年 9 月 5 日　第 1 版第 4 刷発行

編 著 者　川田昌克
著　者　　東俊一・市原裕之・浦久保孝光・大塚敏之・
　　　　　甲斐健也・國松禎明・澤田賢治・永原正章・南裕樹
発 行 者　森北博巳
発 行 所　森北出版株式会社
　　　　　東京都千代田区富士見 1-4-11（〒102-0071）
　　　　　電話 03-3265-8341 ／ FAX 03-3264-8709
　　　　　https://www.morikita.co.jp/
　　　　　日本書籍出版協会・自然科学書協会　会員
　　　　　JCOPY ＜(一社)出版者著作権管理機構　委託出版物＞

落丁・乱丁本はお取替えいたします.

Printed in Japan ／ ISBN978-4-627-79221-0